高 等 院 校 信 息 技 术 规 划 教 材

计算机组成原理
实用教程（第2版）

王万生 编著

U0351996

清华大学出版社
北京

内 容 简 介

全书共 9 章,第 1 章主要介绍计算机系统组成,计算机的发展历史及计算机的应用;第 2 章主要讲解信息的数字化表示,重点讨论数值数据的原码、补码和反码表示方法,非数值数据的表示方法;第 3 章介绍运算器的作用及实现,重点讨论定点数的加法器、乘法器、除法器的设计方法;第 4 章介绍存储器工作原理与存储器体系结构,重点讨论半导体存储器的工作原理和磁存储器的工作原理,存储器体系结构及解决的问题;第 5 章介绍计算机指令系统,重点讨论指令结构及寻址方式;第 6 章介绍 CPU 的组成和作用,重点介绍组合逻辑控制器和微程序控制器的实现;第 7 章介绍总线及总线互连结构;第 8 章介绍常用外部设备的作用与工作原理;第 9 章介绍输入输出系统,重点讨论中断与 DMA 工作方式。

本书选材适当、内容丰富、层次分明、条理清晰、实用性强,为了帮助读者巩固学习内容,每章都配有大量习题。本书适合作为普通高等院校计算机应用专业的教材。

图书在版编目(CIP)数据

计算机组成原理实用教程 / 王万生编著. —2 版. —北京:清华大学出版社,2011.7(2018.8 重印)
(高等院校信息技术规划教材)
ISBN 978-7-302-25315-0

Ⅰ. ①计…   Ⅱ. ①王…   Ⅲ. ①计算机体系结构—高等学校—教材   Ⅳ. ①TP303

中国版本图书馆 CIP 数据核字(2011)第 068008 号

责任编辑:袁勤勇   李 晔
责任校对:梁 毅
责任印制:董 瑾

出版发行:清华大学出版社
    网   址:http://www.tup.com.cn,http://www.wqbook.com
    地   址:北京清华大学学研大厦 A 座   邮 编:100084
    社 总 机:010-62770175   邮 购:010-62786544
    投稿与读者服务:010-62776969,c-service@tup.tsinghua.edu.cn
    质 量 反 馈:010-62772015,zhiliang@tup.tsinghua.edu.cn
印 装 者:北京建宏印刷有限公司
经 销:全国新华书店
开 本:185mm×260mm   印 张:15   字 数:359 千字
版 次:2011 年 7 月第 2 版   印 次:2018 年 8 月第 7 次印刷
定 价:29.00 元

产品编号:039231-02

计算机组成原理是计算机专业学生的专业基础课。能否学好这门课,对后续课程的学习将会产生很大的影响。由于计算机系统比较复杂,各功能部件又相互联系、相互影响,本课程的学习难度较大。编写一本既能讲清难点,又能讲透重点的教材至关重要。本书作者根据多年的教学体会,主要以要解决的问题→解决问题的具体方法→影响性能指标的因素和提高性能指标的方法为主线介绍计算机系统的组成、工作原理和体系结构。

本书详细介绍计算机系统的基本组成;主要功能部件的作用;计算机解决问题的方法,即根据问题找出算法、编写程序、存储程序、自动地执行程序、对各种信息进行加工和处理,引出数值信息和非数值信息的概念;各种信息在计算机中的具体表示(各种编码方法)。对数值信息的处理(进行算术运算)和非数值数据处理(逻辑运算)需要的功能部件:运算器。然后讨论运算器的组成和具体实现方法,影响运算器性能指标的主要因素,通过改进算法提高性能指标的意义(突出数学的重要性)。

结合运算器工作所需要的各种控制信号,引出控制器的作用,微命令的产生和时序的作用;控制器设计思想;组合逻辑控制器、微程序控制器的设计方法及优缺点;内部总线结构和微电子技术的发展对 CPU 性能指标的影响;主流 CPU 的技术特点。

由存储程序自动地执行程序引出存储器的作用、分类、存储器的工作原理;提高存储器的性能指标对提高计算机系统总体性能指标具有重要意义;存储器体系结构解决的主要问题。目前主流存储器所采用的新技术。

由计算机系统中各主要部件之间的信息传输引出各功能部件的互连结构,重点介绍系统总线的概念;总线带宽的含义;主板及主板芯片组的作用。改变各主要部件之间的互连关系,提高总线带宽,对提高整机性能的意义,并结合 Intel 芯片组展开讨论。

通过人机接口界面引出外部设备的概念,然后介绍常用的外部设备的作用和工作原理;外部设备与计算机主机的连接方法;I/O接口的作用。外部设备同主机之间实现数据通信的方法、特点以及提高数据传输速度的方法。

通过多年的课堂教学实践,这种主线清晰、目标明确、重点突出、难点分散的结构体系使得教学效果非常显著。

本书在编写过程中,王芝庆教授和秦振松教授提出了很多宝贵意见,本书插图由秦海波、朱金锋、孟祥成、顾问老师绘制,与教材配套的PPT电子教案和习题答案由朱金锋、孟祥成、顾问老师参与完成,均在此表示感谢。

与本教材配套的电子教案,除有基本的教学素材以外,还有本教材的全部习题参考答案及两套期末考试卷(包括参考答案),欢迎任课教师通过清华大学出版社索取。

因水平所限,书中的错误和不足之处在所难免,希望读者和同行专家批评指正。

编　者
2006 年 9 月

第2版前言 Foreword

《计算机组成原理实用教程》自 2006 年 11 月出版以来,连续印刷了 4 次,发行总量达到 12 000 册。为了进一步满足广大读者的需求,结合近几年课堂教学以及各兄弟院校使用情况,适应计算机学科的发展和应用型计算机人才的培养目标,现对第 1 版的内容进行修改和补充。本次修改在保持第 1 版特色的基础上,重点突出以下 4 点:

(1) 从 2009 年开始,《计算机组成原理》已成为计算机学科各专业考研的计算机专业基础课程的统考课程(另外 3 门课程是《操作系统原理》、《数据结构》、《计算机网络》)。第 2 版在内容的安排上覆盖了考研大纲对《计算机组成原理》课程所有知识点的要求。

(2) 计算机系统是非常复杂的,学生在学习过程中感觉比较难,不是难在对具体内容的理解上,而是难在为什么要这样处理。例如,计算机为什么要采用二进制,加法运算为什么要采用补码?而不是如何将十进制转换成二进制、补码如何求的具体方法上。因此,在内容的组织上采用从整体(发明计算机的目的是什么,作为一个自动、连续、高速、准确的电子计算工具应该包括哪些功能部件)到局部(每一个功能部件的作用是什么? 如何实现)再到整体(这些功能部件如何组合在一起构成一台完整的计算机系统,如何提高计算机整体性能指标等)来进行。整个教材的编写思想就是如何将复杂的问题简单化,引导学生用简单的方法、现成方法和工具去解决复杂的问题。以要解决什么问题→解决问题的具体方法→影响性能指标的因素和提高性能指标的方法为主线介绍计算机系统的组成、工作原理和体系结构。这种提出问题→分析问题→解决问题的思路突出了以人为本,可以让读者很自然地融入学习内容中,在学习过程中就会主动思考:这个问题如果让我来解决,我应该采用什么方法? 将被动地接受知识变成了主动获取知识,学习过程也不再枯燥无味。

(3) 突出重点、分散难点。在章节的组织上,保持每章解决一个核心问题,然后再将问题进一步延伸,自然地过渡到下一章。在每章的开始提出问题的来由，要讲解的主要内容。重点、难点内容通过例题、动画（在课堂教学中）帮助理解。在具体问题的解决上，首先从最简单的方法入手（功能实现），然后再对该方法进行剖析，指出其不足之处，再引出新的方法。实践证明，这种由浅入深、由表入里、循序渐进的方式对培养学生的学习能力，提高学生分析问题、解决问题的能力是非常有益的。

（4）为本书课堂教学配套了立体化教学资源：全部习题的参考解答，经过多年课堂教学实践并不断完善的课堂教学PPT讲稿，大量原创的FLASH动画（运算器的运算过程、各种不同寻址方式的寻址过程、指令执行流程等），多媒体课件（第九届全国多媒体课件大赛获奖课件），计算机组成原理精品课程网站（http://computer.sju.js.cn:1314/），并在网站不断补充教学资源。

本书在编写过程中，王芝庆教授和秦振松教授提出了很多宝贵意见，在此表示感谢。本书插图由秦海波、朱金锋、孟祥成、顾问老师绘制，与教材配套的PPT、动画和习题答案由朱金锋、孟祥成、顾问老师参与完成，在此表示感谢。

由于水平所限，书中的错误和不足之处在所难免，希望读者和同行专家批评指正。

作　者
2010.12

目录

contents

第1章

计算机系统概论

自 1946 年 2 月 15 日第一台计算机 ENIAC(Electronic Numerical Integrator And Computer,电子数字积分计算机)诞生以来,计算机技术发生了翻天覆地的变化,计算机在各个领域获得了广泛的运用,作为一个现代人如果不会使用计算机就像文盲一样,是难于在现代社会立足的。究竟什么是计算机? 一个完整的计算机系统由哪些部分组成? 各部分的作用是什么? 计算机是如何工作的? 通过本课程的学习,大家就会明白。

本章主要讨论以下问题:

(1) 什么是计算机? 发明计算机最初目的是什么?

(2) 一个完整的计算机硬件系统应该包括哪些功能部件? 各功能部件的主要作用是什么? 这些功能部件是如何相互连接协调工作的?

(3) 计算机软件的作用及软件是如何驱动硬件工作的?

(4) 计算机的发展历史及计算机在不同领域的主要应用。

(5) 冯·诺依曼计算机体系结构的特点及计算机发展需要突破的方向。

(6) 计算机主要性能指标。

1.1 计算机的发展状况

1.1.1 计算机的定义

为了将人从复杂的计算事务中解脱出来,各国科学家迫切希望能有一个高速、自动、准确的计算工具代替手工计算。很多科学家都对此进行了研究,其中最突出的是美国科学家阿塔纳索夫教授(Atanasoff)和贝瑞(Clifford Berry)、莫克利教授(J. W. Mauchly)和艾克特(J. P. Eckert)、冯·诺依曼教授(John Von Neumann)等,并最终成功地研制出具有实用价值的计算机 ABC(Atanasoff-Berry Computer)和 ENIAC。

定义:电子计算机是一种能够存储程序、自动连续地执行程序,对各种数字信息进行算术运算和逻辑运算的快速电子工具。

计算机就是一个电子计算工具,发明计算机的人最初目的就是想将人从繁重的、复杂的计算活动中解脱出来。这个计算工具不同于我们中国的算盘,它具有自动、连续、高速、准确等特征。为了实现自动连续的计算,必须根据计算步骤来编写操作流程,然后存储该操作流程,并根据操作流程自动完成计算。

所以，用计算机解决问题，必须根据一定的算法编写程序，并以文件的形式存储程序，然后通过执行程序来完成对信息的处理和加工。程序是实现一定算法的指令集合，指令是指挥计算机硬件完成某一功能的命令。一般用户使用计算机实质上就是按照文件名运行一个具体程序，然后计算机将运行的结果通过输出设备告诉用户。

1.1.2　计算机的发展

世界上第一台计算机由美国宾夕法尼亚大学莫尔学院电机系莫克利教授（J. W. Mauchly）和他的学生艾克特（J. P. Eckert）及同事共同研制的，取名 ENIAC。它采用十进制运算，共使用 18 000 多个电子管，1500 个继电器，运行时耗电 150kW，占地面积约 140 平方米，重 30 吨，每秒可以完成 5000 多次加法运算或 50 次乘法运算，可以进行平方和立方运算以及 sin 函数和 cos 函数运算。从诞生到 1955 年 10 月 2 日 10 年间共运行了 80 223 个小时。

计算机的发展史常以器件来划分（不要和微处理器的发展混淆）。通常可以划分以下几个时代。

1. 第一代电子计算机

第一代计算机为电子管计算机（1946—1957）。它是将电子管和继电器存储器用绝缘导线互连在一起，组成单个 CPU，CPU 用程序计数器和累加器完成定点运算，采用机器语言或汇编语言，CPU 用程序控制 I/O 设备。此时，软件一词尚未出现。其特点是体积大、速度慢（10^4/s 每秒钟运算次数，下同），功耗大，存储器容量小。典型产品有 ENIAC、IAS、IBM 701。

2. 第二代电子计算机

第二代计算机为晶体管计算机（1958—1964）。它采用晶体管组成更复杂的算术逻辑部件和控制单元，存储器由磁芯构成，实现了浮点运算，并且提出了变址、中断、I/O 处理等新概念。软件也得到了发展，出现了高级语言编程，为计算机提供了系统软件。其特点是：同第一代计算机相比，第二代晶体管计算机体积小，速度快（10^5/s），功耗低，可靠性高。典型产品有 IBM7094、CDC1604、DEC 公司的 PDP-1 计算机。

3. 第三代电子计算机

第三代计算机为小、中规模集成电路计算机（1965—1971）。单个封装的晶体管称分立元件，分立元件分开制造，封装在自己的容器中，然后再焊接到电路板上。第二代早期计算机大约包含 10 000 个晶体管，后来达数十万个。集成电路制造技术是利用光刻技术把晶体管、电阻、电容等构成的单个电路制作在一块芯片上。使用集成电路制造的电子计算机称集成电路计算机。这期间，因受半导体制造技术的限制，集成电路的规模较小，被称为小、中规模集成电路（Small Scale Integration，SSI 和 Middle Scale Integration，MSI）。其主要特点是：第三代计算机开始采用微程序控制、流水线、高速缓存、虚拟存储器、先行处理技术等。软件采用多道程序设计和分时操作系统。典型产品有 IBM 的 System/386 和 DEC 公司的 PDP-8 等。

4. 第四代电子计算机

第四代计算机为大规模、超大规模、极大规模、甚大规模集成电路计算机(1972 至今)。随着大规模集成电路与微处理技术的长足进步，大规模(Large Scale Integration，LSI)、超大规模(Super Large Scale Integration，SLSI)、极大规模(Ultra Large Scale Integration，ULSI)和甚大规模(Very Large Scale Integration，VLSI)集成电路成为计算机的主要部件，计算机的运行速度越来越快。并行处理技术的研究与应用以及众多巨型机的产生是这个阶段的一大特点。另一个特点就是计算机网络的发展及广泛应用，20 世纪 90 年代计算机与通信技术的高速发展与密切结合，掀起了网络热。大量计算机通过互联网相连，这就大大地扩展和加速了信息的流通，增强了社会的协调与合作能力，使计算机的应用方式由个人计算方式向分布式和群集式计算发展。另外，随着后 PC 时代的到来，消费电子、计算机、通信(Consumption、Computer、Communications，简称 3C)一体化趋势日趋明显，数字化社会的呼声使嵌入式系统(Embedded System)日益受到市场和厂家的关注，嵌入式设备越来越普及。同时，软件技术也得到了极大发展，高级语言编程、网络操作系统、个人计算机操作系统、网络数据库技术都得到了极大发展。多进程和多线程编程以及软件工程越来越受到人们的重视。

除了主要器件采用 VLSI 这一显著特点外，微处理器技术的发展也是计算机发展史上的里程碑式的事件，从 1971 年 Intel 的 4 位微处理器 4004 到现在的 64 位的 Pentium 4，计算机应用也从大型实验室和研究部门最终走进了家庭。

5. 新一代计算机

目前计算机技术仍然使用硅组成的半导体器件，计算机的基本结构仍然遵循冯·诺依曼结构体系。新一代计算机正寻求速度更快，功能更强的全新元器件，如神经元、生物芯片、超导材料、量子芯片等。计算机的基本结构试图突破冯·诺依曼结构体系(指令驱动的串行计算机，对现实世界中的大量并行处理具有先天不足)，而采用自然语言为计算机的逻辑推理语言，使计算机更具有智能化。

1.1.3　微处理器的发展

在计算机发展过程中，有两项技术对计算机发展起了重要作用：微处理器技术和半导体存储器技术。早期存储器采用的是铁磁环，1970 年仙童(Fairchild)公司利用集成电路技术生产出第一个半导体存储器芯片(256 位二进制信息)。从 1970 年开始半导体内存从 1KB、4KB、16KB、64KB、256KB、1MB、4MB、16MB、64MB 发展到 256MB、512MB等，速度也越来越快。这为运行大规模软件提供了物质基础。另一个就是微处理器。微处理器的发展使得计算机的功能越来越强，速度越来越快。表 1-1 是 Intel 公司主要 CPU 的性能表。

表 1-1　Intel 公司主要 CPU 的性能表

年代	芯片名	集成度/晶体管	主频时钟/MHz	线宽（μm）	数据总线/位	地址总线/位
1971	4004	2000	2	2	4	—
1974	8080	8000	4	1.5	8	20
1978	8086	3 万	5～8	1.5	16	20
1984	80286	13 万	10	1～1.5	16	24
1985	80386	27 万	33	1～1.5	32	32
1989	80486	100 万	35～40	1	32	32
1993	Pentium 586	300 万	60～150	0.6	64（32 位处理器）	32
1995	Pentium Pro	550 万	150～200	0.6	64（32 位处理器）	32
1997	P Ⅱ	750 万	300～450	0.35	64（32 位处理器）	32
1999	P Ⅲ	800 万	600～1000	0.25	64（32 位处理器）	32
2000	P 4	1000 万	1400	0.18	64（32 位处理器）	32

目前，CPU 的主频已达到 4GHz，线宽也突破了 $0.035\mu m$。64 位双核心、四核心 CPU 也已商业化。

1.2　计算机系统的组成

一个完整的计算机系统包括硬件和软件两部分，如图 1-1 所示。

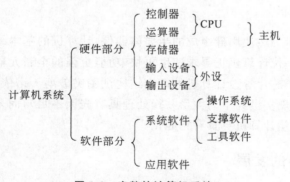

图 1-1　完整的计算机系统

硬件部分：硬件是构成计算机的所有物理部件的总称，是能看得到的物理实体。如 CPU、内存、硬盘、主板、显示器、键盘、鼠标、机箱电源等。硬件是计算机系统的物质基础。

软件部分：是指为运行、维护、管理以及应用计算机所编制的所有程序的总和。软件必须在硬件的支持下才能运行。软件的作用在计算机系统中越来越重要。一般把没有软件的计算机称为"裸机"。

　　硬件是计算机系统的物质基础,是计算机的躯体,软件是计算机的头脑和灵魂,只有将两者有效地结合起来,计算机系统才能有生命力,整个计算机系统的好坏,取决于软硬件功能的总和。

1.2.1　计算机硬件系统

　　为了告诉计算机做什么事、按什么步骤去做,需要事先编制程序(由计算机指令组成的序列),并把编好的程序和原始数据预先存入计算机的主存储器中。计算机在工作时连续、自动、高速地从存储器中取出一条条指令并加以执行。存储程序的概念最早是由美籍匈牙利数学家冯·诺依曼于 1946 年提出的。其基本思想是:

- 采用二进制形式表示数据和指令。
- 采用存储程序的工作方式。
- 由运算器、控制器、存储器、输入设备和输出设备五大功能部件组成计算机硬件系统,并规定了这五部分的基本功能。

　　冯·诺依曼计算机的这种工作方式,称为指令(控制流)驱动方式,即按照指令的执行序列,依次读取指令,根据指令所含的控制信息,调用数据进行处理。这种计算机从根本上讲是采用串行顺序处理机制、逐条执行指令的单处理机结构体系。在现实世界中,某一问题只要可以找出解决该问题的相应算法,就可以编制有效的计算程序,该问题就可以在计算机上解决。

　　半个多世纪以来,计算机技术发生了很大的变化,但计算机的基本组成仍然遵循冯·诺依曼计算机的结构体系。图 1-2 所示为计算机的硬件组成框图。

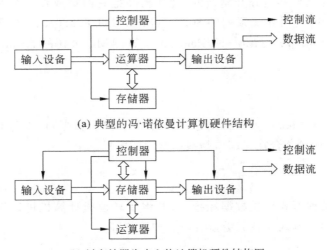

(a) 典型的冯·诺依曼计算机硬件结构

(b) 以存储器为中心的计算机硬件结构图

图 1-2　计算机的硬件组成框图

　　由于经典的冯·诺依曼计算机硬件结构是以运算器为中心的,所有的输入输出操作都要经过运算器,导致计算机效率低下,现代计算机已采用以存储器为中心的结构(见图 1-2(b))。

1. 控制器

控制器是计算机的核心部件,它指挥计算机各部件自动、协调地工作,即控制计算机自动执行程序。控制器的核心部件是控制单元(Control Unit,CU),它产生计算机工作时需要的各种控制信号。除了控制单元外,控制器还包括以下部件。

1) 程序计数器

程序计数器(Program Counter,PC)也称指令指针(Instruction Pointer,IP)。用来存放将要执行的下一条指令的地址,除非遇到转移指令,否则,CPU 在每次从内存取出指令之后,总是自动地将 PC 值加上一个增量,指向下一条要执行指令的地址,这就保证了程序自动连续地运行。

2) 指令寄存器

从内存中读出的指令存放在指令寄存器(Instruction Register,IR)中,然后由指令译码器进行译码。

3) 指令译码器

指令译码器(Instruction Decode,ID)对 IR 中的指令进行译码,产生执行该指令的各种微操作命令序列,用于控制所有的被控对象,完成指令的功能。

2. 运算器

运算器主要由算术逻辑运算单元(Arithmetic Logic Unit,ALU)等组成,用来完成对信息的加工和处理(算术运算和逻辑运算)。

早期控制器和运算器是分开制造的,现在已经把它们集成在一个芯片上,这个芯片就是 CPU。如 Intel 公司 80x 系列的 8086/8088/80286/80386/80486/Pentium(80586)/Pentium Pro/PentiumⅡ/PentiumⅢ/Pentium 4 等;AMD 公司的 Athlon 系列、Duron 系列等。

3. 主存储器

主存储器(Main Memory)又称内存,用来存放程序和数据,可以与 CPU 直接交换信息。将 CPU 和主存储器合在一起就是我们常说的主机。

4. 输入设备

输入设备以某种形式接受数据和指令,并将其转换成计算机可以识别的机器码,供计算机处理。常用的输入设备有键盘、鼠标、扫描仪等。

5. 输出设备

输出设备将计算机处理的结果转换为人们可以识别或其他计算机可以接收的形式。常用的输出设备有显示器、打印机等。输入设备和输出设备统称为外设。

五大功能部件通过总线连接在一起。

1.2.2　PC 系列微机的基本结构

PC(Personal Computer)又称个人计算机,主要面向个人和家庭用户。自 1981 年 IBM 公司推出第一台 PC 以来,不仅拓宽了计算机的应用领域,而且大大地促进计算机的普及和发展。

下面是一台完整的 PC 所有硬件部分的实物图。

1. 主机

主机包括 CPU(控制器＋运算器)和存储器(主存＋辅存)。图 1-3 所示为 CPU 和存储器。

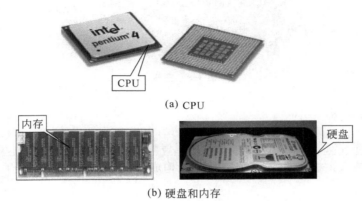

(a) CPU

(b) 硬盘和内存

图 1-3　CPU 和存储器

2. 输入输出设备

键盘、鼠标和显示器是 PC 必不可少的输入输出设备。图 1-4 所示为键盘、鼠标和显示器。

图 1-4　键盘、鼠标和显示器

3. 主板

CPU、主存和 I/O 设备等部件之间需要相互通信,因此必须有将这些部件连接在一起的通路,连接各种部件通路的集合称为互连结构(Interconnection Structure)。多年来人们尝试过许多互连结构，至今为止最普遍采用的是总线结构，主板就是提供这一总线的载体。CPU 和主存就安装在主板的插槽（座）上，硬盘、光驱、软驱通过电缆线连接到主板的插座上。不仅如此，主板还集成了与 CPU 相配套的外围电路控制芯片组，如总线控制器、DMA 控制器、中断控制器、I/O 接口电路等。随着集成化程度的提高，声卡、网卡，甚至显卡也都集成在主板上。如图 1-5 所示为主板。

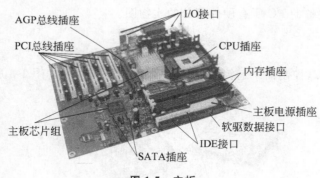

图 1-5　主板

4. 机箱和电源

将各功能部件安装在机箱内，配上计算机专用电源，再将键盘、鼠标、显示器等外部设备通过插头接入主板上对应的插座上，这就构成了一台完整的 PC。图 1-6 所示为机箱和电源。

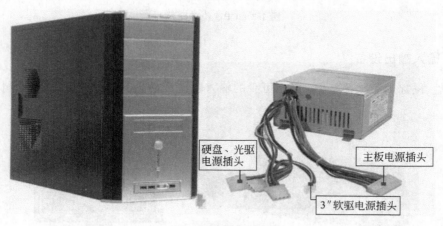

图 1-6　机箱和电源

1.2.3　计算机软件系统

仅有硬件的计算机称为"裸机"，可以说是毫无用途的，只有配上相应的软件，计算机才能工作。软件是所有程序的总称。计算机刚问世时，并没有建立软件的概念，随着计算机的发展及应用范围的扩大，才逐渐形成了软件系统。计算机软件系统通常可以分为两大类：系统软件和应用软件。

1. 系统软件

系统软件又称系统程序，主要用来管理整个计算机系统，监视服务，使系统资源得到合理调度，确保系统高效运行。系统软件主要包括操作系统、语言处理程序、标准程序库、服务性程序、数据库管理系统、网络软件。

1）操作系统

操作系统是系统软件的核心，它的作用是管理计算机系统的各种软硬件资源，为用户使用计算机提供操作接口，方便用户使用。DOS、Windows 98/2000/XP、UNIX、Linux等都是操作系统。

2）语言处理程序

语言处理程序是为翻译计算机的各种语言而设置的一组程序。计算机只能识别"0"和"1"组成的机器码，为了提高编程效率，程序设计人员往往采用高级语言或汇编语言编程，计算机在执行这些程序时必须先把它翻译成计算机可以识别的机器语言，语言处理程序就承担这样的工作。常用的有汇编程序、编译程序和解释程序。

3）标准程序库

标准程序库是系统事先配置的一些通用的、优化的标准子程序，供用户编程时调用。

4）服务性程序

服务性程序（即工具软件）是为了帮助用户使用与维护计算机提供服务性手段而编制的一类程序。一般指程序的输入与装配程序、编辑工具、调试工具、诊断程序以及可供调用的通用性应用软件。如文字处理软件、表格处理软件、图像处理软件。由于操作系统发展趋势是将内核做得精练紧凑，因此，这些服务程序往往作为操作系统可调用的文件存在。用户视需要而选取或扩充，也可将它们视为操作系统可扩充的外壳。

5）数据库管理系统

数据库和数据库管理软件一起组成了数据库管理系统。

6）网络软件

网络软件负责对网络资源的管理和组织，实现连接在网络中各计算机之间的通信。

2. 应用软件

应用软件又称应用程序，它是计算机用户在各自的应用领域中开发和使用的程序，是用户使用计算机来解决某一具体问题而编写的程序。

3. 软件的发展

早期的计算机只有机器语言，用户必须用二进制码表示的机器语言编写程序，工作量大，容易出错，而且对程序员的要求很高，要求他们对计算机的硬件和指令系统有正确和深入地理解，并有熟练的编程技巧，只有少数专家才能达到此要求。为了方便记忆，将"0"、"1"序列表示的机器语言用一组符号（又称助记符）来表示，这就形成了汇编语言。汇编语言程序的大部分语句是与机器指令一一对应的，汇编语言的语法、语义结构仍然和机器语言基本一样,与人的传统解题方法相差甚远,经过人们的努力又出现了面向计算的高级语言,如 VB、C 语言等。随着计算机语言的发展,对计算机系统资源的管理、方便用户对计算机的使用和操作也越来越得到重视,这样操作系统也开始得到迅速发展。

1.3 计算机的应用

计算机之所以能得到迅速发展,其生命力源于它的广泛应用。目前,计算机的应用范围几乎涉及人类社会的各个领域:从国民经济各部门到个人家庭生活,从军事部门到民用部门,从科学教育到文化艺术,从生产领域到消费娱乐,计算机无处不在。计算机的应用主要可以归纳为以下 6 个方面:

1. 科学计算

在科学技术及工程设计中所遇到各种数学问题的计算,统称为科学技术计算。它是计算机应用最早的领域,也是应用得较广泛的领域。例如,数学、化学、原子能、天文学、地球物理学、生物学等基础科学的研究,以及航天飞行、飞机设计、桥梁设计、水力发电、地质勘探等方面的大量计算都要用到计算机。利用计算机进行科学计算,可以节省大量时间、人力和物力。例如,19 世纪中叶,数学上提出的地图着色的"四色定理"问题(画一张地图要使相邻的两国不使用同一种颜色,只要用 4 种颜色就够了),由于运算量巨大长期得不到精确证明,成为一大世界难题,直到 1976 年科学家们才运用高速计算机,花了1200 个小时完成了证明。其计算量,如果一个人日夜不停地计算,要花十几万年的时间。

2. 自动控制

自动控制是涉及面极广的一门学科,它是计算机根据给定的数据对生产过程实现自动化控制。工业、农业、科学技术、国防以致人们日常生活的各个领域都需要自动控制。特别是有了体积小、价格便宜、工作可靠的微型计算机和单片机后,自动控制就有了强有力的工具,自动控制进入了以计算机为主要控制设备的新阶段。例如,在食品厂,采用计算机进行自动配料、温度控制、产品的质量分析、成品的自动包装。在钢铁厂,采用计算机控制加料、控制炉温以及冶炼时间。采用计算机控制的数控机床,可以对复杂的零件进行精细加工,等等。

3. 数据处理

计算机不仅运用于数值计算还大量运用于非数值计算领域,如文字、报表、图形图像和声音处理等,即数据处理。例如,银行的数据库系统、公安部门的人口和户籍管理系统等。在企业,计算机广泛应用于财会统计与经营管理中,如编制生产计划、统计报表、成本核算、销售分析、市场预测、利润预估、采购订货、库存管理、工资管理等。

4. 计算机辅助设计/计算机辅助制造/计算机辅助教学(CAD/CAM/CAI)

计算机具有快速的数值计算能力、较强的数据处理以及模拟能力,目前在飞机、船舶、光学仪器、超大规模集成电路(VLSI)等设计制造过程中,计算机辅助设计(Computer Aided Design,CAD)和计算机辅助制造(Computer Aided Manufacturing,CAM)占据着越来越重要的地位。随着网络技术的发展以及计算机的交互性,计算机辅助教学(Computer Aided Instruction,CAI)越来越受到人们的重视,它不再仅仅是对传统的教学补充,而且可以做到完全脱离传统的教学手段。

5. 人工智能

人类的许多脑力劳动,诸如证明数学定理,进行常识性推理,理解自然语言,诊断疾病,棋类游戏和破译密码等都需要"智能"。人工智能是将人脑进行的演绎推理过程、规则和所采取的策略、技术等编成计算机的程序,在计算机中存储一些公理和推理规则,然后让机器去自动探索解题的方法,这种程序不同于计算机的一般应用程序。主要有:

(1) 模式识别。计算机对某些感兴趣的客体(如图像、文字等,统称为模式)作定量或结构的描述,并自动地分配到一定的模式类别中。如指纹识别、手写体的计算机输入系统。

(2) 语言识别和语言翻译。语言识别是利用计算机对人的语言特征进行分析对比找出所需要的重要信息,这些在情报部门都发挥了重要的作用。语言翻译是利用计算机将不同的语言进行互译,也是人工智能的一个重要研究领域。

(3) 专家系统。指用计算机来模拟专家的行为并做出决策,而且还可以通过"再学习"提高决策的可靠性。

(4) 机器人。使用计算机来模仿人的思维和逻辑推理的机器人是人工智能研究的又一成果。目前世界上有大量的工业机器人在生产线或各种有害环境中替代人工作业。

(5) 虚拟现实。虚拟现实是利用计算机生成的一种模拟环境,通过多种传感设备使用户"投入"该环境中实现用户与环境直接交互的目的。如赛车游戏、飞机驾驶模拟训练软件和战场作战模拟环境等。

6. 电子商务

凡是以电子信息的形式在互联网上进行的商品交易活动和服务都可以归结为电子商务。电子商务以其公平、快捷、方便,效率高,成本低,中间环节少,无国籍和全天候等优点在短短的几年内得到突飞猛进的发展。

1.4 计算机系统的层次结构

1.4.1 计算机系统的层次结构

现代计算机是一个很复杂的系统,由于软件、硬件的设计者和使用者都从不同的角度,以各种不同的语言来对待同一台计算机,因此,他们看到的计算机系统的属性和对计算机系统提出的要求也是不一样的。计算机系统的层次结构(Computer Architecture,1960 年后引入到计算机领域)的概念就是针对这一要求提出的。但目前还没有一个统一的标准。比较一致的看法如图 1-7 所示。

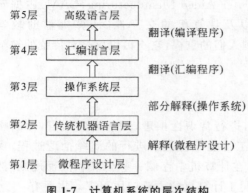

第5层　高级语言层　翻译(编译程序)

第4层　汇编语言层　翻译(汇编程序)

第3层　操作系统层　部分解释(操作系统)

第2层　传统机器语言层　解释(微程序设计)

第1层　微程序设计层

图 1-7　计算机系统的层次结构

第 1 层是微程序设计层。它是一个实在的硬件层，是具体实现机器指定功能的中央控制部分。

第 2 层是传统机器语言层，也是硬件层，这层主要是微程序解释机器指令。

第 3 层是操作系统层，又称混合层，它由操作系统实现。这一层中的机器语言是传统的机器语言，如算术运算、逻辑运算；操作系统指令如打开文件、读写文件、关闭文件等。

第 4 层是汇编语言层，它给用户提供一种符号语言(汇编语言)，由汇编语言执行和支持。通过汇编程序把指令翻译成机器语言。

第 5 层是高级语言层，它是面向问题的，主要是用户用来编写的应用程序。由高级语言的编译程序支持和执行。

作为一个普通的计算机用户，绝大部分都是通过操作系统提供的操作界面来执行应用程序的，并不关心计算机是如何工作的，只关心程序执行的结果。

图 1-7 所示的每一层都得到下层的支持。

1.4.2　本课程研究的主要内容

本书主要讨论传统的机器语言层和微程序设计层的组成及工作原理，也就是常说的计算机硬件。包括控制器和运算器的组成和实现、存储器存储原理、常用的输入输出设备的作用及工作原理、各主要功能部件之间的互连结构、如何实现程序的自动运行、影响计算机性能指标的主要因素和提高性能指标的方法等。

1.5　计算机的主要性能指标

一台计算机的性能如何，有多项技术指标来综合评价，不同用途的计算机强调的侧重点是不同的，以下介绍一些基本的技术指标。

1. 机器字长

机器字长是指 CPU 一次能处理的二进制数据的位数。它决定着寄存器、运算部件、数据总线的位数。字长越长，表示数的范围越大，精度也越高，相应的硬件成本也越高，计算机字长有 8、16、32、64 位不等(是字节 8 位的整数倍)。

2. 主频

CPU 工作的节拍是由计算机的主时钟控制的。主时钟不断产生固定频率的时钟脉冲,此固定频率就是 CPU 的主频。主频越高,CPU 的工作速度就越快。

3. 存储容量

主要是指主存和辅存的存储容量。对于主存通常以字(Word)或字节(B)为单位来表示容量的大小。以字为单位的通常用字数乘以字长表示。以字节为单位表示的通常用字节的数量表示,如 1024B。CPU 可以直接访问的存储器单元数一般受地址线根数的限制,其关系为:n 根地址线可以访问 2^n 个存储单元。如 20 根地址线可直接访问的存储器单元数为 1M。辅存储容量一般用字节表示,目前,大多数硬盘的容量都以 GB 为单位(目前,大多数硬盘的容量都采用 1k＝1000 的进制)。常见的换算关系式如下:

$$
\begin{array}{lll}
\text{Kilo} & 1\text{KB} = 1024\text{B} = 2^{10}\text{B} \\
\text{Mega} & 1\text{MB} = 1024\text{KB} = 2^{20}\text{B} \\
\text{Giga} & 1\text{GB} = 1024\text{MB} = 2^{30}\text{B} \\
\text{Tera} & 1\text{TB} = 1024\text{GB} = 2^{40}\text{B} \\
\text{Peta} & 1\text{PB} = 1024\text{TB} = 2^{50}\text{B} \\
\text{Exa} & 1\text{EB} = 1024\text{PB} = 2^{60}\text{B} \\
\text{Zetta} & 1\text{ZB} = 1024\text{EB} = 2^{70}\text{B} \\
\text{Yotta} & 1\text{YB} = 1024\text{ZB} = 2^{80}\text{B}
\end{array}
$$

4. 运算速度

一般采用单位时间内执行指令的平均条数和浮点运算次数作为运算速度指标。用每秒百万条指令(Million Instruction Per Second,MIPS)表示,或每秒百万次浮点运算次数(Million FLoating-point operation Per Second,MFLOPS)表示,也有用执行一条指令所需要的时钟周期数 (Cycle Per Instruction,CPI)来衡量。计算机的运行速度与许多因素有关,如 CPU 的主频、执行的操作类型和主存的速度等。

5. 可靠性

可靠性是衡量计算机质量的一个重要指标,常用平均无故障时间(Mean Time Between Failures,MTBF)来表示。平均无故障时间越高,表明计算机的质量越好。

6. 兼容性

兼容性(Compatibility)一般是指同一个软件不做修改就可以在另一台计算机上运行。兼容性可保护用户的软件投资不受或少受损失。

习　题　1

一、选择题

1. 微型计算机的分类通常是以微处理器的_____来划分的。

    A. 芯片名　　　　　B. 寄存器数目　　　　　C. 字长　　　　　D. 规格

2. 将有关数据加以分类、统计、分析，以取得有价值的信息，我们称为_____。

    A. 数据处理   B. 辅助设计   C. 实时控制   D. 数值计算

3. 计算机技术在半个世纪中虽有很大的进步，但至今其运行仍遵循科学家_____提出的基本原理。

    A. 爱因斯坦   B. 爱迪生   C. 牛顿   D. 冯·诺依曼

4. 冯·诺依曼机工作方式的基本特点是_____。

    A. 按地址访问并顺序执行指令   B. 堆栈操作

    C. 选择存储器地址   D. 按寄存器方式工作

5. 目前的 CPU 包括_____和 cache。

    A. 控制器、运算器   B. 控制器、逻辑运算器

    C. 控制器、算术运算器   D. 运算器、算术运算器

二、填空题

1. 数字式电子计算机的主要外部特性是_____、_____、_____和_____。

2. 世界上第一台数字式电子计算机诞生于_____年。

3. 第一代电子计算机逻辑部件主要由_____组装而成。第二代电子计算机逻辑部件主要由_____组装而成。第三代电子计算机逻辑部件主要由_____组装而成。第四代电子计算机逻辑部件主要由_____组装而成。

4. 当前计算机的发展方向是_____、_____和_____。

5. 电子计算机与传统计算工具的区别是_____。

6. 冯·诺依曼机器结构的主要思想是第一，_____；第二，_____；第三，_____。

7. 冯·诺依曼机器硬件结构由_____、_____、_____、_____和_____五大部分组成。

8. 中央处理器由_____和_____两部分组成。

9. 计算机中的字长是指_____。

10. 运算器的主要部件是_____。

11. 控制器工作的实质是_____和_____工作。

12. 存储器在计算机中的主要功能是_____。

13. 计算机的兼容性是指_____。

14. 表示计算机硬件特性的主要性能指标有_____、_____、_____、_____和_____。

15. 可由硬件直接识别和执行的语言是_____。

16. 与机器语言相比汇编语言的特点是_____和_____。

17. 计算机系统的软硬件界面是_____。

18. 软硬件逻辑功能等效是指_____，在逻辑功能上是等价的。由硬件实现功能的特点是_____和_____。由软件实现功能的特点是_____，但_____。

19. 计算机厂家在发展新机种时，遵循_____的原则。

20. 计算机的字长决定_____、_____和_____的位数。

第2章

计算机中信息的表示方法

chapter 2

计算机要对各种信息或数据进行处理,首先遇到的问题是必须将各种信息或数据以计算机可以识别的方式表示,并且以一定的形式存储在计算机中。现代计算机大都是以二进制表示的数字计算机。采用二进制,这是因为二进制数只有0和1两个不同的数字符号,易于用物理器件实现,如晶体管的"截止/导通"、电容的"有电荷/无电荷"、平面的"有反射光/无反射光"。只要规定一个状态表示1另一状态表示0即可。同时,二进制数的运算规则简单($0+0=0$;$1+0=1$;$0+1=1$;$1+1=0$并向高位进1;$0-0=0$,$1-1=0$;$1-0=1$;$0-1=1$从高位借1;$1×1=1$;$1×0=0$;$0×1=0$;$0×0=0$),易于用电子元件实现。

本章主要讨论以下问题:

(1) 数据的分类。

(2) 不同进制数值数据之间的相互转换方法。

(3) 数值数据的符号如何用0和1表示成机器数。

(4) 原码、补码、反码的定义、求法、特点以及所表示的真值数的范围。

(5) 小数点的表示及定点数与浮点数的概念。

(6) 非数值数据(字符、文字、图形、图像、声音)的机器数表示方法。

2.1 概　　述

数据表示研究的是计算机硬件能够直接识别,可以被指令系统直接调用的数据类型。国际标准化组织(ISO)对数据和信息都进行了专门定义,其中数据定义是:"数据是对事实、概念或指令的一种特殊表达形式,这种特殊表达形式可以用人工的方式或自动化装置进行通信、翻译转换或者进行加工处理"。数字、文字、符号、图形、图像、声音都包括在数据范畴中。因此,数据的概念要比人们日常生活中理解的"可以比较其大小的数值"广泛得多。图2-1列出了数据的类型。信息的定义是:"信息是对人有用的数据,可能影响人们的行为和决策的数据"。计算机对信息进行处理,实质上是由计算机

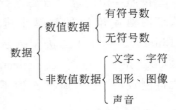

图 2-1　数据的类型

对数据进行加工处理得到对人类有用的信息过程，不同的部门根据得到的信息产生的决策和行动也往往不同。在很多场合，数据和信息往往并不严格加以区别。

将数据通过编码以 0 和 1 的形式表示计算机可以识别的数称为机器数（或机器码），同一个数据采用不同的编码方式所对应的机器数是不同的，不同的信息可以采用不同的编码方法。为了有效地对数据进行处理，对数据编码应遵循以下原则。

- 唯一性：每一个代码只能唯一表示一个数据。
- 合理性：代码结构要与分类体系相适应，尽量反映编码对象的特征。
- 简单性：代码简单可以减少差错，并容易理解，且容易记忆。
- 规范性：代码应与已有的国际或国家标准一致。
- 可扩充性：应留有一定的后备容量，适应可能出现的增加。
- 处理简单：处理简单将会降低运算器设计的难度。

对数据的处理主要涉及数据的算术运算（加、减、乘、除）和逻辑运算（与、或、非、移位等）。采用不同编码表示的机器数，其运算的复杂程度是不同的，对运算器的硬件实现也存在很大的差异，这就是要进行运算方法研究的目的，也就是说数据的表示方法、运算方法与运算器的实现密不可分，好的编码方法，高效的运算方法，可以大大简化运算器设计成本和设计周期。

2.2 数据信息的机内表示方法

2.2.1 数值数据在机内的表示

数值数据是计算机进行算术运算所使用的操作数，它有大小，可以在数轴上表示出来。数值数据又分有符号数和无符号数，无符号数常用来表示存储单元的物理地址，或不会出现负值的数据，如人的年龄。表示一个数值数据有三个基本的要素：进位计数制，小数点的表示，符号的表示。

在计算机中，数是用二进制来表示的。

2.2.2 进位计数制及相互转换

1. 进位计数制

按照一定的进位方法进行计数的数制称为进位计数制，简称进制。在日常生活中，人们习惯使用的进制是十进制（Decimal），但在计算机内部采用的进制却是二进制（Binary）。由于用二进制表示的数的位数长，书写不便，为了便于书写，常采用八进制（Octal）和十六进制（Hexadecimal）作为中间进制。要将一个数表示成计算机可以识别的二进制数，首先必须将各种不同进制的数转换成二进制数。任意进制数可以表示为

$$S = \sum_{-m}^{n} K_i \times R^i (K_i = \{0,1,2,\cdots,R-1\})。$$

1）基数

进制是以表示数值可以选用的基本数码的个数来命名的，计数制允许选用的基本数码的个数称为基数，用 R 表示。

2）权

在进位计数制中，同一个数码处在数的不同位置上，它所代表的数值的大小是不同的。每一个数位被赋予 R^i 的数值称为位权，简称权。如十进制 333，个位上的 3 代表 3，十位上的 3 代表 30，它的权为 10^1，百位上的 3 代表 300，它的权为 10^2。

3）进位计数制的按权展开式

在进位计数制中，每个数位的数值等于该位数码与该位的权之乘积，若用 $K_i \times R^i$ 表示第 i 位的数码，则该位的数值为 $K_i R^i$。各种进位制的数都可以写成按权展开的多项式和的形式，一个以 R 为基数的数 S 可表示为：

$$S = \sum_{-m}^{n} K_i \times R^i$$
$$= K_n \times R^n + K_{n-1} \times R^{n-1} \cdots + K_1 \times R^1 + K_0 \times R^0 + K_{-1} \times R^{-1}$$
$$+ K_{-2} \times R^{-2} + \cdots + K_{-m} \times R^{-m}$$
$$= S_1 \cdot S_0$$

其中

$$S_1 = K_n \times R^n + K_{n-1} \times R^{n-1} \cdots + K_1 \times R^1 + K_0 \times R^0 \quad (S\text{ 的整数部分})$$
$$S_0 = K_{-1} \times R^{-1} + K_{-2} \times R^{-2} + \cdots + K_{-m} \times R^{-m} \quad (S\text{ 的小数部分})$$

2. 进位计数制之间的相互转换

1）二进制数、八进制数和十六进制数转换成十进制数

二进制、八进制和十六进制数转换成十进制数常用的方法是"按权展开转换法"。具体做法是二进制、八进制和十六进制数按照权展开，然后再按照十进制求和，结果就是所要的十进制数。

【例 2-1】 将二进制数 1100.11 转换成十进制。

$$(1100.11)_2 = 2^3 + 2^2 + 2^{-1} + 2^{-2} = 8 + 4 + 0.5 + 0.25 = 12.75$$

【例 2-2】 将八进制数 266.2 转换成十进制。

$$(266.2)_8 = 2 \times 8^2 + 6 \times 8^1 + 6 \times 8^0 + 2 \times 8^{-1}$$
$$= 128 + 48 + 6 + 0.25 = 182.25$$

【例 2-3】 将十六进制数 0A3.4 转换成十进制。

$$(0A3.4)_{16} = 10 \times 16^1 + 3 \times 16^0 + 4 \times 16^{-1} = 160 + 3 + 0.25 = 163.25$$

2）十进制数转换成二进制数

十进制数转换成二进制数分整数部分和小数部分分别进行转换。

（1）十进制整数转换成二进制整数

十进制整数转换成二进制整数常用下述两种方法：减权定位法和除二取余法。

① 减权定位法：从高位起依次与二进制各位的权 2^i 进行比较，若够减对应 $K_i = 1$，减去权值后再往下比较。若不够减则 $K_i = 0$，继续与下一位的权比较，直到所有二进制位

的权都比较完毕。

【例 2-4】 将十进制数 205 转换成二进制形式。

由于 $256>205>128$ 从权值 $128=2^7$，开始比较：

$$205-128=77, \quad 所以 \quad K_7=1 \quad (128>\underline{77}>64=2^6)$$
$$77-64=13, \quad 所以 \quad K_6=1 \quad (16>\underline{13}>8=2^3)$$
$$13-8=5, \quad 所以 \quad K_3=1 \quad (8>\underline{5}>4=2^2)$$
$$5-4=1, \quad 所以 \quad K_2=1 \quad (2>\underline{1}\geqslant 1=2^0)$$
$$1-1=0, \quad 所以 \quad K_0=1$$

所以 $205=(11001101)_2$。

② 除二取余法：假设十进制整数 S 可以表示成二进制 $S=K_n\times 2^n+K_{n-1}\times 2^{n-1}\cdots+K_1\times 2^1+K_0\times 2^0$，则等式两边同时除以 2 得 $S/2=(K_n\times 2^n+K_{n-1}\times 2^{n-1}\cdots+K_1\times 2^1+K_0)/2=(K_n\times 2^{n-1}+K_{n-1}\times 2^{n-2}\cdots+K_1\times 2^0)+K_0/2=商[整数部分]\cdots[余数部分]$。得到余数 K_0，再将所得的商除以 2，得到新的商和新的余数 K_1，不断循环直到商为零为止。

所以把十进制整数连续除以 2，依次取得余数，直到商为零。依次得出的余数即该数的二进制形式从低位到高位各数位的系数 K_0、K_1、$\cdots$、K_n。

【例 2-5】 将十进制数 61 转换成二进制形式。

$$
\begin{array}{l}
2\ \underline{|\ 61} \\
2\ \underline{|\ 30}\cdots\cdots K_0=1 \\
2\ \underline{|\ 15}\cdots\cdots K_1=0 \\
2\ \underline{|\ 7}\cdots\cdots K_2=1 \\
2\ \underline{|\ 3}\cdots\cdots K_3=1 \\
2\ \underline{|\ 1}\cdots\cdots K_4=1 \\
2\ \underline{|\ 0}\cdots\cdots K_5=1
\end{array}
$$

得 $\qquad\qquad (61)_{10}=(111101)_2$

从上述两种方法中，我们可以看到减权定位法很直观，但各步操作不统一，不易于用机器实现，适于手算。除二取余法每步都重复执行除二取余，操作统一，便于机器实现。

（2）十进制小数转换成二进制小数

十进制小数转换成二进制小数也有两种方法：减权定位法和乘二取整法。

① 减权定位法：二进制小数各位的权依次是 2 的 -1 次方、2 的 -2 次方、2 的 -3 次方……转换从 0.5 开始，够减 $K_{-i}=1$，不够减 $K_{-i}=0$，直到差为 0。若转换后所得到的二进制小数是个除不尽的小数，可按小数点后取多少位或按机器字长决定取数的位数。

【例 2-6】 将十进制数 0.8125 转换成二进制形式。

$$1>0.8125>0.5(2^{-1}) \qquad 0.8125-0.5=0.3125 \qquad K_{-1}=1$$
$$0.5>0.3125>0.25(2^{-2}) \qquad 0.3125-0.25=0.0625 \qquad K_{-2}=1$$
$$0.125>0.0625\geqslant 0.0625(2^{-4}) \quad 0.0625-0.0625=0 \qquad K_{-4}=1$$

故 $(0.8125)_{10}=(0.1101)_2$。

② 乘二取整法：假设十进制小数 S 可以表示成二进制 $S = K_{-1} \times 2^{-1} + K_{-2} \times 2^{-2} + \cdots + K_{-m} \times 2^{-m}$，则等式两边同时乘以 2 得：$2S = 2(K_{-1} \times 2^{-1} + K_{-2} \times 2^{-2} + \cdots + K_{-m} \times 2^{-m}) = K_{-1} + (2K_{-2} \times 2^{-1} + \cdots + K_{-m} \times 2^{-m+1})$，得到整数 K_{-1}。将剩下的积的小数部分继续乘以 2，直到小数部分为零。依次得出乘积 2^i 的整数部分序列就是二进制小数从高位到低位各数位上的系数 K_{-1}、K_{-2}、K_{-3}、$\cdots$、K_{-m}。

【例 2-7】　将十进制数 0.8125 转换成二进制形式。

$$0.8125 \times 2 = 1.625 \qquad K_{-1} = 1$$
$$0.625 \times 2 = 1.25 \qquad K_{-2} = 1$$
$$0.25 \times 2 = 0.5 \qquad K_{-3} = 0$$
$$0.5 \times 2 = 1.0 \qquad K_{-4} = 1$$

故 $(0.8125)_{10} = (0.1101)_2$。

（3）十进制实数转换成二进制实数

十进制实数既有整数部分，又有小数部分，其转换方法是将整数部分和小数部分分别转换，然后将这两部分拼起来即可。

【例 2-8】　将十进制数 63.6875 转换成二进制数。

$$(63)_{10} = (111111)_2$$
$$(0.6875)_{10} = (0.1011)_2$$

所以 $(63.6875)_{10} = (111111.1011)_2$。

3）二进制数转换成八进制数、十六进制数

因为八进制数、十六进制的基数分别为 $8 = 2^3$ 和 $16 = 2^4$，所以二进制数转换成八进制数和十六进制数时非常简单，三位二进制数对应一位八进制数，四位二进制数对应一位十六进制数。

（1）二进制数转换成八进制数

二进制数转换成八进制数的方法是：从小数点的位置开始，整数部分向左、小数部分向右，每三位二进制数分为一组，对应一位八进制数，不足三位者补零，整数在高位补，小数在末位补。

【例 2-9】　将二进制数 10110101.1011 转换成八进制数。

$$(10110101.1011)_2 = (\underline{010}\ \underline{110}\ \underline{101}.\underline{101}\ \underline{100})_2 = (265.54)_8$$

（2）二进制数到十六进制数的转换

二进制数到十六进制数的转换方法与二进制数到八进制数转换方法类似，每四位二进制数对应一位十六进制数。

【例 2-10】　将二进制数 11110110101.10101 转换成十六进制数。

$$(11110110101.10101)_2 = (\underline{0111}\ \underline{1011}\ \underline{0101}.\underline{1010}\ \underline{1000})_2 = (7B5.A8)_{16}$$

4）八进制数、十六进制数转换成二进制数

（1）八进制数转换成二进制数

八进制数转换成二进制数的方法是：每一位八进制数用相应的三位二进制数代替。其中整数中的最高位，小数部分末位的 0 可以省去不写。

【例 2-11】　将八进制数 $(75.26)_8$ 转换成二进制数。

$$(75.26)8 = (111\ 101.011\ 110)_2 = (111101.01111)_2$$

（2）十六进制数转换成二进制数

十六进制数转换成二进制数的方法是：每一位十六进制数用相应的四位二进制数代替。其中整数中的最高位，小数部分末位的 0 可以省去不写。

【例 2-12】 将十六进制数(48.A)$_{16}$转换成二进制数。

$$(48.A)_{16} = (\underline{0100}\ \underline{1000}.\underline{1010})_2 = (1001000.101)_2 = (110.5)_8$$

各进制数之间的转换可以用图 2-2 表示。

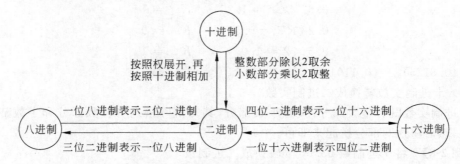

图 2-2　数据进制之间相互转换示意图

从例 2-12 中可以看出，同一数值表示成不同进制形式时，基数 R 越大，数码就越短，字码形式越多，分辨率越高。但是，到目前为止，计算机内部信息都是采用二进制形式表示，这主要因为：

① 二进制形式便于物理元件的实现。

二进制数只有 0 和 1 两个数字，因此，可以用物理元件的两种稳定状态来表示。例如，晶体管的导通和截止，只要规定其中一个状态为 1，另一个状态就为 0，就可以表示二进制数了。要找到有 10 种稳定状态的物理元件表示十进制数是很困难的。

② 二进制运算规则简单。

十进制数作乘法运算时，需用九九乘法表，而二进制乘法运算规则只有 4 个：

$$0 \times 0 = 0; \quad 0 \times 1 = 0; \quad 1 \times 0 = 0; \quad 1 \times 1 = 1$$

二进制数运算方法简单，实现运算的电路也相应简单了。

③ 可以用二进制数码 0、1 表示真、假逻辑量，可使计算机方便地进行逻辑运算。

二进制也有书写冗长，阅读不便的缺点，所以，人们在书写和表达时常用既能克服二进制缺点，又能与二进制直接转换的八进制或十六进制作为中间过渡机制。

2.2.3　数的符号表示

数值数据又可以分为有符号数和无符号数，无符号数常用来表示存储器单元的地址。由于计算机中只有 0 和 1 字符，所以符号也必须用 0 和 1 来表示，即数字化。

1. 无符号数和有符号数

• 机器数：数在计算机中的二进制表示形式称为机器数。机器数通常有两种形式，即无符号数和有符号数。

- 无符号数：机器数的所有二进制位都用来表示数值,故称无符号数。一般在全部正数运算且出现负值结果的场合可以省略符号位,使用无符号数表示,常用于表示地址。
- 有符号数：将数的符号也数字化的数(连同符号一起用二进制数来表示的数)称为有符号数。通常用 0 表示＋号,1 表示－号,符号放在二进制数的最高位,称为符号位。
- 真值：因为符号在计算机中占据一位,机器数的形式值就不等于真正的数值,为了区别起见,我们把带符号位的机器数所对应的数值称为机器数的真值。

2. 有符号数的表示

在计算机中有符号数的表示是将符号和数一起进行编码,常用的编码有原码、补码和反码。在这些编码中,通常用一位(一般是最高位)来表示符号,剩余的位数表示数值部分的编码。

1) 原码表示法

在原码表示法中,最高位为符号位,其余位为数的绝对值。

(1) 原码的定义(机器字长为 $n+1$,其中一位为符号位)

小数的原码：

$$[X]_{原} = \begin{cases} X & 0 \leqslant X < 1 \\ 1-X = 1 + |X| & -1 < X \leqslant 0 \end{cases}$$

整数的原码：

$$[X]_{原} = \begin{cases} X & 0 \leqslant X < 2^n \\ 2^n - X = 2^n + |X| & -2^n < X \leqslant 0 \end{cases}$$

(2) 原码的求法

原码表示直观,与真值的转换方便,只要将真值符号位的＋用 0,－用 1 表示,剩下的位数就是真值的绝对值了。

用原码表示的机器数进行乘除运算比较方便,只要将数值部分直接乘除,符号位相异或就可以获得正确的结果。但是进行加减运算时,既要考虑数的绝对值大小又要考虑数的符号,比较麻烦。原码的另一个缺点是零的表示不是唯一的(假设机器字长为 4)：

$$[+0]_{原} = 0.000 \quad [-0]_{原} = 1.000 \quad （小数）$$
$$[+0]_{原} = 0000 \quad [-0]_{原} = 1000 \quad （整数）$$

2) 补码表示法

为了克服原码表示法的上述两个缺点,引入了补码的概念,补码表示的数在进行加减运算时,符号位可以看成数值一起参加运算,只要不溢出(数的大小超过机器数表示的范围称为溢出)结果都是正确的,从而简化了加减法运算规则,简化了运算器的设计。

(1) 模和同余的概念

模：一个计量器的容量或一个计量单位叫做模或模数,记作 M。如四位二进制数它的模 $M = 2^4 = 16$。

同余：设 a,b 两整数被同一正整数 M 去除而余数相同，则称 a,b 对 M 同余。记为 $a=b(\bmod M)$。

如 $9/12=(12-3)/12=1+(-3)/12$ 即 9 和 -3 是关于模 12 是同余的。具有同余关系的两个数具有互补关系，即 -3 的补码是 9。这样求一个负数的补码就将模加上该负数即可得到 $12+(-3)=9$。

（2）补码的定义（机器字长为 $n+1$，其中一位为符号位）

小数的补码：

$$[X]_{补} = \begin{cases} X & 0 \leqslant X < 1 \\ 2+X & -1 \leqslant X < 0 \end{cases}$$

整数的补码：

$$[X]_{补} = \begin{cases} X & 0 \leqslant X < 2^n \\ 2^{(n+1)}+X & -2^n \leqslant X < 0 \end{cases}$$

（3）求法

从补码的定义中可以看出，正数的补码和原码相同，都等于真值。负数的补码可以用定义来求，也可以用更直观的方法来求：原码除符号位外按位取反再在最低位加 1（符号位用 1 表示，数字位直接取反再在最低位加 1）。

【例 2-13】 求 $X=-1100$ 的补码（机器字长为 5 位）。

$$[X]_{补} = 10011 + 1 = 10100$$

【例 2-14】 求 $X=-0.1100$ 的补码（机器字长为 5 位）。

$$[X]_{补} = 1.0011 + 0.0001 = 1.0100$$

补码求真值：补码除符号位外按位取反再在最低位加 1 得原码，然后由原码得真值。

【例 2-15】 求 $[X]_{补}=10100$ 的真值。

除符号位外按位取反再在末位加 1 得 $[X]_{原}=11011+1=11100$　　真值 $X=-1100$

（4）补码的表示范围（机器字长为 $n+1$ 位）

小数：$-1 \leqslant X \leqslant 1-2^{-n}$

整数：$-2^n \leqslant X \leqslant 2^n-1$

在补码的定义中负数的定义域扩大了一个数，且不再有负零。补码的零只有一种表示：

$$[0]_{补} = [-0]_{补} = [+0]_{补} = 0000$$

3）反码的表示法

反码一般用来作为原码求补码或补码求原码的工具，计算机中很少采用反码进行数的运算。

反码定义

小数的反码：

$$[X]_{反} = \begin{cases} X & 0 \leqslant X < 1 \\ (2-2^{-n})+X & -1 < X \leqslant 0 \end{cases}$$

整数的反码：

$$[X]_{反} = \begin{cases} X & 0 \leqslant X < 2^n \\ (2^{(n+1)} - 1) + X & -2^n < X \leqslant 0 \end{cases}$$

根据定义,正数的反码和原码相同,负数的反码将符号位用 1 表示,数值位按位取反即可。反码的表示范围与原码的表示范围是一样的。

4）三种码的比较

* 最高位表示符号位,1 表示负数,0 表示正数。
* 三种码的正数表示相同。负数的原码、补码和反码符号位用 1,原码的数值部分是真值的数值部分,补码是真值的数值"按位取反末位加 1",反码是"按位取反"。
* 原码适合乘除运算。补码适合加减运算,在运算过程中符号位和数值位一起参加运算。只要不超过数的表示范围,结果都是正确的。（这一点将在第 3 章中讨论）
* 原码和反码所能表示的数是关于 0 对称的,整数 $\pm(2^n - 1)$,小数为 $\pm(1 - 2^{-n})$。补码在负数上多一个最小负数,即整数 -2^n,小数为 -1。
* 原码和反码有 ± 0,而补码中 0 的表示是唯一的。

2.2.4　数的小数点表示

在进行算术运算时,需要指出小数点的位置,在计算机中,小数点有两种表示方法：定点表示法和浮点表示法。

1. 定点表示法

定点表示法约定数据的小数点的位置固定不变,小数的小数点通常放在有效数字的前面符号的后面,整数的小数点就放在有效数字的末尾,这就形成了定点小数和定点整数。无论是整数还是小数,小数点都是以隐含的方式来表示,不占有效的数据位,这样做的目的是字长一定的计算机,数的表示范围最大。

只有定点数据的计算机称为定点计算机。定点计算机只能表示纯小数或整数,所能表示的数的范围有限,尤其是定点小数,数的表示范围小于 1,这在实际使用时是很不方便的,现代计算机大多采用浮点表示法。

假设机器字长为 $n+1$ 位,其中有一位是符号位,三种不同的编码定点数的表示范围如下所示：

小数：

原码：$-(1 - 2^{-n}) \leqslant X \leqslant 1 - 2^{-n}$

补码：$-1 \leqslant X \leqslant 1 - 2^{-n}$

反码：$-(1 - 2^{-n}) \leqslant X \leqslant 1 - 2^{-n}$

整数：

原码：$-(2^n - 1) \leqslant X \leqslant 2^n - 1$

补码：$-2^n \leqslant X \leqslant 2^n - 1$

反码：$-(2^n - 1) \leqslant X \leqslant 2^n - 1$

2. 浮点表示法

任意一实数，皆有整数部分又有小数部分，是没有办法直接采用隐含方式来表示小数点位置的，这时可以采用浮点法来表示。对于任意一个数 X，采用科学计数法表示为 $X = M \cdot R^{\pm E} = \pm m \cdot R^{\pm E}$。其中，$m$ 中小数点的位置随着 E 的变化而左右移动，小数点左移一位，E 加 1，小数点右移一位，E 减 1。在这种表示方法中，小数点的位不是固定的而是可以左右移动的，我们称为浮点表示法。在浮点表示法中，E 称为浮点数的阶数，用定点整数表示，一般采用补码或移码表示。M 称浮点数的尾数，用定点小数表示。尾数的符号表示数的正负。R 是阶码的底，又称尾数的基数（简称基）。在二进制中，基为 2，在机器数中一般可以省略，以隐含的方式表示。

3. 规格化浮点数及其表示范围

一个浮点数可以写成多种形式，如 $(0.001)_2 = 0.0001 \times 2^1 = 0.010 \times 2^{-1}$。一般来说，尾数右移 n 位（在计算机中小数点都是以定点隐含方式给出的，尾数右移相当于小数点左移，尾数左移相当于小数点右移），阶码就要加 n，尾数左移 n 位，阶码就要减 n，这样才能保持整个浮点数的值不变。用浮点数表示的数不是唯一的，给计算机系统的处理带来很大的麻烦，为使浮点数表示唯一，常采用规格化的浮点数来表示。当基是 2 时，规格化的浮点数的尾数为 $\pm 0.1 \times \times \times \times \cdots$

正数的原、补码：$0.1 \times \times \times \times \cdots$

负数的原码：$1.1 \times \times \times \times \cdots$

负数的补码：$1.0 \times \times \times \times \cdots$

对于非规格化的浮点数，总是可以通过移位和调整阶码的方法将其转化成规格化的浮点数。规格化的浮点数表示是唯一的。

4. 移码

在浮点数中，阶数可正可负，在进行加减运算时必须先进行对阶操作（两个操作数的阶数相同，尾数才能相加减），对阶要比较数的大小（比较符号位），操作比较复杂。为了克服这一缺点，将阶数用移码表示，使阶码表示的数不出现负数。

移码的定义：如果阶码有 $n+1$ 位，则阶数 X 的移码为：

$$[X]_{移} = 2^n + X \quad -2^n \leqslant X \leqslant 2^n - 1 \quad （其中 2^n 为偏置常数）$$

式中的 2^n 称偏置常数。移码表示的数全 0 为最小，全 1 为最大，移码的大小直观地反映了真值的大小，不必考虑符号位，这样，在浮点运算中对阶就比较方便了。

在移码表示中，当 $X < 0$，$[X]_{移}$ 最高位为 0，当 $X \geqslant 0$ 时，$[X]_{移}$ 最高位为 1，所以最高位仍然可以看成符号位，只是与原码、反码表示相反。$[X]_{移}$ 与 $[X]_{补}$ 除符号位外其他位都相同。在移码中 0 有唯一的编码 $[000\cdots0]_{移} = 1000\cdots0$。$[X]_{移}$ 等于全 0 时，表明阶数最小。

5. IEEE 754 标准浮点格式

现代计算机中，浮点数一般采用 IEEE 制定的 IEEE 754 标准浮点格式，其规定的浮

点数格式为:

1 位数符	阶码(含 1 位阶符)	规格化的尾数

按照 IEEE 标准,规定的浮点数有 3 种,如表 2-1 所示。

表 2-1　IEEE 规定的浮点数

	数符位数	阶码位数	尾数位数	总位数
短实数	1	8	23	32
长实数	1	11	52	64
临时实数	1	15	64	80

以 32 位短实数为例,最高是数符,其后是 8 位阶码,用移码表示,但偏置常数为 $2^7-1=127$,而不是 $2^7=128$,隐含以 2 为基数。其余 23 位为尾数。由于尾数采用规格化表示,尾数的最高位总是 1,故在标准中不被直接表示,实际位数是 24 位。

在 IEEE 754 标准浮点格式中,阶数是整数,尾数是纯小数,小数点仍然可以采用前面讨论的定点数的方法,以隐含的方式表示,不占用有效的数值位。

在浮点数表示中,阶数的位数决定数的表示范围,阶数位数越多,表示的数的范围越大,尾数的位数决定数的表示精度,尾数位数越多,表示的数的精度越高。浮点数的表示和计算要比定点数复杂得多。

2.2.5　十进制数据的表示

十进制数在计算机中是以十进制的二进制编码(Binary Coded Decimal,BCD)码来表示的。大多数计算机都有专门的十进制运算指令,可以对十进制数直接进行处理。4 位二进制共有 16 种状态,从这 16 种状态中任取 10 个来表示 1 位十进制的 10 个数字有多种表示方法,因此,可以产生多种 BCD 码。

1. 十进制数据有权码

十进制数据有权码是指表示每一个十进制数位的 4 个二进制位(称为基 2 码)都有一个确定的权。常见的有 8421 码(也称自然码 Nature,NBCD)、2421 码、5211 码、84-2-1 码、4311 码,如表 2-2 所示。

表 2-2　4 位有权码

十进制数	8421 码	2421 码	5211 码	84-2-1 码	4311 码
0	0000	0000	0000	0000	0000
1	0001	0001	0001	0111	0001
2	0010	0010	0011	0110	0011
3	0011	0011	0101	0101	0100
4	0100	0100	0111	0100	1000

十进制数	8421 码	2421 码	5211 码	84-2-1 码	4311 码
5	0101	1011	1000	1011	0111
6	0110	1100	1010	1010	1011
7	0111	1101	1100	1001	1100
8	1000	1110	1110	1000	1110
9	1001	1111	1111	1111	1111

除 8421 码外，其他几种有权码具有以下特点：

- 任何两个十进制数位相加产生 10 或大于 10 时，相应的基 2 码会在最高位向左产生进位，便于实现逢十进一的计数和加法规则。
- 任何两个数相加之和等于 9 的十进制数位的基 2 码互为反码，即满足二进制数按 9 互补的关系，便于减法运算。

2. 十进制数据无权码

十进制数据无权码是指表示每一个十进制数位的 4 个二进制位没有一个确定的权。常用的有余 3 码和格雷码（又称循环码），如表 2-3 所示。

表 2-3　4 位无权码

十进制数	余 3 码	格雷码	十进制数	余 3 码	格雷码
0	0011	0000	5	1000	1110
1	0100	0001	6	1001	1010
2	0101	0011	7	1010	1000
3	0110	0010	8	1011	1100
4	0111	0110	9	1100	0100

余 3 码的编码规则是在 8421 码的基础上，将每一个代码都加 0011 而形成。其主要优点是执行加法运算时，能正确产生进位，而且还给减法带来方便。

格雷码（又称循环码）其编码规则是任何两个相邻的代码只有一个二进制位不同，其余三位必须相同。这样使得从一个编码变到下一个编码时只有一位发生变化，变码速度最快，有利于得到更好的译码波形，可以在 D/A 和 A/D 转换电路中得到很好的运行结果，并且用数字逻辑电路实现时不会产生冒险竞争。

2.3　非数值数据的表示

字符、汉字、图形、图像、语言以及逻辑数据统称为非数值数据。它们在计算机中也是用 0 和 1 编码表示的。

2.3.1　逻辑数据

逻辑数据有若干位二进制数字组成,每位之间没有权的内在联系,只有逻辑值"真"和"假"。逻辑数据只能参加逻辑运算,如逻辑与、逻辑或、逻辑非,特点是只进行本位操作。

2.3.2　字符编码

字符也必须用 0 和 1 表示。使用最广泛的就是 ASCII(American Standard Code For Information Interchange,美国标准信息交换码)码。在这种编码中,每个字符用 8 个二进制位来存储和发送。第 8 位一般设置为 0,或用作数据传输时错误检测的奇偶校验位。余下的 7 位最多可以表示 128 个不同的字符。在 ASCII 码中,数字 0~9 的 ASCII 码(0110000~0111001)的低 4 位同 0~9 的 BCD 码(0000~1001)完全一样。与另一种 EBCDIC(Extended Binary Coded Decimal Interchange Code)码表示 0~9 的低 4 位(11110000~11111001)也是一样的。由 ASCII 码可以很方便地获得 BCD 码,数字的 ASCII 码=30H+数字的 BCD 码。26 个英文字母分大、小写,大写字母 A~Z 的 ASCII 1000001~1011010 是连续的,小写字母 a~z 的 ASCII 1100001~1111010 是连续的,且大、小字母的 ASCII 码只有第 6 位不同(小写字母这一位是 1,大写这一位是 0),这使得大、小写字母之间的转换非常方便,小写字母 ASCII 码=大写字母 ASCII 码+0100000(20H)。ASCII 码表如表 2-4 所示。

表 2-4　ASCII 码表

$b_3b_2b_1b_0$ \ $b_6b_5b_4$	000	001	010	011	100	101	110	111
0000	NUL	DLE	SP	0	@	P	`	p
0001	SOH	DC$_1$	!	1	A	Q	a	q
0010	STX	DC$_2$	"	2	B	R	b	r
0011	ETX	DC$_3$	♯	3	C	S	c	s
0100	EOT	DC$_4$	$	4	D	T	d	t
0101	ENQ	NAK	%	5	E	U	e	u
0110	ACK	SYN	&	6	F	V	f	v
0111	BEL	ETB	'	7	G	W	g	w
1000	BS	CAN	(	8	H	X	h	x
1001	HT	EM	)	9	I	Y	i	y
1010	LF	SUB	*	:	J	Z	j	z
1011	VF	ESC	+	;	K	[	k	{
1100	FF	FS	,	<	L	\	l		
1101	CR	GS	−	=	M	]	m	}
1110	SO	RS	>	N	↑		n	~
1111	SI	US	/	?	O	_	o	DEL

2.3.3 汉字编码

中文信息的基本组成单位是汉字，汉字也是字符，但汉字是表意文字，一个汉字就是一个方块图形。汉字有以下特点：

- 汉字是一种象形文字，据统计有50 000多个字形各异的汉字，常用汉字有7000个左右。
- 汉字字型结构复杂，笔画繁多。
- 汉字重音字多。
- 汉字多音字多。

计算机要对汉字信息进行处理，首先必须将汉字转换成计算机可以接收的0和1组成的编码输入计算机，称为汉字输入码。输入码进入计算机必须转换成汉字内码才能进行信息处理。为了最终显示、打印汉字，内码必须转换成汉字字形码（字模）。为了使不同的汉字处理系统之间能够交换信息，还必须设有汉字交换码。

1. 汉字输入码

计算机是西方国家发明的，而西文只要用很少的键就可以输入所有的信息。要用西文键盘输入汉字，首先必须解决汉字输入问题，这就是汉字输入码要解决的问题。汉字的输入方法很多，常用的主要有以下4种。

1) 数字编码

国际区位码是最常用的数字编码，它是将汉字字符集编成94行（区）×94列（位）的表，每个汉字对应表中唯一的位置号，这个位置号就是区位码。分区号（01～94）和位号（01～94），区号在前位号在后，用4位数字来表示。如1122表示汉字"多"，每输入一个汉字必须敲4次键盘。特点是没有重码，输入时可以完全实现盲打，但其难以记忆，不易推广。

2) 字音编码

字音编码是一种基于汉语拼音的编码方法。主要有全拼、双拼以及智能ABC等。特点是只要会汉语拼音就能输入汉字，不需要再进行复杂的系统训练，是目前绝大部分非专业人员输入汉字的首选输入法。由于汉字同音字多，重码率高，不能做到盲打，速度不如汉字五笔输入法。

3) 字形编码

这是根据汉字的字形分类而给出的编码方法。如汉字五笔输入法，特点是输入速度快，需要通过训练才可以达到较快的输入速度，通常只有专业的文字录入人员才使用这种方法。

4) 形音编码

形音编码是将字音编码和字形编码相结合的一种编码方法。如首尾编码是利用汉字的左上角和右下角的笔形（字形编码）和汉字的第一个音符所对应的拼音字母（字音编码）的一种编码方法。

除了上面的输入法外，还有手写输入法、语言输入法，这些方法比较适合老年人。

2. 汉字交换码

汉字交换码是在两个汉字处理系统之间进行汉字交换时使用的编码,也称国标码。同一个汉字在不同的计算机系统中可以采用不同的表示方法。但在不同系统之间要交换信息时,必须采用统一标准规范,否则难以进行交换。为此,我国已制定并颁布了国家标准《GB 2312—80 信息交换用汉字编码字符集——基本集》,简称"国标码"。该字符集规定了常用汉字 6763 个和一些其他字符(俄文字母、日语假名、拉丁字母、希腊字母、汉语拼音和一般图形字符)682 个。

在交换码中的每个字符用两个字节进行编码,每个字节的低 7 位表示信息,最高位为 0,共有 2^{14} 个编码。

国标码与区位码有简单的对应关系:国标码＝区位码＋2020H。加 2020H 的目的是使两个字符都避免与码的控制字符冲突。

3. 汉字机内码

汉字机内码是汉字信息处理系统在计算机内部存储和处理汉字信息时使用的编码。不同计算机系统可以使用不同的机内码,但同一计算机系统中汉字机内码应该相同,而且不同计算机之间在交换汉字信息时都必须将汉字机内码转换成标准的交换码(GB 2312—80)。汉字系统中机内码在编码时必须考虑到既能与 ASCII 码严格区分,又能与国标码有简单的对应关系,因此,机内码的编码方案应能在国标码的基础上方便地得到。常用的方案是把国标码的每一个字节的最高位的 0 变成 1,其他各位的信息保持不变。如"大"的汉字机内码为 B4F3H(对应的二进制数为 1011010011110011B),国标码为 3473H(对应的二进制数为 0011010001110011B)。

汉字机内码与国标码和区位码之间的关系为:

$$机内码 ＝ 国标码 ＋ 8080H ＝ 区位码 ＋ A0A0H$$

在一个处理汉字信息系统的计算机内部,区分计算机内部信息是一个 ASCII 编码的字符还是汉字编码的字符,只要判别连续两个字节的最高位是否为 1。若为 1,这连续的两个字节构成一个汉字,否则该字节的低 7 位是一个 ASCII 编码的字符。

4. 汉字的字形码

计算机中的汉字内码是不能直接在屏幕上显示和打印的,必须把它转换成对应的汉字字形码,一般通过点阵图的形式产生,用 1 表示黑点,0 表示白点,图 2-3 所示为字符 A 的点阵图。

汉字字库就是存放全部汉字字形点阵码的存储空间及读取程序。汉字信息处理系统中一定要包含字库(Font),以便计算机在屏幕上显示或在打印机上打印汉字。

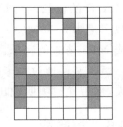

图 2-3　字符 A 的点阵图

2.3.4　图像(图形)的数字表示

一幅模拟连续的图像在输入到计算机时,必须通过输入设备(扫描仪、摄像机等)将其转换为数字图像才能存储和处理。图像的数字化包括采样和量化两个步骤。空间坐标的数字化称为图像采样,幅度的数字化称为图像的量化。连续图像 $f(x,y)$ 可按等间隔采样,将 (x,y) 平面分成网眼似的小方格,则 $f(x,y)$ 可表示为一个 $m \times n$ 二维的数组,数组中的每个元素称为像素。每个像素的灰度(或彩色信号的颜色)再进行数字化,通常用 k 级($k=2^p$)来表示。存储一幅图像所需要的容量 $B=(m \times n \times p)$bits。

2.3.5　语言的计算机表示

语音通过拾音设备转换成频率、幅度连续变化的电信号(模拟量),然后通过声卡对模拟量进行采样(标准的采样频率为 11.025kHz、22.05kHz 和 44.1kHz,采样点可以是 8 位和 16 位样本信息 A/D 值)得到数字信号。图 2-4 展示了模拟量到数字量的转换。

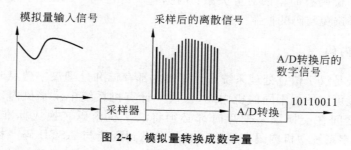

图 2-4　模拟量转换成数字量

完成这项工作的部件是声卡,声卡有两个重要的指标:采样频率和采样精度。采样频率是指每秒钟对音频信号的采样次数。采样频率越高,数字信号就越接近原声。根据奈奎斯采样定理,采样频率只要大于等于被采样信号最高频率的两倍,就能够不失真地描述被采样的信号。人耳可以分辨的音频频率范围为 20Hz~20kHz,现在,几乎所有的声卡的采样频率都达到 44.1kHz。采样精度是指采样的位数,它决定了记录音乐的动态范围,它以位(bit)为单位,常采用 8 位和 16 位。8 位可以把声波分成 256(2^8)级,16 位可以把声波分成65 536(2^{16})级,目前声卡大都是 16 位声卡。位数越高,声音的保真度越高。

数字化后的声音存储容量与采样频率和采样精度成正比。其容量为 $B=$ 采样频率 $\times$ A/D 的位数 $\times$ 时间(bits)。如采用 16 位的声卡,采样频率 44.1kHz,每分钟单声道的数字量为 5.29MB,1 小时为 317.52MB。这个量是非常大的,通常对数据进行压缩,如压成 MP3 格式的音乐。

声音文件通过声卡中的 D/A 转换,将数字信号转换成模拟信号,再通过音频放大器放大,然后通过喇叭输出声音。

2.3.6　校验码

数据传输过程中,为了对被传输的数据进行检测,通常采用增加一位校验位的方法来实现。常用的有奇偶校验位。设数据 $X=(X_{n-1}X_{n-2}\cdots X_0)_2$,校验位为 C,则:

奇校验位:$C=X_0 \oplus X_1 \oplus \cdots \oplus X_{n-1} \oplus 1$

即 X 中 1 的个数是奇数个时,$C=0$。

偶校验位：$C = X_0 \oplus X_1 \oplus \cdots \oplus X_{n-1}$

即 X 中 1 的个数是偶数个时，$C = 0$。

【例 2-16】 已知 $X = 01100101$，分别求 X 的奇偶校验位和奇偶校验码（奇偶校验位放在 X 的最前面）。

解： 奇校验位：$C = X_0 \oplus X_1 \oplus \cdots \oplus X_{n-1} \oplus 1 = 1 \oplus 0 \oplus 1 \oplus 0 \oplus 0 \oplus 1 \oplus 1 \oplus 0 \oplus 1$
　　　　　　$= 1$

　　　偶校验位：$C = X_0 \oplus X_1 \oplus \cdots \oplus X_{n-1} = 1 \oplus 0 \oplus 1 \oplus 0 \oplus 0 \oplus 1 \oplus 1 \oplus 0 = 0$

　　　奇校验码：$\boxed{1}$ 01100101

　　　偶校验码：$\boxed{0}$ 01100101

奇偶校验通常只能发现数据在传输过程中奇数个数据位的错误，不能发现偶数个数据位的错误，且没有纠错能力。1950 年由海明（Richard Hamming）提出了海明校验码。它的基本思想是对数据位进行分组采用奇偶校验，通过增加校验位的位数来确定错误位发生的位置。由于增加了校验位，海明校验码通常用于存储器中的数据存取校验，不适合长距离的数据通信。另一种既具有很强检错能力又具有纠错能力的校验码是循环冗余校验码（Cyclic Redundancy Check，CRC），主要用于网络通信数据信息（数据信息都是二进制的比特流，也可以理解为数据包）的校验中。

习　题　2

一、选择题

1. 下列数中，最小的数是_____。

　　A. $(101001)_2$　　　　　B. $(52)_8$　　　　　C. $(2B)_{16}$　　　　　D. 45

2. 下列数中，最大的数是_____。

　　A. $(101001)_2$　　　　　B. $(52)_8$　　　　　C. $(2B)_{16}$　　　　　D. 45

3. 计算机中表示地址时使用_____。

　　A. 原码　　　　　　　B. 补码　　　　　　　C. 反码　　　　　　　D. 无符号数

4. 字长 16 位，用定点补码小数表示时，一个字能表示的范围是_____。

　　A. $-1 \sim (1 - 2^{-15})$　　　　　　　B. $0 \sim (1 - 2^{-15})$

　　C. $-1 \sim +1$　　　　　　　　　　　D. $-(1 - 2^{-15}) \sim (1 - 2^{-15})$

5. 若 $X_{补} = 10000000$，则十进制真值为_____。

　　A. -0　　　　　　　　B. -127　　　　　　C. -128　　　　　　D. -1

6. 定点整数 16 位，含 1 位符号位，原码表示，则最大正数为_____。

　　A. 2^{16}　　　　　　　　B. 2^{15}　　　　　　　C. $2^{15} - 1$　　　　　D. $2^{16} - 1$

7. 当 $-1 < x < 0$ 时，$[x]_原 = $_____。

　　A. x　　　　　　　　　　　　　　　　B. $1 - x$

　　C. $4 + x$　　　　　　　　　　　　　　D. $(2 - 2^n) - 1 * 1$

8. 8 位反码表示数的最小值为_____，最大值为_____。

    A. $-127,+127$ B. $-128,+128$

    C. $-256,+256$ D. $-255,+255$

9. $n+1$ 位二进制整数的取值范围是_____。

    A. $0\sim2^{n}-1$ B. $1\sim2^{n}-1$

    C. $0\sim2^{n+1}-1$ D. $1-2^{n+1}-1$

10. 浮点数的表示范围和精度取决于_____。

    A. 阶码的位数和尾数的位数   B. 阶码的位数和尾数采用的编码

    C. 阶码采用的编码和尾数采用的编码   D. 阶码采用的编码和尾数的位数

11. 在浮点数编码表示中，_____在机器数中不出现，是隐含的。

    A. 尾数   B. 符号   C. 基数   D. 阶码

12. 移码和补码比较，只有_____不同，其他都相同。

    A. 正号   B. 负号   C. 符号   D. 标志

13. 一个 24×24 点阵的汉字，需要_____字节的存储空间。

    A. 62   B. 72   C. 64   D. 32

14. 62 个汉字的机内码需要_____。

    A. 62 字节   B. 32 字节   C. 124 字节   D. 248 字节

15. ASCII 码是对_____进行编码的一种方案。

    A. 字符   B. 声音   C. 图标   D. 汉字

16. D/A 转换是_____。

    A. 把计算机输出的模拟量转化为数字量

    B. 把模拟量转化为数字量，把数字量输入计算机

    C. 把数字量转化为模拟量，把转化结果从计算机输出

    D. 把计算机输出的模拟量转为数字量输入计算机

17. 在大量数据传送中常用且有效的检验法是_____。

    A. 奇偶校验法   B. 海明码校验   C. 判别校验   D. CRC 校验

二、填空题

1. 二进制中的基数为_____，十进制中的基数为_____，八进制中的基数为_____，十六进制中的基数为_____。

2. $(27.25)_{10}$ 转换成十六进制数为_____。

3. $(0.65625)_{10}$ 转换成二进制数为_____。

4. 在原码、反码、补码三种编码中，_____数的表示范围最大。

5. 在原码、反码、补码三种编码中，符号位为 0，表示数是_____。符号位为 1，表示数是_____。

6. 0 的原码为_____；0 的补码为_____；0 的反码为_____。

7. 在_____表示的机器数中，零的表示形式是唯一的。

8. -11011011 的补码为_____，原码为_____，反码为_____。

9. 11001010 的补码为_____,原码为_____,反码为_____。

10. 浮点数的表示范围由浮点数的_____部分决定。浮点数的表示精度由浮点数的_____部分决定。

11. 在浮点数的表示中,_____部分在机器数中是不出现的。

12. 浮点数进行左规格化时,尾数_____;浮点数进行右规格化时,尾数_____。

13. 真值为−100101 的数在字长为 8 的机器中,其补码形式为_____。

14. 浮点数一般由_____和_____两部分组成。

15. 在计算机中,"A"与"a"的 ASCII 是_____。

16. 在计算机中,一个字母或数字用_____位 ASCII 表示。

17. 某信息在传送没有出现错误,奇偶校验码 101011011,应为_____编码。

18. 某信息在传送没有出现错误,奇偶校验码 101111011,应为_____编码。

19. X=1011001,它的偶校验位为_____。

20. X=n4n3n2n1,它的奇校验码表达式为_____。

21. 下列数据代码设为偶校验,请在括号内填写相应的偶校验位。
    A. (　　)1101011　　　　B. (　　)0101101

22. 下列数据代码设为奇校验,请在括号中填入相应的校验位。
    A. (　　)1101011　　　　B. (　　)0101101

23. 表示一个数值数据的基本要素是_____、_____、_____。

24. 在计算机内部信息分为两大类,即_____和_____。

25. 不同进位制之间相互转换的根据是_____。

26. 机定点整数格式字长为 8 位(包含 1 位符号位),若 x 用补码表示,则 $[x]_补$ 的最大正数是_____,最小负数是_____。(用十进制真值表示)

27. 已知下列数字的 ASCII 码,8421 码和余三码,请在括号内写明它们是何种代码。
    2:0101(　　)　　0110010(　　)　　0010(　　)
    9:0111001(　　)　　1100(　　)　　1001(　　)

三、解答题

1. 将二进制数−0.0101101 用规格化浮点数格式表示。格式要求:阶码 4 位,含 1 位符号位;尾数 8 位,含 1 位符号位。阶码和尾数均用补码表示,阶码以 2 为底。

2. 将二进制数+1101.101 用规格化浮点数格式表示。格式要求:阶码 4 位,含 1 位符号位;尾数 8 位,含 1 位符号位。阶码和尾数均用补码表示,阶码以 2 为底。

3. 什么是机器数?

4. 数值数据的三要素是什么?

5. 在计算机系统中,数据主要包括?数值数据的特点是什么?非数值数据的特点是什么?

运算方法和运算器

　　计算机要对各种信息进行加工和处理,例如对数值数据进行加、减、乘、除的数值运算,对非数值数据进行与、或、非的逻辑运算,在计算机中必须有对数据进行处理和加工的部件,这个部件就是运算器。目前,大多数计算机都将运算器和控制器集成在一个芯片上,也就是我们常说的中央处理器单元(Central Processing Unit,CPU)。

　　在计算机内部,所有的数据都以各种不同的编码方式以机器数的形式存在,符号、小数点也都用数字来表示,这样用常规的运算方法来设计运算器对机器数直接进行运算已经无法满足要求。本章重点讨论各种不同编码表示的机器数的运算规律,并以此来设计运算器。

　　本章主要讨论以下问题:

　　(1) 定点数的补码运算规律及定点加法器的实现;

　　(2) 溢出的概念及溢出判别方法;

　　(3) 定点数的原码运算规律及乘除法器的实现;

　　(4) 浮点数的运算方法及浮点运算器的实现;

　　(5) 影响运算器速度的主要因素及提高运算器速度的主要方法。

设计运算器必须满足的要求:

- 必须保证运算结果的正确。
- 运算器的结构尽可能简单。
- 最大限度地提高运算速度。

3.1　定点数的加法、减法运算

　　定点数的加减在计算机中通常采用补码进行,运算时连同符号位一起运算,结果也用补码表示。

3.1.1　补码加减法所依据的关系

　　加法:$[X+Y]_{补}=[X]_{补}+[Y]_{补}$

　　减法:$[X-Y]_{补}=[X]_{补}+[-Y]_{补}=[X]_{补}+\overline{[Y]_{补}}+1$(最末位)

其中 $[-Y]_{补}$ 是将 $\overline{[Y]_{补}}$ 连同符号位一起取反后,再在最低位加 1,即 $[-Y]_{补}=$ $\overline{[Y]_{补}}+1$(最末位),也就是说在计算机内部,减法最终也是通过加法来实现的,这对运算器的物理实现将会带来很大的简化。

3.1.2 补码加减法运算规则

- 参加运算的操作数用补码表示。
- 符号位等同于数值一起参加运算。
- 对于两数相加减的各种情况,计算机都执行求和操作。当操作码为加运算时就直接进行相加,当操作码为减时,将减数连同符号位一起求反末位加 1 后再与被减数相加。
- 结果用补码表示。

以上关系不做证明,仅通过实例来验证。

【例 3-1】 已知 $X=0.1001,Y=-0.0110$,机器字长为 5 位,用补码运算求 $X+Y=?$

解:
$$[X]_{补}=0.1001$$
$$+\quad [Y]_{补}=1.1010$$
$$[X+Y]_{补}=\boxed{1}\,0.0011$$

超过机器字长,自然丢失

所以 $X+Y=0.0011$。

【例 3-2】 已知 $X=-0.1001,Y=-0.0101$,机器字长为 5 位,用求补码运算求 $X+Y=?$

解:
$$[X]_{补}=1.0111$$
$$+\quad [Y]_{补}=1.1011$$
$$[X+Y]_{补}=\boxed{1}\,1.0010$$

超过机器字长,自然丢失

所以 $X+Y=-0.1110$。

【例 3-3】 已知 $X=0.1001,Y=0.0110$,机器字长为 5 位,用求补码运算求 $X-Y=?$

解:
$$[X]_{补}=0.1001 \qquad [Y]_{补}=0.0110$$
$$+\quad [-Y]_{补}=1.1010$$
$$[X-Y]_{补}=\boxed{1}\,0.0011$$

超过机器字长,自然丢失

所以 $X-Y=0.0011$。

【例 3-4】 已知 $X=-0.1001,Y=-0.0110$,机器字长为 5 位,用求补码运算求 $X-Y=?$

解:
$$[X]_{补}=1.0111 \qquad [Y]_{补}=1.1010$$
$$+\quad [-Y]_{补}=0.0110$$
$$[X-Y]_{补}=1.1101$$

所以 $X-Y=-0.0011$。

【例 3-5】 已知 $X=+0.1011,Y=+0.1001$，求 $X+X$。

解：
$$[X]_{补}=0.1011$$
$$+\quad [X]_{补}=0.1001$$
$$[X+Y]_{补}=1.0100$$

所以 $X+Y=-0.1100$。

两个正数相加，结果怎么会是一个负数呢？显然这是一个错误的结果。造成错误的原因是 $X+Y=0.1011+0.1001=1.0100>1$，超过了定点小数补码的表示范围，也就是溢出了。

3.1.3　溢出的概念及检测方法

1. 溢出的概念

加法器或寄存器有多少个二进制位组成通常称为定点运算器的字长。当选定了运算器字长及数据表示格式后，所能表示的数据范围也就确定了。计算机执行算术运算所产生的结果超出机器数所能表示的数的范围称溢出。只有两相同符号的数进行加法运算才有可能产生溢出。计算机进行数值运算时，必须对运算结果是否产生溢出进行判断，以保证运算结果的正确性。

2. 溢出检测的方法

（1）采用一位符号位判断

设 A 和 B 是两个操作数，S 为运算结果。

$$A=a_n a_{n-1}\cdots a_0$$
$$B=b_n b_{n-1}\cdots b_0$$
$$S=s_n s_{n-1}\cdots s_0$$

其中，a_n、b_n、s_n 分别代表两个操作数和结果的符号。当 $a_n=1,b_n=1$ 而 $s_n=0$（两个负数相加，结果是正数，说明产生溢出，且为负溢出），或当 $a_n=0,b_n=0$ 而 $s_n=1$（两个正数相加，结果是负数，说明也产生了溢出，且为正溢出）。溢出位 $OVER=\bar{a}_n \bar{b}_n s_n+a_n b_n \bar{s}_n$。图 3-1 为溢出判断电路。

（2）用 c_{n-1} 和 c_n 判断

c_{n-1} 表示最高数值位向符号位的进位，c_n 表示符号本身产生的进位，在进行补码加法运算时，如果最高数值位和符号位不同时产生进位，结果将产生溢出。溢出位 $OVER=c_{n-1}\oplus c_n$。图 3-2 为溢出判断电路。

（3）采用双符号位（也称变形补码）判断

用 s_{f1} 和 s_{f2} 表示最高符号位和第二个符号位，00 表示正数，11 表示负数，如果两个正数（符号位为 00）相加，结果的符号位为 01，表示有正溢出，如果两个负数（符号位为 11）相加，结果的符号位为 10，表示有负溢出。所以，溢出位 $OVER=s_{f1}\oplus s_{fs}$。图 3-3 为溢出判断电路。

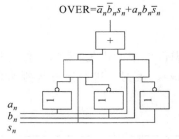

$$\text{OVER}=\overline{a}_n\overline{b}_ns_n+a_nb_n\overline{s}_n$$

$$\text{OVER}=c_n\oplus c_{n-1}$$

$$\text{OVER}=s_{f1}\oplus s_{f2}$$

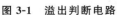

图 3-1　溢出判断电路　　　图 3-2　溢出判断电路　　　图 3-3　溢出判断电路

根据上面的讨论,对例 3-5,运用溢出判断公式:

$$\text{OVER}=\overline{a}_n\,\overline{b}_n\,s_n+a_nb_n\overline{s}_{n-1}=1\cdot1\cdot1+0\cdot0\cdot0=1$$

或 $\text{OVER}=c_{n-1}\oplus c_n=1\oplus0=1$,结果溢出。

【例 3-6】　$X=-0.1101,Y=-0.1011$,求 $X+Y$。采用变形补码。

解:　　　　$[X]_补=11.0011$

$+$　　　$[Y]_补=11.0101$

　　　$[X+Y]_补=\underline{1}10.1000$

　　　　　　　　　　自然丢失

结果的符号位是 10,$\text{OVER}=s_{f1}\oplus s_{fs}=1\oplus0=1$ 溢出,且负溢出。

3.2　二进制加法器

3.2.1　半加器

两个一位二进制数相加(不考虑低位的进位),称为半加。实现半加操作的电路称为半加器。根据二进制运算规则得到表 3-1 所示的半加器真值表。

根据真值表可以写出逻辑表达式:

$$S_i=\overline{A}_iB_i+A_i\overline{B}_i=A_i\oplus B_i$$

$$C_i=A_iB_i$$

根据逻辑表达式,用门电路实现如图 3-4 所示的半加器逻辑电路,并用逻辑符号表示。

表 3-1　半加器真值表

A_i	B_i	S_i	C_i
0	0	0	0
0	1	1	0
1	0	1	0
1	1	0	1

(a) 半加器逻辑电路　　(b) 半加器逻辑符号

图 3-4　半加器的逻辑电路和逻辑符号

3.2.2　全加器

在实现多位二进制数相加时，不仅考虑本位，还要考虑低位来的进位，考虑低位的进位加法运算就是全加运算，实现全加运算的电路称为全加器。根据二进制运算规则可以得到表 3-2 所示的全加器真值表。

表 3-2　全加器真值表

A_i	B_i	C_{i-1}	S_i	C_i	A_i	B_i	C_{i-1}	S_i	C_i	A_i	B_i	C_{i-1}	S_i	C_i
0	0	0	0	0	1	1	0	0	1	1	0	1	0	1
0	1	0	1	0	0	0	1	1	0	1	1	1	1	1
1	0	0	1	0	0	1	1	0	1					

根据真值表可以写出逻辑表达式：

$$S_i = \overline{A}_i B_i \overline{C}_{i-1} + A_i \overline{B}_i \overline{C}_{i-1} + /\overline{A}_i /\overline{B}_i C_{i-1} + A_i B_i C_{i-1}$$
$$= A_i \oplus B_i \oplus C_{i-1}$$
$$C_i = A_i B_i \overline{C}_{i-1} + \overline{A}_i B_i C_{i-1} + A_i \overline{B}_i C_{i-1} + A_i B_i C_{i-1}$$
$$= A_i B_i + (A_i + B_i) C_{i-1}$$
$$= A_i B_i + (A_i \oplus B_i) C_{i-1}$$

根据逻辑表达式，用门电路实现如图 3-5 所示的全加器逻辑电路，并用逻辑符号表示。

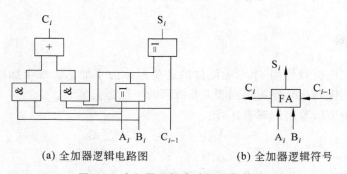

(a) 全加器逻辑电路图　　　　　　(b) 全加器逻辑符号

图 3-5　全加器逻辑电路和逻辑符号

一位全加器只能实现一位二进制数的加法，另外门电路都有延迟，这个延迟影响了整个加法器的运算速度。假设一级门的延迟时间是 1ty，则产生 S_i 要两级门延时时间 2ty，产生进位 C_i 要三级门延时时间 3ty（为了简单讨论，假设所有门电路的延时时间相同）。

3.2.3　加法器

一位全加器只能实现一位二进制数的加法，要实现 n 位数相加就要组成加法器，最基本的就是串行加法器和并行加法器。

1. 串行加法器

如果 n 位字长的加法器仅有一位加法器,使用移位寄存器从低位到高位串行地提供操作数,分 n 步进行相加,叫做串行加法器。图 3-6 所示为串行加法器框图。串行加法器每步操作产生一位和,并串行地送入结果寄存器中(通常用累加器,在图 3-6 中的移位寄存器 A),进位信号则用一位 D 触发器寄存并参与下一位运算。由于要完成两个 n 位数的加法运算需要进行 n 步的一位加法和 n 次的移位,速度太慢,现代计算机几乎不再采用。

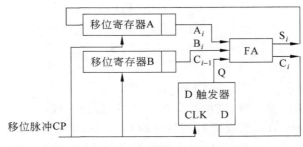

图 3-6　串行加法器框图

2. 并行加法器

并行加法器的全加器个数和操作数位数相同,能同时对所有位求和。下面讨论组成 n 位并行加法器的几种方法,主要讨论并行加法器采用的几种进位结构,以及不同的进位结构对运算速度的影响。在这些结构中,最基本的是串行进位和并行进位。在此基础上可将整个加法器分组、分级,对组内、组间、级间分别采用串行和并行进位。

（1）进位公式分析

$$C_i = A_iB_i + (A_i \oplus B_i)C_{i-1}$$

令

$$G_i = A_iB_i$$

$$P_i = A_i \oplus B_i$$

其中,G_i(Carry Generate Function)称为全加器第 i 位的进位产生函数,其含义是若本位两个输入均为 1 时,必向高位产生进位,与低位进位无关,所以又称本位进位。P_i 称为全加器第 i 位的进位传递函数(Carry Propagate Function)。其含义是当 $P_i = 1$ 时,若低位有进位,本位将产生进位,也就说,$P_i = 1$ 时,低位传送过来的进位能越过本位向更高位传送。P_i 又称进位传送条件,P_iC_{i-1} 称为传送进位。将 G_i、P_i 代入上式得:

$$C_i = G_i + P_iC_{i-1}$$

（2）串行进位加法器

将 n 个全加器的进位按照串行串联方法,从低到高逐位依次连接起来就可以得到 n 位串行进位加法器。图 3-7 所示为四位串行进位加法器。

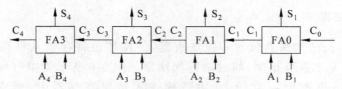

图 3-7 四位串行进位加法器

用这种方法组成的加法器,从最低位来的进位信号是一位一位逐位串行向高位传播的,所以又称为行波进位加法器,在行波进位加法器中,进位信号的逻辑表达式为:

$$C_1 = G_1 + P_1 C_0$$
$$C_2 = G_2 + P_2 C_1$$
$$C_3 = G_3 + P_3 C_2$$
$$\vdots$$
$$C_n = G_n + P_n C_{n-1}$$

后一级的进位直接依赖前一级,进位是逐级形成的,假设一级门的延迟时间是 1ty,最长进位延迟时间为 $(2n+1)$ty,形成最后和的时间是 $2n$ty,与 n 成正比。可见,行波进位加法器的加法速度比较低。通常 CPU 工作的周期是以 ALU 的工作时间为依据,加法器的延迟时间越长,CPU 的工作速度就越低,设法提高加法器的速度就有着重要的意义。

（3）先行进位加法器

提高加法器的运算速度的关键是消除行波进位中的进位逐位串行传播,让各位进位独立地同时形成。下面以四位加法器为例,将进位信号用 G_i、P_i 表示成以下形式:

$$C_1 = G_1 + P_1 C_0$$
$$C_2 = G_2 + P_2 C_1 = G_2 + P_2(G_1 + P_1 C_0)$$
$$C_3 = G_3 + P_3 C_2 = G_3 + P_3(G_2 + P_2(G_1 + P_1 C_0))$$
$$C_4 = G_4 + P_4 C_3 = G_4 + P_4(G_3 + P_3(G_2 + P_2(G_1 + P_1 C_0)))$$

展开整理得:

$$C_1 = G_1 + P_1 C_0$$
$$C_2 = G_2 + P_2 G_1 + P_2 P_1 C_0$$
$$C_3 = G_3 + P_3 G_2 + P_3 P_2 G_1 + P_3 P_2 P_1 C_0$$
$$C_4 = G_4 + P_4 G_3 + P_4 P_3 G_2 + P_4 P_3 P_2 G_1 + P_4 P_3 P_2 P_1 C_0$$

由以上公式可知,4 个进位输出信号仅由进位产生函数 G_i、进位传递 P_i 和最低进位 C_0 决定,与各自低位进位位无关。图 3-8 所示为 4 位先行进位电路图和 4 位先行进位加法器。

输入信号 A_i、B_i、C_0 是同时提供的,所有的进位延迟时间都是 3ty,因为进位信号同时产生,所以称为同时进位或并行进位 CLA（Carry Look Ahead）,把这种进位信号由逻辑线路产生,再送去求和而构成的加法器,称为先行进位加法器。

理论上讲,这种先行进位加法器可以扩充到 n 位字长,但是,当加法器位数增加时,进位函数 C_{i+1} 会变得越来越复杂（n 位字长的加法器,最高进位位需要一个 $n+1$ 位输入的或门和 $n+1$ 位输入的与门电路实现）,这给电路的实现带来了困难,通常的做法是在

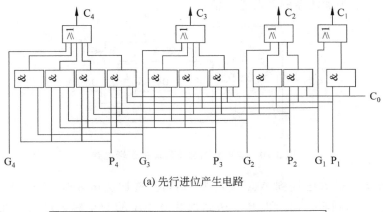

(a) 先行进位产生电路

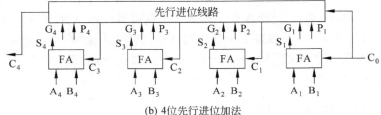

(b) 4位先行进位加法

图 3-8　4 位先行进位加法器

保证进位快速性的同时,减少电路的复杂性,如以四位先行进位加法器为一组,在组间分别采用串行进位或并行进位。

（4）组间行波进位加法器

把 4 个先行进位加法器的组间按照图 3-9 那样串联起来,组成一个 16 位行波进位加法器。在这种结构中,由于组间进位 C_4、C_8、C_{12}、C_{16} 仍然是串行产生的,最高进位的产生时间为 $4 \times (3ty) = 12ty$。采用这种结构,在大大缩短进位延迟时间的同时,兼顾了电路设计的复杂性。如果还需要进一步提高速度,可以采用两级先行进位结构。这里就不再讨论。

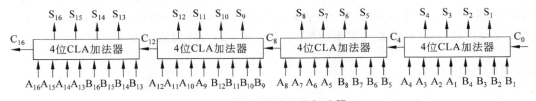

图 3-9　16 位行波进位加法器

3. 实现补码加减运算的逻辑电路

图 3-10 所示为实现补码加减运算的逻辑电路。图中的 FA 代表加法器,A、B 代表两个寄存器,其功能是存放参加运算的数据的(补码)。A 寄存器还用来保存运算结果。A →FA、B→FA、$\overline{B}$→FA 以及 FA→A 分别表示送加法器两个输入端及运算结果回送 A 的

控制信号。$1→C_0$ 为加法器的最低进位信号。

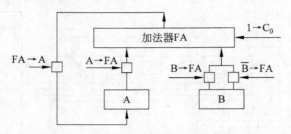

图 3-10   实现补码加减运算的逻辑电路

假设参加运算的数已送到 A、B 寄存器，则当实现加法运算时，给出 A→FA 及 B→FA 两个控制命令，则将[A]$_补$ 和[B]$_补$ 送到加法器 FA 的两个输入端，FA 完成[A]$_补$ ＋[B]$_补$ 的加法过程，然后通过 FA→A 命令将加法运算结果存入 A 寄存器。如果实现减法运算，给出 A→FA 及 $\overline{B}$→FA 以及 $1→C_0$ 控制命令，则将[A]$_补$ 和[B]$_补$ 送到加法器 FA 的两个输入端，1 送 C_0，FA 完成[A]$_补$ ＋[－B]$_补$ 的加法过程，然后通过 FA→A 命令将减法运算结果存入 A 寄存器。

3.2.4   十进制加法器

在计算机中，处理十进制数有两种常用的方法，一种方法是先将输入的十进制数转换为二进制数，在计算机中进行二进制运算，再将运算结果转换为十进制数。这种方法适用于数据不太多而计算量大的场合。另一种方法是采用 BCD 码进行十进制运算，这种方法适用于数据量多而计算较简单的场合。目前许多通用计算机都采用第二种处理方法。

3.3   定点数的乘、除法运算

乘、除法运算是计算机的基本运算之一。各类计算机实现乘、除法运算的方法可能不同，但是不管采取什么方法，乘、除法的基本原理是相同的，即通过多次相加和移位操作来实现乘除运算的，或直接采用硬件，用阵列乘法器与阵列除法器来实现。

3.3.1   移位操作

移位操作是计算机进行算术运算和逻辑运算不可缺少的基本操作，利用移位也可以进行寄存器信息的串行传送。因此，几乎所有计算机的指令系统中都设置有各类移位操作指令。移位操作可以分为三大类：算术移位、逻辑移位和循环移位。图 3-11 所示为三种移位操作示意图。

1. 逻辑移位

逻辑移位只有数码位置的变化而无数量的变化，左移低位补 0，右移高位补 0。在逻

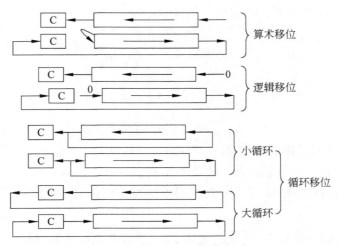

图 3-11 三种移位操作示意图

辑移位指令中,左移高位进进位,右移低位进进位。

2. 循环移位

循环移位是指寄存器两端触发器有移位通道,形成闭合的移位环路。分带进位位循环(大循环)和不带进位位循环(小循环)。

3. 算术移位

算术移位是数的符号位不变而数量发生变化。左移一位相当于乘以 2,右移一位相当于除以 2。数的表示方法不同,算术移位的规则也不同。

正数:当机器数是正数时,原码、补码、反码的符号位为 0,数值部分都与真值相等。所以不论左移、右移,移位后的空位均补 0(符号位不变)。

负数:负数的原码移位后,符号位不变,空位补 0,负数的补码左移空位补 0,右移空位补 1,负数的反码移位后空位补 1。

3.3.2 原码一位乘法

在计算机中,乘法一般采用原码进行。原码实现乘法运算非常简单,原因是乘积的符号位与积是分开考虑的。积的符号位为相乘两数的符号的异或值,其数值部分为两数的绝对值之积,即原码的数值部分之积。以定点小数为例,设:

$$[X]_原 = x_s x_1 x_2 \cdots x_n$$
$$[Y]_原 = y_s y_1 y_2 \cdots y_n$$
$$[X]_原 \times [Y]_原 = x_s \oplus y_s (0. x_1 x_2 \cdots x_n)(0. y_1 y_2 \cdots y_n)$$

1. 运算方法

原码一位乘法是从手工算法演变而来的。下面通过例子来说明:

【例 3-7】　已知 $X=0.1101$，$Y=0.1011$，求 $X \times Y$。

$$
\begin{array}{r}
0.1101 \\
\times \quad 0.1011 \\
\hline
1101 \\
1101 \\
0000 \\
1101 \\
\hline
XY=0.10001111
\end{array}
$$

在上述手工计算过程中，两个数的乘法有以下特点：

① 用乘数 Y 的每一位依次乘以被乘数 X 得 $X \times y_i$。若 $y_i=0$，得 0，若 $y_i=1$ 得 X。

② 把①中求的各项结果 $X \times y_i$ 在空间上向左错位排列，即逐次左移。可以表示为 $X \times y_i \times 2^{-i}$。

③ 对②求得的结果求和 $\sum X \times y_i \times 2^{-i}$。这就是两个正数的积。

计算机在进行这一计算过程时应解决：

① ALU 只有两个输入端，通常一次只能完成对两个数的求和操作，整个乘法操作要执行多次加法操作才能完成。

② 在手工计算时，各加数逐位左移，这样两个 n 位数相乘，就需要 $2n$ 位加法器。但每一次相加时，因为加数左移，最低一位被加数实际上是加 0，即不加任何数。因此只要将它移到另一个寄存器寄存起来而不需要用加法器。这样就可以将被加数右移代替加数左移，加法器的位数不会增加。

计算机在进行乘法运算时采用以下方法：

① 将乘数 Y 的一位乘以被乘数得 $X \times y_i$ 后，与前面所得到的部分结果累加获得新的部分积 P_i，这样就减少了保存每次相乘结果 $X \times y_i$ 的开销。

② 在每次求得 $X \times y_i$ 后，不是将它左移与前一次部分积 P_{i-1} 相加，而是将部分积 P_{i-1} 右移一位与 $X \times y_i$ 相加。这是因为加法运算始终对部分积中的高 n 进行的。因此只用 n 位的加法器（与一为进位位共 $n+1$ 位）就可以实现两个 n 位数的相乘。

③ 对乘数中的"$y_i=1$"的位执行部分积加被乘数绝对值和部分积右移。对乘数中的"$y_i=0$"的位执行部分积加 0 右移运算（也可以采用部分积直接右移，这样节省了部分积的生成时间）。以上过程理论根据为：

$$
\begin{aligned}
X \times Y &= X \times (0.y_1 y_2 \cdots y_n) \\
&= X \times y_1 \times 2^{-1} + X \times y_2 \times 2^{-2} + \cdots + X \times y_n \times 2^{-n} \\
&= 2^{-1}\{2^{-1}[2^{-1} \cdots 2^{-1}(2^{-1}(0+X \times y_n) \\
&\quad + X \times y_{n-1}) + \cdots + X \times y_2] + X \times y_1\}
\end{aligned}
$$

设 $P_0=0$，则

$$
\begin{aligned}
P_1 &= 2^{-1}(P_0 + X \times y_n) \\
P_2 &= 2^{-1}(P_1 + X \times y_{n-1}) \\
&\vdots \\
P_i &= 2^{-1}(P_{i-1} + X \times y_{n-(i-1)})
\end{aligned}
$$

$$\vdots$$
$$P_{n-1} = 2^{-1}(P_{n-2} + X \times y_2)$$
$$P_n = 2^{-1}(P_{n-1} + X \times y_1)$$

所以 $X \times Y = P_n = 2^{-1}(P_{n-1} + X \times y_1)$。

$X = 0.1101$ $Y = 0.1011$ 计算机进行 $X \times Y$ 操作过程。

部分积 A	乘数 C	操作说明
0 0 0 0 0	1 0 1 1	$y_i = 1$,部分积加被乘数绝对值
+ 0 1 1 0 1		
0 1 1 0 1		
→ 0 0 1 1 0	1 1 0 1	部分积与乘数一起右移一位
+ 0 1 1 0 1		$y_i = 1$,部分积加被乘数绝对值
1 0 0 1 1		
→ 0 1 0 0 1	1 1 1 0	部分积与乘数一起右移一位
+ 0 0 0 0 0		$y_i = 0$,部分积加 0
0 1 0 0 1		
→ 0 0 1 0 0	1 1 1 1	部分积与乘数一起右移一位
+ 0 1 1 0 1		$y_i = 1$,部分积加被乘数绝对值
1 0 0 0 1		
→ 0 1 0 0 0	1 1 1 1	部分积与乘数一起右移一位

$XY = 0.10001111$

乘法的数值部分通过多次累加完成。每累加一次右移一位,所得结果为部分积,最后一次部分积即为乘积的数值部分。所以,欲求 $X \times Y$,需要设置三个寄存器 A、B、C。寄存器 A 用于保留部分积高位。乘法开始时,令其初值为 0,然后每乘一位乘数与前一次部分积相加并右移一位,得到一个新的部分积。寄存器 B 用于存放被乘数的绝对值。寄存器 C 用于存放乘数的绝对值,因为乘数每乘一位,此位代码就不再使用了,所以可以用乘数寄存器与部分积寄存器联合右移存放逐次增加的部分积低位。乘法结束时,A 中存放乘积的高位,C 中存放乘积的低位。

2. 原理框图

实现原码一位乘法的程序流程图和硬件原理框图如图 3-12 和图 3-13 所示。图中,CNT 表示计数器,其初始值 CNT $= n$。

乘法步骤:

① 初始化,被乘数 $\rightarrow$ B,乘数 $\rightarrow$ C,0 $\rightarrow$ A,$n \rightarrow$ CNT。

② 若 $C_n = 1$(C 的最末位,即 y_i),A+B $\rightarrow$ A;否则 $C_n = 0$ 时,A+0 $\rightarrow$ A。

③ A、C 联合右移一位。

④ CNT$-1 \rightarrow$ CNT,若 CNT$\neq 0$,按照②、③步循环直到 CNT$=0$ 为止。

乘积为 $2n$ 位,高位在 A 中,低位在 C 中,符号位由异或门决定并冠在乘积最高位之前。

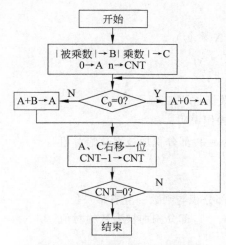

图 3-12　原码一位乘法流程图

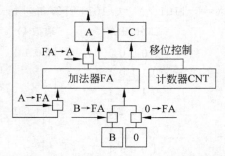

图 3-13　实现原码一位乘法的硬件原理框图

3.3.3　阵列乘法器

　　用加、移位的方法来实现乘法运算，对于两个 n 位数的乘法运算需要执行 n 次的加和 n 次右移，随着数值位的增加，运算速度比较慢，高速乘法运算器都不采用这种方法。在前面讨论的用手算实现两个定点数绝对值相乘的执行过程中，在计算机内，可以用组合逻辑电路实现，乘法器如图 3-14 所示。由于该乘法器呈现阵列结构的形式，故称为阵列乘法器（array multiplier）。图中实现了 $X \times Y$ 的乘法运算。

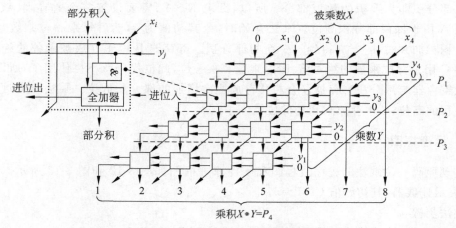

图 3-14　直接实现定点乘法的阵列乘积器

$$X \times Y = \sum (X \times y_j) 2^j = \sum \left(\sum (x_i \times y_j) 2^i \right) 2^j$$

　　式中的一位乘积 $x_i \times y_j$ 可以用一个两输入端的"与"门实现。每一次加法操作用一个全加器实现。2^i 和 2^j 的因子所蕴涵的移位是由全加器空间错位来实现的。与门和全加器的功能可以用一个单元组合起来，在图中它用一个方框表示。

在阵列乘法器中,每一行由乘数的每一数位 y_j 控制,即 $x_i \times y_j \times 2^i$,而每一斜列则由被乘数的每一数位 x_i 控制,即 $x_i \times y_j \times 2^j$。这种阵列乘法器的元件代价随 n 平方增加(n 是数据的位数)。

阵列乘法器的组织结构规则性强,标准化程度高,适合用超大规模集成电路实现,且能获得很高的运算速度。

3.3.4 定点除法运算

1. 原码除法运算

除法运算比乘法运算要复杂,它也是由手算演变来的。

（1）手算过程

下面以 $0.100\,111\,01 \div 0.1011$ 两个定点小数为例来说明手算的一般过程,如图 3-15 所示。

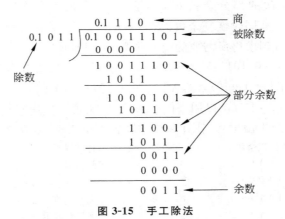

图 3-15 手工除法

① 被除数与除数进行比较,决定上商。若被除数小,上商为 0,否则上商为 1,并得到部分余数。

② 将除数右移,再与上一步部分余数比较,决定上商,并得新的部分余数。

③ 重复执行第②步,直到得到的商的位数足够为止。

原码一位除法运算与原码一位乘法运算一样,符号位和数值位是分别对待的,商的符号位为相除两数的"异或"。商的数值位为两数绝对值之商。

（2）为方便计算机的实现采用的方法

① 比较运算用减法(用补码加法)来实现,根据减法结果的符号位的正负来判断两数的大小,结果为正,上商为 1,结果为负,上商为 0。

② 减法运算时,加法器中两数对齐是用部分余数左移实现的,并与除数比较,以代替手算时的除数右移与部分余数的比较。左移出界的部分余数的高位都是 0,对运算不会产生任何影响。

③ 在计算机中设置商值寄存器。每一次上商都是写到最低位,然后将部分余数同商一起左移,腾空的商值寄存器的最低位以备上新的商。

由于采用部分余数减除数的方法比较两者大小，当减法结果为负，即上商为 0 时，破坏了部分余数，为了保证运算结果的正确，可以采用两种方法。

① 将减去的余数再加回去，恢复原来的部分余数，这种方法称为恢复余数法。

② 在这一步中多减去的除数在下一步运算时补回来，这种方法称为不恢复余数法，又称为加减交替法。

2. 恢复余数法

若已知两个定点小数 X 和 Y，$X=(0. x_1 x_2 \cdots x_n)$；$Y=(0. y_1 y_2 \cdots y_n)$，求 X/Y 的商和余数的方法如下：R_i 为部分余数。

① $R_1=X-Y$。若 $R_1<0$，则上商为 $q_0=0$，同时恢复余数：$R_1=R_1+Y$。否则，上商 $q_0=1$。说明商大于等于 1。根据计算机中的定点小数表示规定，超过了数的表示范围，做溢出处理。

② 若已求得第 i 次的部分余数 R_i，则第 $i+1$ 次的部分余数 $R_{i+1}=2R_i-Y$。若 $R_{i+1}<0$，则上商为 $q_i=0$，同时恢复余数：$R_{i+1}=R_{i+1}+Y$。否则，上商 $q_i=1$。

③ 不断循环②，直到求得所需要的商的位数（$n+1$）。

【例 3-8】 已知 $X=0.1011$，$Y=-0.1101$。用恢复余数法求 $X \div Y$。

$|X|=0.1011$，$|Y|=0.1101$，$[|X|]_{补}=0.1011$，$[|Y|]_{补}=0.1101$ $[-|Y|]_{补}=1.0011$。采用恢复余数，$-|Y|$ 可以用 $+[-|Y|]_{补}$ 来实现。采用双符号位（防止左移时部分余数会改变符号位产生溢出）。在计算机中隐含了小数点，运算过程如图 3-16 所示。

	部分积余数 R	商 Q	操作说明
	0 0 1 0 1 1	0 0 0 0 0	开始 $R_0=X$
+	1 1 0 0 1 1		$R_1=X-Y$
	1 1 1 1 1 0	0 0 0 0 0	$R_1<0$，则上商 $q_0=0$
+	0 0 1 1 0 1		恢复余数 $R_1=R_1+Y$
	0 0 1 0 1 1		得 R_1
←	0 1 0 1 1 0	0 0 0 0 0	部分余数同商一起左移 $2R_1$
+	1 1 0 0 1 1		$2R_1-Y$
	0 0 1 0 0 1	0 0 0 0 1	$R_2>0$，则上商 $q_1=1$
←	0 1 0 0 1 0	0 0 0 1 0	部分余数同商一起左移 $2R_2$
+	1 1 0 0 1 1		$2R_2-Y$
	0 0 0 1 0 1	0 0 0 1 1	$R_3>0$，则上商 $q_2=1$
←	0 0 1 0 1 0	0 0 1 1 0	部分余数同商一起左移 $2R_3$
+	1 1 0 0 1 1		$2R_3-Y$
	1 1 1 1 0 1	0 0 1 1 0	$R_4<0$，则上商 $q_3=0$
+	0 0 1 1 0 1		恢复余数 $R_4=R_4+Y$
	0 0 1 0 1 0		得 R_4
←	0 1 0 1 0 0	0 1 1 0 0	部分余数同商一起左移 $2R_4$
+	1 1 0 0 1 1		$2R_4-Y$
	0 0 0 1 1 1	0 1 1 0 1	$R_5>0$，则上商 $q_4=1$

图 3-16　原码一位恢复余数法

商的符号$=0 \oplus 1=1$。所以 $X/Y=-0.1101$(商)，余数 0.0111×2^{-4}。

实现两个正数的除法的逻辑电路如图 3-17 所示。图 3-18 所示为恢复余数算法流程图。

寄存器 R：初始值为被除数，除法运算过程中存放部分余数，除法结束时存放余数。

寄存器 Y：存放除数。

寄存器 Q：初始值为 0，除法运算过程中，与寄存器 R 一起左移，空出的最低位不断上商。除法结束时，存放商的数值位。

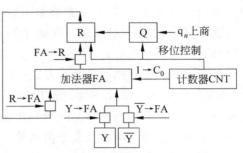

图 3-17　实现原码一位除法运算的逻辑电路

加法器 FA：用补码相加的方法实现部分余数与除数的比较。

计数器 CNT：控制除法的循环次数。初始值为数据的位数，每循环一次，自动减 1。当 CNT$=0$ 时，控制除法运算的结束。

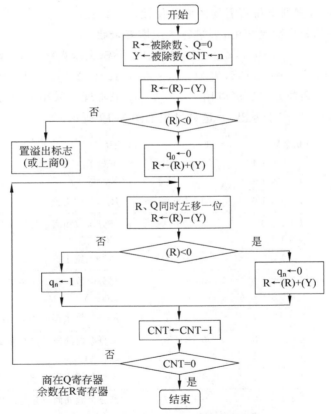

图 3-18　原码一位除法恢复余数运算流程图

3. 不恢复余数法(加减交替法)

在恢复余数的算法中，当部分余数为负时，要恢复余数，这时要多做一次加法运算操作($+Y$)，这样不仅降低了运算速度，而且还使得控制线路变得复杂。因此，在计算机中，很少采用恢复余数的算法，而普遍采用加减交替法。实现原理为：

在恢复余数的除法中，第 i 次的余数 R_i，若 $R_i \geqslant 0$ 则第 $i+1$ 次的部分余数 $R_{i+1} = 2R_i - Y$。

若 $R_i < 0$，（记位 R_i'）则上商为 $q_i = 0$，同时恢复余数：$R_1 = R_i' + Y$。则 $R_{i+1} = 2R_i - Y = 2(R_i' + Y) - Y = 2R_i' + Y$。所以当第 i 次的部分余数是负的时，可以省略恢复余数，而在下一次求部分余数时将减除数操作改为加除数操作，这样就节省了一次恢复余数的运算。对两个正数采用不恢复余数的算法的一般步骤归纳于下：

① $R_1 = X - Y$。若 $R_1 < 0$，则上商为 $q_0 = 0$，同时恢复余数：$R_1 = R_1 + Y$。否则，上商 $q_0 = 1$。说明商大于等于 1。根据计算机的中的定点小数表示规定，超过了数的表示范围，做溢出处理。

② 如果已求得第 i 次的部分余数 R_i，若 $R_i < 0$，则上商为 $q_{i-1} = 0$，$R_{1+1} = 2R_1 + Y$。上次中多减的 Y 在这次中补回来了，否则，上商 $q_{i-1} = 1$。$R_{1+1} = 2R_1 - Y$。

③ 不断循环②，直到求得所需要的商的位数（$n+1$）。

结束时，如果部分余数是负的，要进行一次恢复余数。

【例 3-9】 已知 $X = 0.1011$，$Y = -0.1101$。用不恢复余数法求 X/Y。

$|X| = 0.1011$，$|Y| = 0.1101$，$[|X|]_补 = 0.1011$，$[|Y|]_补 = 0.1101$ $[-|Y|]_补 = 1.0011$。采用不恢复余数。$-Y$ 可以用 $+[-|Y|]_补$ 来实现。采用双符号位（防止左移时部分余数会改变符号位产生溢出）。运算过程如图 3-19 所示。

部分积余数 R	商 Q	操作说明
0 0 1 0 1 1	0 0 0 0 0	开始 $R_0 = X$
$+$ 1 1 0 0 1 1		$R_1 = X - Y$
1 1 1 1 1 0	0 0 0 0 0	$R_1 < 0$，则上商 $q_0 = 0$
$\leftarrow$ 1 1 1 1 0 0	0 0 0 0 0	部分余数和商一起左移 $2R_1$
$+$ 0 0 1 1 0 1		$2R_1 + Y$
0 0 0 1 0 1	0 0 0 0 1	$R_2 > 0$，则上商 $q_1 = 1$
$\leftarrow$ 0 1 0 0 1 0	0 0 0 1 0	部分余数和商一起左移 $2R_2$
$+$ 1 1 0 0 1 1		$2R_2 - Y$
0 0 0 1 0 1	0 0 0 1 1	$R_3 > 0$，则上商 $q_2 = 1$
$\leftarrow$ 0 0 1 0 1 0	0 0 1 1 0	部分余数同商一起左移 $2R_3$
$+$ 1 1 0 0 1 1		$2R_3 - Y$
1 1 1 1 0 1	0 0 1 1 0	$R_4 < 0$，则上商 $q_3 = 0$
$\leftarrow$ 1 1 1 0 1 0	0 1 1 0 0	部分余数同商一起左移 $2R_4$
$+$ 0 0 1 1 0 1		$2R_4 + Y$
0 0 0 1 1 1	0 1 1 0 1	$R_5 > 0$，则上商 $q_4 = 1$

图 3-19 原码一位不恢复余数法

商的符号$=0\oplus 1=1$，所以 $X/Y=-0.1101$（商），余数 0.0111×2^{-4}。

从上面的计算过程可以看出，在不恢复余数除法运算中，每一位商的计算或是减法或加法，而不是两者都要。

3.4 逻 辑 运 算

在计算机中，对非数值数据的处理主要涉及逻辑运算，逻辑运算主要包括逻辑与、或、非和异或操作。逻辑运算的结果只与本位逻辑数有关，不受其他位的影响。

3.4.1 逻辑与

逻辑与的运算符为 $\wedge$（或直接用 · 表示），运算关系 $1\wedge 1=1$；$1\wedge 0=0$；$0\wedge 1=0$；$0\wedge 0=0$，也就通常所说的"全 1 得 1，见 0 得 0"。所以逻辑与运算又称为逻辑乘。逻辑与运算器可以直接用与门电路实现，如图 3-20 所示。

3.4.2 逻辑或

逻辑或的运算符为 $\vee$（或直接用 + 表示），运算关系 $1\vee 1=1$；$1\vee 0=1$；$0\vee 1=1$；$0\vee 0=0$，也就通常所说的"见 1 得 1，全 0 得 0"。所以逻辑或运算又称为逻辑加。逻辑或运算器可以直接用或门电路实现，如图 3-21 所示。

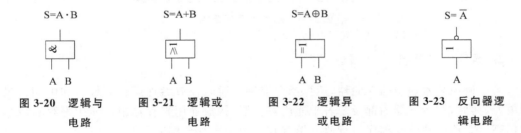

图 3-20　逻辑与　　图 3-21　逻辑或　　图 3-22　逻辑异　　图 3-23　反向器逻
　　　电路　　　　　　　电路　　　　　　或电路　　　　　　辑电路

3.4.3 逻辑异或

逻辑异或的运算符为 $\oplus$，运算关系 $1\oplus 1=0$；$1\oplus 0=1$；$0\oplus 1=1$；$0\oplus 0=0$，也就通常所说的"相同得 0，不同得 1"。逻辑异或运算器可以直接用异或门电路实现，如图 3-22 所示。

3.4.4 逻辑非

逻辑非的运算符为 $\overline{}$，只有一个操作数，运算关系 $\overline{1}=0$；$\overline{0}=1$，所以逻辑非运算又被称为取反运算。逻辑非运算器可以直接用非门电路（反向器）实现，如图 3-23 所示。

3.5　定点运算器的组成

3.5.1　定点运算器的基本结构

不同的计算机其运算器的组成结构是不同的,但一般都包含以下 4 部分。

1. 算术逻辑运算单元 ALU

在计算机中,通常具体实现算术运算和逻辑运算的部件称为算术逻辑运算单元(Arithmetic and Logic Unit,ALU),它是加法器、乘法器和逻辑运算器的集成,是运算器的核心。ALU 通常表示为两个输入端,一个输出端和多个功能控制信号端的一个逻辑符号,如图 3-24 所示。加法器是 ALU 的核心,是决定 ALU 运算速度的主要因素。

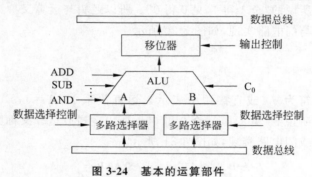

图 3-24　基本的运算部件

2. 通用寄存器组

为了避免频繁地访问存储器,运算器中提供了暂时存放参加运算的数据和中间结果的单元,为此,在运算器内部设定若干通用寄存器,构成通用寄存器组。通用寄存器越多对提高运算器的性能和程序执行速度越有利。通用寄存器组对用户是开放的,用户可以通过指令去使用它。

在运算器中,用来提供一个操作数并存放运算结果的通用寄存器称为累加器 Acc(Accumulator)。累加器可以是一个,也可以有多个。

3. 专用寄存器

为了记录程序执行过程中的重要状态,还要设置一些专用寄存器,如程序状态字(Program Status Word,PSW)、堆栈指针(Stack Pointer,SP)等。有些专用寄存器对程序员是透明的,用户是不能访问的,如循环计数器、暂存器。有些是对程序员开放的,程序员可以通过指令使用它。

4. 附加的控制线路

运算器要求运算速度快,运算精度高。为了达到这一目的,通常还在运算器中附加一些控制线路。如运算器中的乘 2^i 或乘 2^{-i} 运算和某些逻辑运算是通过移位操作来实现的,这通常在 ALU 的输出端设置移位线路来实现。移位包括左移、右移和直送。移位线路也是一个多路选择器。

3.5.2 集成多功能算术/逻辑运算器

74181 是一个四位的 ALU 中规模的集成电路。图 3-25 所示为 74181 逻辑符号,表 3-3 是 74181 功能表。它能够对两个 4 位二进制代码 $A_3A_2A_1A_0$ 和 $B_3B_2B_1B_0$ 进行 16 种算术运算(当 M 为低电平时)和 16 种逻辑运算(当 M 为高电平时),产生结果 $F_3F_2F_1F_0$。这两类各 16 种运算操作分别由 $S_3S_2S_1S_0$ 4 位输入控制端来选择。$\overline{C}_n$ 是 ALU 的最低位进位输入,低电平有效,即 $\overline{C}_n = L$ 表示有进位输入。$\overline{C}_{n+4}$ 是 ALU 进位输出信号。

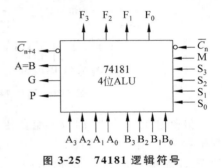

图 3-25 74181 逻辑符号

表 3-3 74181 功能表

S_3	S_2	S_1	S_0	M=1 逻辑运算 F=	M=0 算术运算 F=	
					$\overline{C}_n = 1$	$\overline{C}_n = 0$
0	0	0	0	$\overline{A}$	A	A 加 1
0	0	0	1	$\overline{(A+B)}$	A+B	(A+B) 加 1
0	0	1	0	$\overline{A} \cdot B$	$A+\overline{B}$	$A+\overline{B}$ 加 1
0	0	1	1	0	减 1	0
0	1	0	0	$\overline{(A \cdot B)}$	A 加 $(A \cdot \overline{B})$	A 加 $(A \cdot \overline{B})$ 加 1
0	1	0	1	$\overline{B}$	$(A \cdot \overline{B})$ 加 $(A+B)$	$(A \cdot \overline{B})$ 加 $(A+B)$ 加 1
0	1	1	0	$A \oplus B$	A 减 B 减 1	A 减 B
0	1	1	1	$A \cdot \overline{B}$	$(A \cdot \overline{B})$ 减 1	$(A \cdot \overline{B})$
1	0	0	0	$\overline{A}+B$	A 加 $(A \cdot B)$	A 加 $(A \cdot B)$ 加 1
1	0	0	1	$\overline{(A \oplus B)}$	A 加 B	A 加 B 加 1
1	0	1	0	B	$(A \cdot B)$ 加 $(A+\overline{B})$	$(A \cdot B)$ 加 $(A+\overline{B})$ 加 1
1	0	1	1	$A \cdot B$	$(A \cdot B)$ 减 1	$(A \cdot B)$
1	1	0	0	1	A 加 A	A 加 A 加 1
1	1	0	1	$A+\overline{B}$	A 加 $(A+B)$	A 加 $(A+B)$ 加 1
1	1	1	0	$A+B$	A 加 $(A+\overline{B})$	A 加 $(A+\overline{B})$ 加 1
1	1	1	1	A	A 减 1	A

用两片 74181 采用级联的方式(低位的进位输出/C_{n+4} 端同高位的进位输入端/C_n 直接相连),就可以实现组内并行进位组间串行进位的 8 位多功能算术逻辑运算单元,如图 3-26 所示。

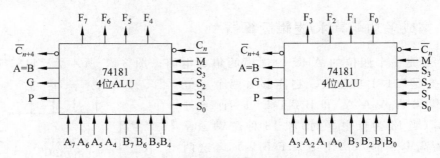

图 3-26   两片 74181 级连构成 8 位的 ALU 逻辑图

另外还有一个与 74181 配套使用的超前进位芯片 74182,图 3-27 所示为 74182 逻辑符号。用一片 74182 与 4 片 74181 进行组合(74181 的 P、G 端输出作为 74182 的 P、G 端输入,74182 的输出产生超前进位 C_{n+4}、C_{n+8} C_{n+12},分别作为 74181 的 C_n 输入)可以实现 16 位超前进位运算器,图 3-28 所示为 74181 与 74182 组成的 16 先行进位加法器。

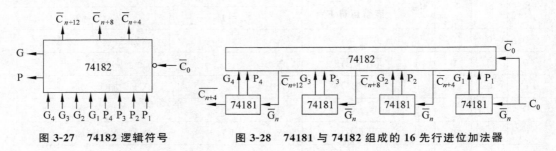

图 3-27   74182 逻辑符号   图 3-28   74181 与 74182 组成的 16 先行进位加法器

3.6   浮点数运算

浮点数的运算涉及阶码和尾数两部分,所以要比定点数复杂得多,特别是加减法,必须进行对阶操作。

3.6.1   浮点数的加、减法运算

设两个二进制浮点数 X 和 Y 可以表示为

$$X = M_x \times 2^{E_x}; \quad Y = M_y \times 2^{E_y}$$

则

$$X + Y = M_x \times 2^{E_x} + M_y \times 2^{E_y} = (M_x \times 2^{E_x - E_y} + M_y) \times 2^{E_y}$$
$$= M_b \times 2^{E_b} \quad (假设 E_x \leqslant E_y)$$

$$X - Y = Mx \times 2^{Ex} - My \times 2^{Ey} = (Mx \times 2^{Ex-Ey} - My) \times 2^{Ey}$$
$$= Mb \times 2^{Eb}$$

在计算机中进行 X 和 Y 的加减运算的步骤如下：

1. 对阶

对阶的目的就是使 X 和 Y 的阶码相同，只有阶码都相同，尾数才能相加。阶码的比较是通过两阶码的减法来实现的，统一取大的阶码(小阶码转换为大阶码，小数点左移，尾数减小，由于计算机中小数点的位置是隐含固定的，实际做法是将尾数右移，在高位补零。由于受字长的限制，移出去的最低位将丢失。这样造成的误差是最小的。如果采用大阶码转化小阶码，尾数将左移，移出去的将是最高位，造成的误差最大)。右移的步数可以表示为 $|\Delta E| = |Ex - Ey|$。如果：

$$若 \Delta E \leqslant 0, \quad 则 \quad Eb \leftarrow Ey, \quad Mx \leftarrow Mx \times 2^{Ex-Ey}$$
$$若 \Delta E > 0, \quad 则 \quad Eb \leftarrow Ex, \quad My \leftarrow My \times 2^{Ey-Ex}$$

对阶时，小阶码尾数在右移时应该注意：

- 原码形式的尾数右移时，符号位不参加移位，数值位右移，空出位补 0。补码形式的尾数右移时，符号位与数据位一起右移。实际上就是算术右移。
- 尾数右移，使得尾数中原有的 $|\Delta E|$ 位有效位被移出。移出的这些位不要丢掉，应保留并参加后续运算。这对提高运算结果的精度有一定好处。这些被保留的多余位又称为警戒位。

2. 尾数相加、减

$$Mb \leftarrow Mx \pm My$$

3. 规格化

在完成浮点数的加、减运算的基本操作后，并不能保证结果一定是规格化的，因此必须对尾数做规格化处理，同时对结果的溢出情况要进行处理。假设浮点数的尾数是用补码且采用双符号位表示，则规格化形式的尾数应是如下形式：

尾数为正：$001x \cdots x$。其中 00 为双符号位，1 最高数值位的值，x 为 0 或 1 任意值。

尾数为负：$110x \cdots x$。其中 11 为双符号位，0 最高数值位的值，x 为 0 或 1 任意值。

尾数违反规格化的情况有以下两种可能：

① 尾数加、减法运算中产生溢出。表现为符号位异常，正溢出 01，负溢出 10。规格化采用的方法是：尾数右移一位，阶码加 1，即右规。可以表示为 $Mb \leftarrow Mb \times 2^{-1}$；$Eb \leftarrow Eb+1$。

② 尾数的绝对值小于二进制数的 0.1。补码形式的尾数表现为最高数值位与符号位同值。

尾数为正：$000 \cdots 01x \cdots x$ （除符号位 00 外，有 k 个 0）

尾数为负：$111 \cdots 10x \cdots x$ （除符号位 11 外，有 k 个 1）

此时，规格化采取的方法是：符号位不动，数值位逐次左移，阶码逐次减 1，直到满足规格化形式的尾数，即最高数值位与符号位不同值为止。这种规格化称左规。可表示为 $Mb \leftarrow Mb \times 2^k$；$Eb \leftarrow Eb - k$。

4. 尾数的舍入处理

在尾数的对阶和尾数的右规中都有可能产生警戒位，为了提高数据的计算精度，需要对结果尾数进行舍入处理。常用的方法有：

① 0舍1入法。就是警戒位的最高位为1时，在尾数的最低位+1。

② 恒1法（又称冯·诺依曼舍入法）。不论警戒位是什么，直接在尾数的最低有效位置为1。

③ 恒舍法。不论警戒位是什么，都舍去。

5. 阶码的溢出处理

在对结果进行规格化处理时，对阶码进行了加、减运算操作，这都会导致阶码溢出。若阶码 Eb 正溢出，表示浮点数已超出允许表示的数的范围上限，置溢出标志。若阶码 Eb 负溢出，则运算结果趋于0，结果置机器0。否则，浮点数的加、减运算正常结束，结果为 $Mb \times 2^{Eb}$。

3.6.2　浮点数的乘、除法运算

浮点数的乘、除法运算步骤相似于浮点数的加、减法运算步骤。两者主要区别是浮点数加、减要对阶，浮点数的乘除法没有这一步。两者对结果的后处理都是一样的，都包括结果的规格化、舍入处理和阶码的溢出判断。

设两个规格话的浮点数：$X = Mx \times 2^{Ex}$；$Y = My \times 2^{Ey}$，实现乘除法的运算如下：

$$X \times Y = (Mx \times 2^{Ex}) \times (My \times 2^{Ey}) = (Mx \times My) \times 2^{Ex+Ey} = Mb \times 2^{Eb}$$

$$X \div Y = (Mx \times 2^{Ex}) \div (My \times 2^{Ey}) = (Mx \div My) \times 2^{Ex-Ey} = Mb \times 2^{Eb}$$

1. 浮点数乘法的运算步骤

（1）两浮点数相乘

两浮点数相乘，乘积的阶码为相乘两数阶码之和，尾数为相乘两数尾数之积。可以表示为

$$Mb = Mx \times My; \quad Eb = Ex + Ey$$

（2）尾数规格化

Mx 和 My 都是绝对值大于或等于0.1的二进制小数，因此，两数的乘积 $Mx \times My$ 的绝对值是大于或等于0.01的二进制小数。所以，不可能溢出，也不需要右规。对于左规来说，最多一位，即 Mb 最多左移一位，阶码 Eb 减1。

（3）尾数舍入处理

$Mx \times My$ 产生双字长乘积，如果只要单字长结果，那么低位乘积就当作警戒位进行舍入处理。如果要求结果保留双字长乘积，就不需要进行舍入处理。

（4）阶码溢出判断

对 Eb 的溢出判断完全相同于浮点数的加、减法的相应操作。

2. 浮点数除法的运算步骤

（1）除数是否为 0，若 My＝0，出错报告。

两浮点数相除，商的阶码为被除数阶码减去除数的阶码，尾数为相除两数尾数之商。可以表示为

$$Mb = Mx \div My；\quad Eb = Ex - Ey$$

（2）尾数规格化：Mx 和 My 都是绝对值大于或等于 0.1 的二进制小数，因此，两数的商 Mx÷My 的绝对值是大于或等于 0.1 且小于 10 的二进制。所以，对 Mb 不需要左规。对于右规来说，即 Mb 右移一位，阶码 Eb 加 1。

（3）尾数舍入处理：同浮点数的加、减法的相应操作。

（4）阶码溢出判断：同浮点数的加、减法的相应操作。

习　题　3

一、选择题

1. 组成一个运算器需要若干个部件，但下面_____不是组成运算器的部件。

　　A. 地址寄存器　　　　B. 数据总线　　　　C. ALU　　　　D. 状态寄存器

2. ALU 属于_____部件。

　　A. 运算器　　　　　　B. 控制器　　　　　C. 存储器　　　D. 寄存器

3. 加法器中进位产生函数是_____。

　　A. $Ai + Bi$　　　　B. $Ai \oplus Bi$　　　C. $Ai - Bi$　　　D. $AiBi$

4. 在定点运算器中，无论采用双符号还是单符号位，必须由溢出判断电路，溢出判断电路一般用_____。

　　A. 或非门　　　　　　B. 移位电路　　　　C. 译码电路　　　D. 异或门

5. 运算器的主要功能是进行_____。

　　A. 算术运算　　　　　　　　　　　　　　B. 逻辑运算

　　C. 逻辑运算和算术运算　　　　　　　　　D. 加法运算

二、填空题

1. 在补码加、减法器中，_____作为操作数直接参加运算。

2. 在计算机中进行加、减运算时常采用_____。

3. 补码运算的特点是符号位_____。

4. 已知 X＝0.1011，Y＝−0.1101。$(X+Y)_{补}$＝_____。

5. 已知 X＝−0.1011，Y＝0.1101。$(X+Y)_{补}$＝_____。

6. 已知 X＝−0.0011，Y＝−0.0101。$(X+Y)_{补}$＝_____。

7. 已知 $X = -0.0111$，$Y = 0.1101$。$(X+Y)_{补} = $＿＿＿＿＿＿＿。

8. 引入先行进位概念的目的是＿＿＿＿＿＿＿。

9. 先行进位方式通过＿＿＿＿＿＿＿来提高速度。

10. 先行进位 C_{n+1} 的逻辑表达式为＿＿＿＿＿＿＿。

11. 在原码一位乘法中，符号位＿＿＿＿＿＿＿运算。

12. 两个原码一位数相乘，其积的符号位为相乘两数的符号位＿＿＿＿＿＿＿。其积的数值为相乘两数的＿＿＿＿＿＿＿之积。

13. 在原码一位除法中，符号位＿＿＿＿＿＿＿运算。其商的符号位为相除两数的符号位＿＿＿＿＿＿＿。其商的数值为相除两数的＿＿＿＿＿＿＿的商。

14. 完成浮点加、减法运算一般要经过＿＿＿＿＿＿＿、＿＿＿＿＿＿＿、＿＿＿＿＿＿＿、＿＿＿＿＿＿＿和＿＿＿＿＿＿＿五步。

15. 完成浮点乘法运算一般要经过＿＿＿＿＿＿＿、＿＿＿＿＿＿＿、＿＿＿＿＿＿＿和＿＿＿＿＿＿＿四步。

16. 在进行浮点加、减法运算时，若产生尾数溢出的情况可用＿＿＿＿＿＿＿解决。

17. 可通过＿＿＿＿＿＿＿部分是否有溢出，来判断浮点数是否有溢出。

18. 在对阶时，一般是＿＿＿＿＿＿＿。

19. 在没有浮点运算器的计算机中可以＿＿＿＿＿＿＿完成浮点运算。

20. 若 $A = 1001B$，$B = 1010B$，那么 $A \lor B = $＿＿＿＿＿＿＿ B。

21. 若 $A = 1001B$，$B = 1010B$，那么 $A \land B = $＿＿＿＿＿＿＿ B。

22. 若 $A = 1001B$，$B = 1010B$，那么 $A \oplus B = $＿＿＿＿＿＿＿ B。

23. 运算器的主要功能是＿＿＿＿＿＿＿运算。

24. ALU 的核心部件是＿＿＿＿＿＿＿。

三、解答题

1. 采用补码进行加减运算（用六位二进制表示，左边二位为符号位），使用双符号位溢出判断公式来判断结果是否溢出？若溢出，是哪一种溢出？

    (1) $14 + (-8) = ?$ (2) $(-11) - 7 = ?$

2. 采用补码进行加减运算（用 5 位二进制表示，左边第一位为符号位），并使用单符号位溢出判断公式来判断结果是否溢出？若溢出，是哪一种溢出？

    (1) $13 + 7 = ?$ (2) $12 - 8 = ?$

3. 已知 $X = -0.1011$，$Y = +0.1110$，用原码一位不恢复余数法求 $X \div Y$。写出具体运算过程。分别给出求出的商和余数。

4. 已知被乘数 $X = -1011$，乘数 $Y = -1101$，采用原码一位乘法求 $X \times Y$（要求写出具体乘法步骤）。

第 4 章

存储器系统

冯·诺依曼计算机结构的特点是程序驱动型,用户使用计算机解决问题必须编写程序、存储程序、执行程序。存储器就是用来存储程序和数据的。

本章主要讨论以下问题:

(1) 存储器的分类及各种不同存储器的特点;

(2) 半导体存储器的分类及存储原理;

(3) 磁存储器的存储原理;

(4) 光存储器的存储原理;

(5) CPU 与内存的连线、访问控制及内存容量扩展方法;

(6) 计算机系统中的存储器系统体系结构要解决的主要问题;

(7) cache 的工作原理及替换算法;

(8) 虚拟存储器的概念。

4.1　存储器概述

4.1.1　基本概念

存储器的主要功能是存储计算机中的程序和数据。通常把计算机主机内部的存储器称为内存储器或主存储器(main memory),而主机外部的存储器称为外部存储器或辅助存储器(简称辅存),通常所说的存储器实际是指主存。存储器一般是指存储硬件,存储硬件和管理存储器硬件的软件组成了存储系统。

主存和辅存是两个独立的系统,主存容量小速度快,CPU 可以直接访问,辅存容量大速度慢,CPU 不能直接访问。为了满足 CPU 对存储容量和速度的要求,利用软、硬件控制将主存与辅存有机地组织在一起,构成了存储体系。一个存储器必须包括存储体(单元)、指定存储单元的单元地址和读写控制信号。

CPU 执行指令时能访问的所有存储单元的集合称为 CPU 的可寻址的存储空间,存储空间的大小取决于地址线的根数,n 根地址线,最大的寻址空间范围为 $0 \sim 2^n - 1$。

4.1.2　存储器分类

存储器除可分主存储器和辅存储器存外还可以有以下 4 种分法。

1. 按存储介质分类

（1）磁存储器

利用磁性材料的两种不同的剩磁状态（＋Br，－Br）分别表示二进制的"0"和"1"来达到存储信息的目的。硬盘、软盘和磁带都是磁存储器。

（2）半导体存储器

由半导体材料构成，利用半导体元件组成双稳态电路，一个稳定状态表示"0"，另一个稳定状态表示"1"来达到存储信息的目的，如静态 RAM 存储器（SRAM）。或利用半导体的 PN 极的结电容存储电荷状态来达到存储信息的目的，有电荷表示"1"，无电荷表示"0"，如动态 RAM 存储器（DRAM）。

（3）光存储器

利用激光照到介质上，并根据有无反射光来确定存储的信息是"1"还是"0"，如 CD 光盘和 DVD 光盘。

2. 按存取方式分类

按存取方式不同存储器可分为 RAM、SAM、DAM 和 ROM。

（1）随机存储器

随机存储器（Random Access Memory，RAM）是任何单元的信息都能随机存取，存取时间与单元地址无关。内存、高速缓存磁芯存储器都是 RAM。

（2）顺序存储器

顺序存储器（Sequential Access Memory，SAM）是存取信息需要依地址顺序进行访问的，存取时间与存储单元所在的存储器位置有关，磁带和 CD-ROM 都是 SAM。

（3）直接存储器

直接存储器（Direct Access Memory，DAM）的存取方式兼有 RAM 和 SAM 特点，磁盘属 DAM。它在寻道和扇区同 RAM 相似，在扇区内存取数据时同 SAM 相似。

（4）只读存储器

只读存储器（Read Only Memory，ROM）正常工作时，存储体中的数据只能读取不能被改写。通常用来存放长期不需要改变的程序和数据，如主板上的 ROMBIOS 和显卡上的字符发生器。ROM 可用半导体和磁芯构成。

3. 按信息保存时间分类

按信息保存时间的不同，存储器分成易失性存储器和非易失存储器。

（1）易失性存储器

掉电后保存的信息将丢失的存储器称为易失存储器（volatile memory）。半导体 RAM 存储器是易失性存储器，动态 DRAM 半导体存储器即使不掉电，信息也只能保持 2ms，所以为了不丢失信息必须对 DRAM 中的信息进行不断刷新（读/再重写）。

（2）非易失存储器

掉电后保存的信息不丢失的存储器称为非易失存储器（nonvolatile memory）。磁存储器、光盘存储器、半导体 ROM 存储器都是非易失存储器。

4. 按功能或存储体系的分层结构进行分类

（1）通用寄存器

CPU 内部配置的通用寄存器，它的速度与 CPU 速度匹配，用于寄存数据和指令，称为寄存器型存储器。

（2）高速缓冲存储器

高速缓冲存储器（cache）是高速小容量的存储器，速度接近 CPU 的速度。cache 是 CPU 和主存之间的缓冲存储器，它用来存储使用频度最大的且当前执行的指令和处理的数据。对 PC 而言，它的容量常为 8～256KB。目前 CPU 中大多集成了 cache，并且分 L1 和 L2。如 Intel Pentium 4 2.4G CPU 中，L1 中含指令 cache 12KB，数据 cache 8KB；L2 中含 cache 512KB。

（3）主存储器

主存储器又称内存，用来存放当前正在执行的程序和处理的数据，CPU 可以直接访问，且断电后数据不能保存。容量 512MB～4GB，存储周期在几纳秒左右。

（4）辅助存储器

辅助存储器又称外存，主要是用作保存大量的文件和数据，速度较慢，CPU 不能直接访问，作为对主存的后备和补充，掉电后数据不会丢失，容量可达几百吉字节以上。

4.1.3 存储器的性能指标

存储器的主要性能指标包括存储容量、存储时间，可靠性、功耗和性能价格比等。

1. 存储容量

存储容量是指存储二进制信息的量，常以字 W（Word）或字节 B（Byte）为单位，也有以二进制位 b（bit）为单位的。以字为单位的通常用字数乘以字长表示。字节表示的通常用字节的数量表示如 1024B。CPU 可以直接访问的存储器单元数一般受地址线根数的限制，两者之间的关系为存储容量 $= 2^n$（n 为地址根数），20 根地址线可直接访问的存储器单元数为 1M。辅存储容量一般用字节表示，如 80GB 的硬盘。各容量之间的关系为：

$$1W(Word) = 2B(Byte)(IBM 公司规定)$$
$$1B(Byte) = 8b(Bit)$$
$$1K = 1024(2^{10})$$
$$1M = 1024K(2^{20})$$
$$1G = 1024M(2^{30})$$
$$1T = 1024G(2^{40})$$
$$1P = 1024T(2^{50})$$
$$1E = 1024P(2^{60})$$

$$1Z = 1024E(2^{70})$$

$$1Y = 1024Z(2^{80})$$

但是，目前硬盘的容量标称仍然用十进制换算（按照通信容量），即

$$1K = 1000$$

$$1M = 1000K$$

$$1G = 1000M$$

$$1T = 1000G$$

这就是我们为什么买的标称为 80GB 的硬盘，所看到的实际容量只有 70 多 GB 的原因。

2. 存取时间

存储器存、取时间（读、写时间）是指读、写命令有效到读、写完成所经历的时间，用 MAT(Memory Access Time)表示，现在大约在纳秒级。

存储时间 MCT(Memory Cycle Time)是指两次连续存储器操作所需要的时间间隔。通常 MCT>MTA。

存储器的带宽 B 表示存储器被连续访问时，可提供的数据传输速率，通常用每秒钟传送信息的位数（或字节数）来衡量。

3. 可靠性

存储器的可靠性通常用平均无故障时间 MTBF(Mean Time Between Failures)来衡量，MTBF 越长，存储器的可靠性越高。

4. 性能价格比

性能价格比也是衡量存储器的一个重要指标，对不同的存储器性能的定义不同，如采用容量或采用速度作为性能指标。

4.2 半导体存储器

4.2.1 半导体存储器概述

1. 半导体存储器分类

半导体存储器可分 RAM 和 ROM 两大类。其中 RAM 根据制造材料不同又可以分双极(Bipolar)型和 MOS 型两类。双极型结构复杂，集成度低，成本高，一般用作高速缓存。

主存常用 MOSRAM，根据电路结构不同可分 SRAM(Static RAM，静态 RAM)和 DRAM(Dynamic RAM，动态 RAM)，相比较而言，DRAM 比 SRAM 的集成度要高得多。

ROM 可分五大类：

（1）掩膜编程的 MROM

掩膜编程的 MROM（Masked Programmable ROM）是用户将程序或数据交给芯片制造厂家，厂家在芯片制造过程中，直接把程序或数据写到芯片中，芯片中的数据用户不能再修改。目前这种芯片主要用在成熟的家电产品中，如空调、洗衣机、微波炉等的控制程序。

（2）可编程的 PROM

对于可编程的 PROM（Programmable ROM）芯片，用户可以在专用的编程器上将自己的程序或数据写入芯片中，数据一旦写入就不能再修改，通常又称为一次可编程的 OTP（One Time Programmable）存储器。

（3）可擦除可编程的 EPROM

对于可擦除可编程的 EPROM（Erasable Programmable ROM）芯片，用户不仅可以在专用的编程器上将自己的程序或数据写入芯片中，而且还可以将芯片中程序或数据用紫外线擦除重新编程，常用于早期的产品开发阶段。

（4）电可擦除可编程的 E^2PROM

电可擦除可编程的 E^2PROM（Electric Erasable Programmable ROM）芯片的擦除方式由紫外线擦除改为电擦除。由于紫外线擦除需要专门的擦除设备，对于采用贴片封装焊接在电路板上的芯片使用非常不方便。E^2PROM 中内容可以直接用电信号擦除，使用就像 RAM 一样方便，而掉电后内容又可以长期保存。

（5）闪存

闪存（Flash Memory）是 E^2PROM 的一种，由于 E^2PROM 擦除电压比较高，擦除速度比较慢，无法满足读写速度要求较快的数码设备和其他移动设备，Flash Memory 是在 E^2PROM 的基础上降低了擦除操作电压，提高擦除速度，并可以实现字节擦除。目前 Flash Memory 已成为各种存储卡、U 盘中的主要存储体。

2. 半导体存储器组成

半导体存储器是由存储体、地址寄存器、译码驱动电路、读写电路、数据寄存器和控制电路组成。图 4-1 所示为半导体存储器的基本组成。

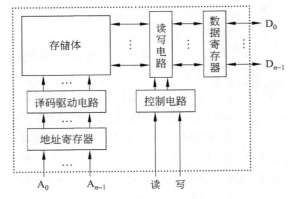

图 4-1　半导体存储器的基本组成

（1）存储体

存储器是由大量的记忆单元按一定矩阵结构组成的集合体，它是存储器的核心，用来存储程序和数据信息。存储体中最基本的单位为记忆单元，又称存储元，它能记忆一位二进制信息："0"和"1"。凡是具有两个稳定状态的元件（电路）都可以作记忆单元。

存储单元是由 n 个记忆单元组成（对于字节 $n=8$），每一个存储单元都有唯一的地址，CPU 按地址对存储单元进行读写操作，对于按照字节进行编址的存储单元，存储单元的内容是按 8 位进行并行读写操作。

m 个存储单元按一定的组织形式构成存储体，一种是按线性结构组织（按地址顺序将存储单元组织在一起），另一种是矩阵结构组织（常用的是二维方阵）。在线性组织中，行表示字，列表示位，构成 $m\times n$ 存储矩阵，如图 4-2 所示。

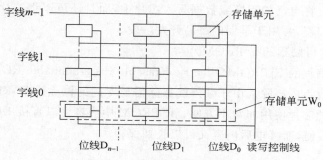

图 4-2　存储体的线性组织

（2）地址寄存器和译码驱动电路

地址寄存器和译码驱动电路由地址寄存器 MAR、地址译码器和驱动电路组成。译码器的作用是选择记忆单元，驱动电路的作用是增加选择线的负载能力。地址寄存器和

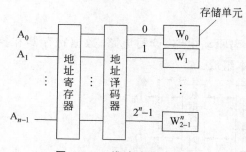

图 4-3　一维地址译码方式

译码驱动电路实际就是存储器的寻址系统。地址译码分为一维地址译码方式和二维地址译码方式。

一维地址译码方式仅有一个地址译码器。假设有 n 位地址线，则译码输出结果为 2^n，对应 2^n（$0\sim 2^n-1$）个存储单元的字选择。一维地址译码方式如图 4-3 所示。

二维地址译码方式有两个地址译码器，X 方向（行）译码器，Y 方向（列）译码器，每个方向的地址线为 $K=nx=ny=n/2$ 根，则译码输出 2^K 条驱动线。驱动一行（列）存储单元，每一个存储单元由一条 X 方向驱动线与一条 Y 方向驱动线共同选择，或称 X（行）地址和 Y（列）地址共同定。设 $n=16$，一维译码对应 $2^{16}=65\,536$ 根地址输出线，二维译码对应 $2\times 2^8=512$ 根地址输出线。地址输出线减少了 99.2%。图 4-4 所示为二维地址译码方式。

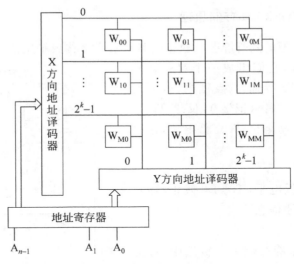

图 4-4 二维地址译码方式

（3）读写电路

读写电路由读放大电路和写放大电路组成。在存储器读（MEMR）或写（MEMW）信号的控制下，对记忆单元进行读写操作。

（4）数据寄存器

数据寄存器的作用是寄存从存储体中读出的数据或 CPU 写入存储体的数据。由于存储器的速度比 CPU 速度慢，通过 MAR 和 MDR，CPU 对存储器进行读、写操作时，只要将所访问的存储单元的地址送系统的地址总线，如果是写操作，同时将要写入的数据送系统的数据总线并在存储器写信号的控制下，将地址和数据分别锁存在 MAR 和 MDR 中，如果是读操作，在存储器读信号的控制下将地址锁存在 MAR 中，这样存储器在进行读、写操作时，CPU 就不需要一直维持地址和数据信号，实现 CPU 与存储器的并行操作，从而提高系统速度。

（5）控制电路

控制电路的作用是接收 CPU 来的读、写命令，产生一系列的控制信号，控制存储器完成相应的读、写操作。

4.2.2 RAM 存储原理

存储单元（记忆单元）是构成存储体的基础，它能存储一位二进制信息，记忆单元必须满足：

- 有两个稳定的状态分别表示二进制的 1、0。
- 在外部控制信号（读、写信号）的控制下，状态能够输出或改变。
- 条件不变时，记忆状态能长期保持不变。

1. 六管静态 MOSRAM 存储原理

图 4-5 所示为典型的六管静态双稳态电路。T1、T2 构成触发器，T5、T6 看成负载电阻，T3、T4 是控制管，它们组成一个双稳态电路。假设 T1 截止，T2 导通，B 点低电位，A 点高电位，这一稳定状态表示记忆 1，反之 T1 导通，T2 截止，B 点为高电位，A 点低电位，这一状态表示记忆 0。

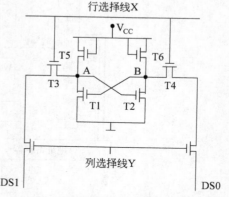

行选择线 X

图 4-5 六管静态 MOSRAM 存储单元

（1）信息的保持

行选择线 X 加低电平，T3、T4 截止，触发器与外界隔离，保持原信息不变。

（2）读写操作

读写操作时意味着存储单元被选中，行选线 X 和列选线 Y 都为高电平，T3、T4、T5、T6 开关管均被打开。

读出：

若 DS1＝A＝1，DS0＝B＝0，即 DS1 有电流流出，DS0 无电流流出，读出 1。否则 DS1＝A＝0，DS0＝B＝1，即 DS1 无电流流出，DS0 有电流流出，读出 0。

SDRAM 是非破坏性读出，信息读出后，原记忆单元状态不变。

写入：

写 1：0→DS0→B，1→DS1→A 使 T1 截止，T2 导通，A 变成高电平，B 变成低电平写入 1。

写 0：0→DS1→A，1→DS0→B 使 T2 截止，T1 导通，B 变成高电平，A 变成低电平写入 0。

从六管静态 RAM 单元电路来看，即使在存储器单元不进行读写操作时也有电流流过该电路。如存储 1，T6 与 T2 导通，电流从电源 Vcc→T6→T2→地。存储 0，T5 与 T1 导通，电流从电源 Vcc→T5→T1→地。所以静态 RAM 存储器功耗较大。

2. DRAM 存储原理

MOS DRAM 是利用栅极电容 C 存储电荷来实现存储信息的，定义有电荷为 1，无电荷为 0。图 4-6 所示为单管 DRAM 存储电路。

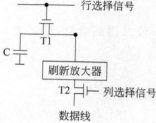

图 4-6 单管 DRAM 存储电路

T1、T2 是 MOS 开关管。当该记忆单元被选中，行、列选择线均为高电平，T1、T2 导通。读出时，如果有电流从 C 经过数据线流出，读出 1，无电流读出 0。写入时，如果写入 1，数据线上加高电平，电流从数据线向 C 充电，使电容充上电荷，表示存储 1，如果写入 0，只要在数据线上加低电平，将电容 C 上的电荷放尽（如果原来存储的是 1），电容上无电荷表示 0。DRAM 在读出时 C

放电,是破坏性读出,读出后必须进行重写,以保持信息不被破坏。另外,由于 C 较小,在不读出时 T1 的截止电阻不可能无穷大,C 上的电荷有泄漏,必须定时对原来存储 1 的电容进行充电,以保持信息不变,这个过程称为"刷新"。刷新间隔时间一般为 2ms。刷新和读操作是完全不同的操作:

① 刷新操作只提供行地址,不提供列地址,一次读一行所有单元的信息,然后再回写,但不输出到数据线上。

② 读操作提供行、列地址,读出的数据送数据线供 CPU 使用。

4.2.3 半导体 RAM 芯片

将存储体、读写电路、地址译码驱动电路和控制电路封装在一个芯片中就构成了RAM 芯片。

1. 静态 RAM

图 4-7 所示为 62256SRAM 芯片引脚图。该芯片为 32KB。$A_0 \sim A_{14}$ 为地址线;$I/O_0 \sim I/O_7$ 为数据线;$\overline{CE}$ 为片选线,低电平有效。$\overline{WE}$ 为读、写控制线,低电平写控制,高电平读出控制,是分时复用的。

2. 动态 RAM

图 4-8 所示为两个 DRAM 芯片引脚图,为了减小芯片体积和引脚,采用了地址复用,其中一个芯片仅用 9 根地址线 $A_0 \sim A_8$,在行选通信号 $\overline{RAS}$ 和列选通信号 $\overline{CAS}$ 的作用下分两次将 CPU 送来的地址送到行地址锁存器和列地址锁存器,实现了 $2^{18}=256K$ 的寻址空间。另一个用了 11 根地址线 $A_0 \sim A_{10}$ 实现了 $2^{22}=4M$ 的寻址空间。读、写信号也是分时复用的,$\overline{WE}=0$ 写有效,$\overline{WE}=1$ 读有效。其中一个芯片的一位数据线是分成输入 Din 和输出 Dout两个方向的,该芯片没有片选信号。另一个芯片的数据线为 $D_1 \sim D_4$,是四位的。

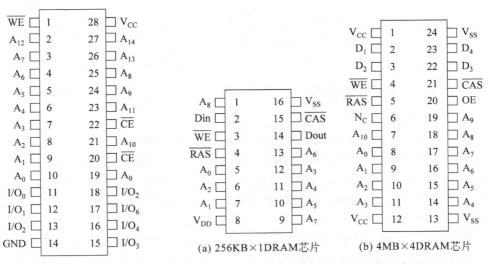

图 4-7　62256SRAM 芯片引脚图　　　　　图 4-8　两个 DRAM 芯片引脚图

1）DRAM 的刷新

DRAM 的记忆单元是靠半导体的 PN 极的结电容来存储信息的，存储的信息只能维持 2ms，为了保持存储信息不丢失，必须进行"动态刷新"。刷新有集中刷新、分散刷新、异步刷新和透明刷新。

（1）集中刷新

集中刷新是在整个刷新间隔内，前一段时间用于正常读、写操作，后一段时间停止读写操作，用于逐行刷新。例如 128×128 存储器矩阵，刷新一遍需要 128 个读、写周期的时间（每次刷新一行）。假设每个读写周期为 0.5μs，刷新间隔为 2ms，那么刷新间隔相当于 4000 个读写周期，前 3872 个读写周期用来进行正常的读写操作，后 128 个读写周期用来进行集中刷新。由于集中刷新的这段时间内不能进行读、写操作，即存在死区。图 4-9 所示为集中式刷新。

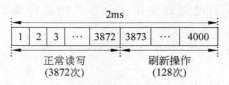

图 4-9　集中式刷新

（2）分散刷新

分散刷新是将一个存储周期分为两段，前一段时间 tM 用于正常的读写，后一段时间 tR 用于刷新操作。这样不存在死区，但是每个存储周期的时间会加长。设每个读、写操作和刷新操作的时间都是 0.5μs，则一个存储周期为 1μs，因为每个存储周期都刷新一次，在 2ms 内共进行了 2000 次刷新操作。比 128 次多得多，显然满足刷新要求。但是，在 2ms 内只进行了 2000 次读写操作。要比集中刷新少得多。图 4-10 所示为分散刷新。

（3）异步刷新

上述两种方法的结合就构成了异步刷新。仍以 128 行为例，在 2ms 时间内必须轮流对每一行刷新一次，即每隔 15.5μs（2000/128）刷新一次，这时仍假设读写与刷新操作的时间都是 0.5μs，那么前 15μs 用于读写操作，后 0.5μs 用于刷新。这种刷新效率要比前两种高。图 4-11 所示为异步刷新。

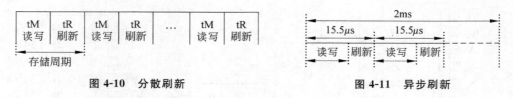

图 4-10　分散刷新　　　　　　　　　图 4-11　异步刷新

（4）透明刷新

前三种刷新方式均会延长存储器系统周期，占用了 CPU 的时间。实际上 CPU 在取指周期后的译码时间内，存储器是空闲的，可以利用这段时间插入刷新操作，这样就不占用 CPU 时间，对 CPU 而言是透明的。这时设有单独的刷新控制器，刷新由单独的时钟、行计数器与译码器独立完成。目前高档微机中大部分采用这种方式。

2）DRAM 控制器

DRAM 控制器是 CPU 与 DRAM 芯片的接口，它一方面将 CPU 的控制信号转换为适合 DRAM 芯片的控制信号，另一方面，产生 DRAM 所需要的刷新信号。图 4-12 所示为 DRAM 控制器结构框图。

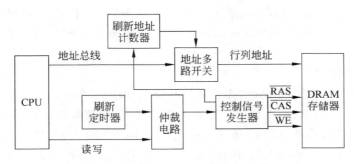

图 4-12　DRAM 控制器结构框图

- 地址多路开关：选择从 CPU 送来的地址或从刷新地址计数器送来的地址，并转换成 DRAM 存储器分时复用的行地址和列地址。
- 刷新定时器：定时产生刷新请求。
- 刷新地址计数器：提供刷新行地址。
- 仲裁电路：当 CPU 的读、写请求与刷新请求同时到达时，要根据其优先级进行仲裁。
- 控制信号发生器：提供 $\overline{RAS}$、$\overline{CAS}$ 和 $\overline{WE}$ 信号以满足对 DRAM 的读、写操作。

3）新型的 DRAM 芯片

（1）增强型 EDRAM

增强型 EDRAM(Enhanced DRAM)是在动态 RAM 芯片上集成了一个小容量快速的 SRAM 缓冲器，可以存放前一次读出的一整行单元的内容。比较器将本次访问的行地址与前一次访问的行地址进行比较，如果相同，则本次操作就在快速的 SRAM 中进行。另外刷新可以和读、写并行操作，这样就将因刷新而使芯片不能进行读、写操作的时间减到最低。同时 EDRAM 读出的数据通道和写入的数据通道是独立的，如果写入操作后紧跟着读操作，这两个操作可以并行进行，速度大大提高。

（2）同步 SDRAM

传统的 DRAM 与处理机之间采用的是异步方式交换数据。处理机发出地址和控制信号后，经过一段延迟时间后，数据才读出或写入。这时处理机处于等待而不能进行其他工作。同步 SDRAM(Synchronous DRAM)是将处理机的发出地址和控制信号用锁存器锁存起来，这样 SDRAM 在进行数据准备时，处理机仍然可以进行各种操作。同时 SDRAM 采用成组数据传送方式，在第一次存取操作后不需要地址建立和行、列预充电时间，就能够连续快速地输出一组数据。另外 SDRAM 内部采用双存储体结构，极大地改善了片内存取的并行性。

（3）双边触发 DDR SDRAM

双边触发(Double Date Rate SDRAM)是 SDRAM 的改良产品，是将一个时钟的前、后沿都用于触发数据传输，在相同的主频条件下，将峰值数据速度提高了一倍。DDR SDRAM 内部采用了 2bit Prefetch(数据预取)技术。工作电压为 2.5V，主频为 266/333/400MHz。

（4）DDR2 SDRAM

DDR2 是在 DDR SDRAM 将一个时钟的前、后沿都用于触发数据传输的基础上，采用了 4bit Prefetch 技术，这样，在相同的主频工作条件下，将传输数据的位数提高一倍，峰值数据速度是 DDR SDRAM 的两倍。工作电压为 1.8V、主频为 400/533/667/800/1066MHz。

（5）DDR3 SDRAM

DDR3 是在 DDR2 SDRAM 数据传输的基础上，采用了 8bit Prefetch 技术，将传输数据的位数再提高一倍，这样，在相同的主频工作条件下，峰值数据速度是 DDR2 SDRAM 的两倍。除了速度提高外，DDR3 核心工作电压从 DDR2 的 1.8V 降至 1.5～1.35V，主频为 1066/1333/1600/2000MH。因此 DDR3 具有更低的功耗，更高的速度。是目前市场上的主流产品。

4.2.4　半导体只读存储器 ROM 的工作原理

正常工作状态时只能读出不能写入的存储器称为只读存储器（Read Only Memory，ROM）。ROM 和 RAM 相比没有写入电路。根据只读存储器的制造工艺，半导体只读存储器可以分为 MROM、PROM、EPROM、E^2PROM。如果在制造时就把单元中的内容确定则为 MROM，如果用户可以在专用的编程器上把自己的程序或数据写到芯片中则为 PROM，如果芯片中的内容可以在紫外线下擦除且可重复编程则称 EPROM，如果芯片中的内容可以用电擦除且可以重复编程则称 E^2PROM。

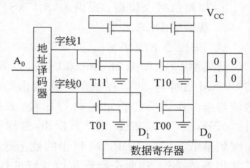

图 4-13　掩膜 ROM 存储器

1. 掩膜只读存储器

掩膜只读存储器（Masked ROM，MROM）存储的信息由生产厂家在掩膜工艺过程中"写入"，用户不能再修改。分双极型和 MOS 型两种。图 4-13 所示为一个简单的 2×2 的 MOS 型 ROM 的示意图。采用一维地址译码方式，地址 A_0＝1 时选中字线 1，地址 A_0＝0 时选中字线 0。字线和位线交叉点处设置 MOS 管。制造时按照编码要求来控制 MOS 管是否与位线相连，相连为存储 0，不连存储 1。读出时，字线被选中（存储单元），位线上就输出其单元内容。

2. 可编程 ROM

用户可以在专用的编程器上把自己的程序或数据写到存储单元中则为可编程 ROM（Programmable ROM，PROM），写入后其内容不可以再修改。分 P-N 极破坏型和熔丝烧断型。

（1）P-N 极破坏型

如图 4-14 所示，写入时，字线上加电压＋E，选中写入的单元。若写 1，则位线上加负电压，将反向偏置的二极管击穿（相当于短路了），若写 0，则位线上不加电压，反向偏置的二极管不被击穿。

读出时,在字线上加高电压后,P-N 击穿(存 1)的位线有电流流出,读出 1 信号。P-N 未被击穿(存 0)的位线无电流流出,读出 0 信号。

(2)熔丝烧断型

熔丝烧断型 PROM 如图 4-15 所示,写入 0 时,字线加正高电压,选中写入的单元。位线上加负高电压使熔丝烧断,存 0,写入 1 时,位线上不加高电压,熔丝不被烧断,存 1。

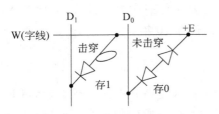

图 4-14 P-N 极破坏型 PROM

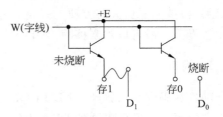

图 4-15 熔丝烧断型 PROM

读出时,字线上加高电压,位线上有电流读出 1 信号,无电流读出 0 信号。

3. 可擦除可编程的 ROM

可擦除可编程(Erasable Programmable ROM,EPROM)一般采用浮栅雪崩注入 MOS 存储器 FAMOS(Floating Gate Avalanche Injection MOS),N 沟道 FAMOS 管的工艺类似于 NMOS。两者的主要区别是 FAMOS 管的栅极上没有电器引线。栅极是埋在 S_iO_2 绝缘层中的,所以称为浮栅。图 4-16 所示为 FAMOS 存储器单元电路。

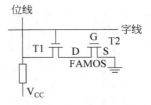

图 4-16 FAMOS 存储器单元电路

写入 0 时,漏极(从位线)上加上正高压(20～20V),漏极 P-N 结被局部击穿,产生漏电流 IPS,该电流在 P-N 结的沟道中产生热效应,进一步激发高能空穴,高能量空穴从漏区穿过很薄的氧化层到达浮栅上,浮栅上积累了正电荷,漏-源向导电沟道加宽,进一步使漏电流加大,又引起更多空穴到达浮栅,这一过程愈来愈剧烈(雪崩现象),直到浮栅上带有足够多的正电荷为止。一般此时浮栅上电位可达到+10V 左右,就好像浮栅上接上了+10V 电源一样。使 FAMOS 管处于导通状态。写入完毕后,撤销漏极 D 上的高压,由于 S_iO_2 层绝缘性能很好(电阻达 $10^{14}～10^{15}\,\Omega$)注入浮栅的电荷无泄放回路而保留在浮栅上。

写入 1,什么都不做就行了。

读出时,若 T2(FAMOS)管栅极带有正电荷,则当字线出现 V_{cc} 信号时,T1、T2 导通,位线电位接近地,读出 0。反之,T2 栅极不带电荷,T2 不导通,位线上电位为 V_{cc},读出 1。所以买来的新芯片,所有的单元都是 1,检查时显示"FFH"。

擦除时,只要用紫外线或 X 射线照射,使能量大的光子与浮栅上的电荷发生能量交换和转移,使空穴获得足够大的能量,通过 S_iO_2 层返回衬底,浮栅不带电。一般把 EPROM 芯片上的石英窗口对着紫外线灯($12mW/cm^2$ 规格),距离 3cm 远,照射 8～20 分钟,即可抹除芯片上的全部信息,又可以进行重新编程。

4. 电可擦除改写只读存储器

电可擦除改写只读存储器（Electrically Erasable Programmable ROM，E²PROM）也可以简写为 E²PROM。可以用电来直接擦除和重新编程。它具有 RAM 的特点，同时又有 ROM 的特点，断电以后其数据仍然可以保存，这给 ISP（In System Programmable，在系统编程）带来了极大的方便。只是在写入操作时要执行一次自动擦除，因此写入时速度比较慢。一般可以重复擦写 10 000 次，数据可以保存 10 年。

5. 闪存

随着数码产品的普及，对 E²PROM 的速度要求越来越高。这就研制了 Flash ROM。由于它的写入速度可以达到 DRAM 的速度，擦除也可以分段（页）进行，所以用"闪速"来形容。目前，所有的 U 盘以及数码产品的各种存储器卡都是采用 Flash ROM 作为存储颗粒的。

图 4-17　27128EPROM 芯片引脚图

6. EPROM 芯片

图 4-17 所示为 27128EPROM 芯片引脚图。其中 $A_0 \sim A_{13}$ 为地址线，14 根地址线，共有 16K 个存储单元。$D_0 \sim D_7$ 是 8 位数据线，表示每个存储单元可以存储 8 位数据位。$\overline{OE}$ 是输出允许信号，低电平有效，该引脚为低电平，且片选信号有效时，存储单元中的内容被输出到对应的数据线上，通常与 CPU 的读控制信号相连。$\overline{CE}$（或 $\overline{CS}$）是片选信号，低电平有效，即该芯片被选中。V_{pp} 为编程电压（视不同的芯片而不同，一般为 11.5～21.5V），$\overline{PGM}$ 为编程脉冲，这两个引脚控制信号主要是用户在写入程序到芯片时由专门的编程器提供的，正常工作方式时，通常直接接 +5V（参考芯片手册）。EPROM 芯片通常有三种工作方式：

- 读方式：正常的工作方式。
- 备用方式：当芯片 $\overline{CE}=1$ 时，芯片未被选中，数据线呈现高阻态，称备用方式。
- 编程方式：在专用的编程器上把自己的程序或数据写到芯片的单元中的工作方式。

4.3　存储器的组织

单片芯片的存储容量有限，要获得一个大容量的存储器，通常要用多片芯片按照一定的组织来实现，这就是存储器的组织要解决的问题，存储器的组织一般采取并联、串联、混联三种方法。

1. RAM 芯片的并联

并联又称位扩展法,存储器的数据位一般是以字节(或字节的整数倍)为单位,RAM 的并联是指用并联多个 RAM 芯片的地址位,将芯片的数据线分别连接到系统的数据总线上来扩展 RAM 的数据位。

【例 4-1】 用 2114(1K×4 位)芯片并联构成 1KB RAM。

解:(1)计算所需要 2114 的芯片数

所需芯片数=(RAM 的容量)/单个芯片的容量=1KB/(1K×4)=2

(2)画出连线图

图 4-18 所示为用 2 片 1K×4 位并联组成 1KB 存储器。

并联的特点:

- 两芯片的地址范围相同,即将芯片地址线分别接到对应的系统地址线。

- 两芯片的数据位合并,一个接低数据位,另一个接高数据位。

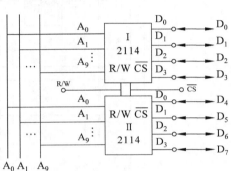

图 4-18 用 2 片 1K×4 位并联组成 1KB 存储器

- 两芯片的片选$\overline{CS}$接在一起连到同一个译码器输出信号线上(同时被选中)。

- 读、写信号线连在一起。

2. RAM 的串联

串联又称地址扩展法或字扩展法,是在保持数据位相同的前提下在地址空间进行组合(每一个芯片的数据位已够,但是单元数不够),采用多个 RAM 芯片串联的方式扩展 RAM 的存储空间范围,每一个芯片仅提供一段存储空间。

【例 4-2】 用 1KB RAM 芯片串联构成 2KB RAM。

解:(1)计算所需要的芯片数

芯片数=(RAM 的容量)/单个芯片的容量=2KB/1KB=2

(2)画出连线图

图 4-19 所示为用 2 片 1KB RAM 串联组成 2KB 存储器。

串联的特点:

- 两芯片的数据已满足要求,即只要将芯片数据线分别接到对应的系统线上线。

- 两芯片的地址线分别接到系统地址线的低地址位,地址线多出的高地址位通过地址译码器译码输出分别接芯片的片选信号端,每个芯片地址只占总地址的一段,任何时刻只有一个芯片被选中。

- 读、写信号线连在一起。

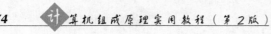

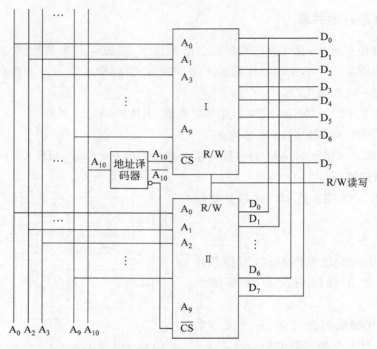

图 4-19   用 2 片 1KB RAM 串联组成 2KB 存储器

3. RAM 的混联

将上述两种方法相结合就是混联,混联是既要进行位的扩展又要进行存储空间的扩展。通常是先采用并联进行分组(达到数据位的要求),组与组之间采用串联(达到存储空间上的要求)。

【例 4-3】 用 2114(1K×4)芯片构成 2KB RAM 存储器。

解:(1)计算所需要的芯片数

芯片数=(RAM 的容量)/单个芯片的容量=(2K×8)/(1K×4)=4

(2)分组

由于每个芯片只有 1K 空间,而 2K 的地址空间需要 2 组,每组需要 2 个芯片。

(3)画出连线图

图 4-20 所示为用 4 片 1K×4 位的 RAM 混联组成 2KB 存储器。

先将芯片两两并联分成两组,每组存储容量都是 1KB(方法同并联)。再将两个 1KB 的组按照串联的方法扩展到 2KB。

混联的特点:

混联是既要进行位的扩展又要进行存储空间的扩展。通常是先采用并联进行分组,满足数据位的要求,每组可以作为一个芯片看(图中的虚线框中部分),组与组之间采用串联来达到存储空间上的要求。

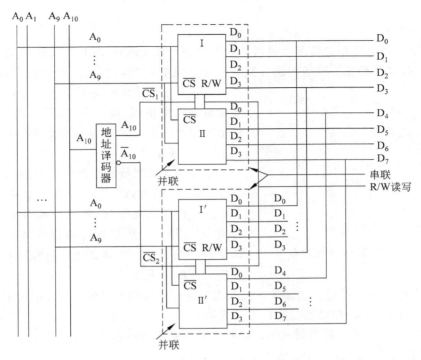

图 4-20 用 4 片 1K×4 位的 RAM 混联组成 2KB 存储器

4.4 辅助存储器

辅助存储器又称外存储器,与主存相比,它的特点是存储容量大、存储速度低,是永久性存储器。外存储器的作用是存入当前暂时不用的程序和数据,或保存资料,一旦需要,辅存将与主存成批交换数据。辅存通常用作主存的后备和补充。

外存储器按照存储介质不同可分为磁表面存储器和光存储器。

4.4.1 磁表面存储器

1. 磁表面存储器的技术指标

磁表面存储器是利用具有矩形磁滞回线的磁性材料来存储信息的。将磁性材料磨成粉状,制成磁胶,均匀地涂在载体表面,因此称为磁表面存储器。

1) 存储密度

存储密度是指单位长度或面积的磁表面所能存储的二进制信息量。对于磁盘存储器可用位密度和道密度表示。对于磁带存储器,通常用位密度(又称记录密度)表示。

(1) 位密度

单位长度存储的二进制信息量,通常用 bpi(bit per inch,每英寸含多少位二进制信息）表示。

（2）道密度

沿磁盘半径方向单位长度上的磁道数称为道密度 tpi（track per inch，每英寸含多少磁道数）。磁道是指磁头磁场在磁介质表面形成的磁化"轨迹"。对磁盘而言，磁道就是在磁盘表面上形成的间隔开的若干个同心圆。每条磁道的容量相同，但位密度不同，离外径越近，位密度越小。图 4-21 所示为磁盘上的磁道分布。

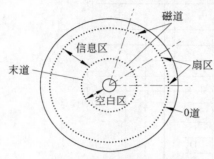

图 4-21　磁盘上的磁道分布

2）存储容量

磁表面存储器所能存储的二进制信息总量叫做存储容量，通常以字节为单位。新磁盘在使用前必须进行格式化操作，然后才能存储信息和进行读、写操作。一般格式化的容量是格式化前的容量的 70% 左右。用格式化后的容量来表示磁盘容量。计算公式是：

磁盘存储容量＝可记录盘面数×每盘面磁道数×每磁道扇区数×每扇区字节数

对于磁带机，它的存储容量的计算公式如下：

磁带存储容量＝可记录磁道数×磁带长度×位密度÷8

3）寻址时间

磁表面存储器的寻址时间是指磁头从起始位置移动到指定（地址）位置所经历的全部时间。

磁盘存储器采用直接存取方式，寻址时间由两部分组成：一是寻道时间 t1，即磁头作径向运动，寻找目标磁道的时间；二是寻扇区时间 t2，即等待磁盘旋转至目标扇区的时间（磁头不动，盘片旋转，将目标扇区旋转到读、写磁头下）。由于磁头在磁盘的初始位置不同，寻址时间也不同，通常取平均值作为平均寻址时间，用 Ta 表示。

$$Ta = (t1_{max} + t1_{min})/2 + (t2_{max} + t2_{min})/2$$

磁带存储器是顺序存取方式，不需要寻道（各道并行工作），但需要寻找记录区，寻址时间为等待磁头移到目标记录区的时间。每次存取的等待时间随磁头的初始位置而不同。

4）数据传输率

数据传输率是指在单位时间内磁表面存储器与主机之间传送的二进制数据位数或字节数。它与记录密度以及磁头的运动速度（盘片的旋转速度）成正比，即

数据传输率＝记录密度×磁头运动速度

5）误码率

误码率是外存读出时的出错位的数量与读出的总信息量之比。误码率越小，可靠性越高。

6）价格

一般用位价格来衡量。位价格＝设备价格÷总存储容量。

2. 磁表面存储器的工作原理

磁表面存储器的记录原理是利用磁性材料在不同磁化方向的磁场作用下,形成具有不同剩磁状态($+Br$ 和$-Br$)的磁化单位来记录信息的。一种状态记录 0,另一种状态记录 1。图 4-22 所示为不同剩磁状态的磁化曲线。

1) 磁表面存储器的主要元件

(1) 磁层

将磁性材料涂敷在金属或塑料载体上而形成的磁性材料层称为磁层,厚度约为 $1\sim5\mu m$。磁层磁化后可用来记录信息,称为记录介质或信息载体。常用的磁性材料是氧化铁和镍钴合金。当将三氧化铁粉末用树脂黏合后,涂敷在聚酯塑料带(盘)上就制成磁带(盘),涂敷在盘状的轻铝合金盘片上就制成磁盘片。

(2) 磁头

磁头是在带间隙的铁心上绕以读、写线圈组成,它是对磁层上的信息进行读写的元件。铁心的间隙称为磁头间隙或称头隙 g,约为 $2\sim20\mu m$。空隙用非磁性材料(黄铜片,玻璃片)来填充。头隙的形状和尺寸是影响磁层记录密度和读出信号幅度的关键因素。磁头与磁层的间隙 d 约为 $1\sim10\mu m$。图 4-23 所示为磁头结构简图。

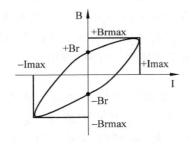

图 4-22　不同剩磁状态的磁化曲线

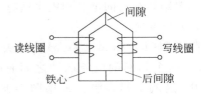

图 4-23　磁头结构简图

磁头可分为写磁头、读磁头和复合磁头。

- 写磁头:绕有写线圈的磁头。
- 读磁头:绕有读线圈的磁头。
- 复合磁头:是将读磁头与写磁头组装在一起的磁头。

2) 磁表面存储器的工作原理

(1) 写入工作

磁层的初始状态可以是退磁状态($B=0$),当向磁头线圈通以正向脉冲电流时,将磁路中的一小段磁层磁化。若进入磁层的一端为 S 极,离开磁层的一端为 N 极,构成一个很小的磁化单位,顺序是 SN,用$+Br$ 表示;反之,当向磁头线圈通以反向脉冲电流时,构成一个很小的磁化单位,顺序是 NS,用$-Br$ 表示。可用$+Br$、$-Br$ 两种状态分别表示数字 0 和 1。该磁化单元即记忆单元。电流脉冲消失后,磁层的磁化状态不会消失,是永久性记忆,因此磁表面存储器都是永久性存储器。

（2）读出工作

无论是读操作还是写操作，磁表面存储器的磁层总是随载体运动的。磁层被写入后，磁化单元一直保持+Br或-Br的剩磁状态，由于空气的磁阻很大，未被磁化的磁层运动到读磁头间隙下方时，不会读出信号。当磁化单元运动到读磁头下方时，由于$d<g$，而且磁性材料的磁阻远远小于空气的磁阻，所以使磁头线圈中的磁通量变化率$d\phi/dt$发生增大，于是在读出线圈中感生出感应电压，电流I_1流过读出线圈，即所谓读出。磁头通过不同的磁化单元，感应电流的方向是不同的，一个方向的电流表示0，另一个方向的电流表示1。读出后，该磁化单元的磁化状态并没有被破坏，因此称为非破坏性读出。图4-24所示为磁存储器读写原理。

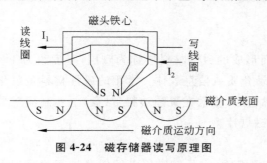

图 4-24　磁存储器读写原理图

3. 磁表面存储器的记录方式

所谓记录方式是指一串二进制信息经过读写电路转换成磁化单元相对应的磁化翻转形式，从而进行记录的方式，记录方式又称编码方式。磁表面存储器记录方式对提高记录密度和可靠性有很大影响。磁表面存储器共有6种记录方式，可归纳为两大类：归零制和不归零制。所谓归零制是在写磁头中，写1或写0之后，线圈电流都要恢复到0。而不归零制是在写的全过程中永远有正或负的电流流过线圈，线圈电流不为0。

（1）归零制

归零制（RZ Return Zero）设磁头线圈通过正向电流为记录1，通过反向电流为记录0，在两个相邻的电流脉冲之间有一段距离没有电流（归零），相应地这段磁层也未被磁化，这就是归零制。采用归零制在写前必须去磁，否则前后所写的信息会相互干扰。

（2）不归零制

不归零制（NRZ）则是记录1时磁头写线圈通正向电流，记录0时通以反向电流。如果前一信息和后一信息相同（00或11）则电流方向不变。如不同（01或10）则电流方向改变，所以也称为"见变就翻"。这种记录方式磁化翻转的次数较归零制少。

（3）不归零_1制

不归零_1制（NRZ_1）是不归零制的一种变种，它的特点是记录1时电流方向改变，记录0时方向不变。因此也称"见1就翻不归零制"。NRZ_1和NRZ相同，磁头线圈中总有电流。

（4）调相制

调相制（PM）的特点是：在一个记录位内（在位周期中点处），磁头线圈中的写入电流方向发生变化，由正到负的翻转表示记录1，由负到正表示记录0，也可作相反的规定。因为记录1和0相位相差180°，所以称为调相制。当连续记录两个以上的1或0时，记录位的起始处也翻转1次，以保证调相制的实现。

（5）调频制

调频制（FM）这种记录方式的规律是：

① 在记录位的起始处不论记录 1 还是记录 0 都改变写电流的方向；

② 在一个记录位的中间处，记录 1 时改变写电流的方向，记录 0 时不改变写电流的方向。

显然，记录 1 时电流变化的频率是记录 0 时电流变化频率的 2 倍。所以也称倍频制。调相制和调频制从广义上看也可看作不归零制的变形。

（6）改进的调频制

改进的调频制（MFM）有三种频率，又称三频制或密勒码制（Miller code）。这种记录方式基本上与调频制一样，在一个记录位的中间处，记录 1 时改变写电流的方向，记录 0 时不改变写电流的方向。与调频方式的不同处在于：仅当在连续记录两个或两个以上的 0 时，才在第二个 0 的记录位的起始处翻转一次。改进的调频制是应用最广泛的一种。常用于高密度磁盘机、倍密度软磁盘机等。

图 4-25 所示为 6 种磁记录方式电流波形图。以上 6 种记录方式中，MFM、NRZ、NRZ_1 记录方式中没有多余信息，因而可以得到高记录密度。PM、FM、MFM 具有自同步能力（指能从单个磁道读出的数据（脉冲序列）中提取同步脉冲）。这两者是评价记录方式的主要指标，其他的指标还有分辨能力和抗干扰能力等。

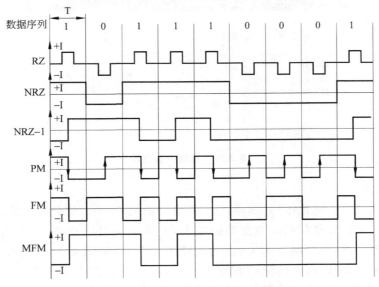

图 4-25　6 种磁记录方式电流波形图

4.4.2　硬磁盘存储器

硬磁盘存储器（简称硬盘）由硬磁盘机和硬盘适配器两部分组成。硬磁盘机是计算机系统主要的外部设备之一。自 1956 年 IBM 研制出第一台商用硬磁盘机后，它经历了以下几代：①固定磁头固定盘片；②固定磁头可换盘片；③可移动磁头固定盘片；④可移动磁头可换盘片。

目前,硬盘大多采用温彻斯特(Winchester)技术的温盘(磁头可移动而盘片固定的磁盘机)。它是 1968 年由 IBM 研制出的。主要特点:磁头、盘片、电机等驱动部件及读写电路组成一个不能随意拆卸的密封整体。磁头采用非接触式起停。

1. 硬磁盘机的基本结构

通常磁盘机由磁盘组(存储体)、读写磁头、定位机构和传动机构等组成,又称硬盘驱动器。图 4-26 所示为磁盘机结构。

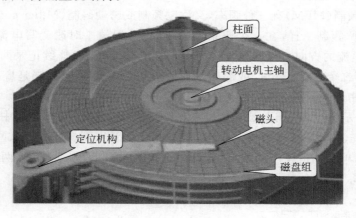

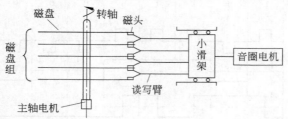

图 4-26   磁盘机结构图

(1) 磁盘组

磁盘组(盘片组、磁盘体)通常由多个磁盘片固定在同一根主轴上组成,它是构成存储信息的主体。信息存储在磁盘的磁道上,磁道是一组同心圆(圆环的宽度为 2 英寸),最外层为 0 道,最内层为末道,道的宽度为 $135\mu m$,道间隔为 $245\mu m$,每圈记录的信息量是相同的,所以内圈的记录密度大,外圈的记录密度小。盘片以铝合金等金属作为基盘,盘面敷有磁性记录层。两面都记录信息的磁盘称双面盘,只一面存储信息的是单面盘。在硬盘组中,磁盘组的顶面和底面用作保护盘面,不存储信息。若由 n 片双面盘组成的硬盘,其记录信息的有效面为 $2n-2$。(现在很多厂家生产的硬盘的上、下面都记录信息)

(2) 磁头

通常磁头是由多片坡莫合金黏合且绕以读写线圈组成,磁头安装在读写臂上,每一盘面配一个磁头。

（3）定位机构

定位机构由读写臂（又称定位臂）、小滑架和音圈电机组成。读写臂一端安装有上下两个磁头，磁头与盘面贴近，另一端与滑架相连。寻道时，在控制电路的控制下，磁头沿盘面作径向移动，用于寻找指定的磁道。

（4）传动机构

传动机构由电机、传动轴组成。电机旋转通过传动轴带动盘片组高速旋转。

2. 硬磁盘存储器的地址组成

硬磁盘存储器的地址由台号、盘面号、磁道号和扇区号 4 部分组成。

（1）台号

台号又称磁盘机号，用来确定实际的物理硬盘，如两个 IDE 接口可以接 4 个物理硬盘。

（2）盘面号

盘面号又称磁头号，用来确定实际操作的磁头。

（3）磁道号

磁道号又称柱面号，由不同盘面上相同的圆周（同心圆）组成，并依次从外到内进行编号，最外面为 0 道。

（4）扇区号

每个磁道被分成若干等份，即扇区，每个扇区给一个编号，即扇区号。扇区是磁盘存取信息的基本单位，通常一个扇区存储若干字节数据，如软盘为 512B/扇区。一个磁盘在使用前必须进行格式化，格式化就是将磁盘的盘面划分为磁道、扇区及扇区内特定区域。

3. 磁盘的基本操作

磁盘的操作通常是利用操作系统提供的磁盘管理和文件管理来完成的。用户只要对文件进行按名操作就可以了。基本操作是：

（1）启动磁盘

主机用控制字启动磁盘。

（2）寻址

根据主机发出的地址寻址，包括：

- 回 0 道：当前磁头所在的道为当前道，复位时无论磁头在何磁道，都必须回 0 道，即回到起始位置。
- 寻道：一般用两种方法来确定磁头的当前道，一种方法是磁道计数器，当前道是 0 时磁道计数器值为 0，向内每走一道计数器加 1，反之向外走一道计数器减 1。另一种方法是设置专用的盘面来记录道号，通过专用磁头来读取当前道。将当前道号和目标道号相比较，一致则说明已找到目标道。如果当前道号大于目标道号，磁头向外寻找（道号是从外到内递增的）。寻道又称定位。
- 寻磁头：由译码电路实现，确定多个磁头中的一个。
- 寻找扇区：磁盘运转将目标扇区转到对应的读写磁头下。查找扇区的时间取决于磁盘的旋转速度，目前，主流硬盘的旋转速度达到 7200rpm。速度越快时间越短。最长时间为磁盘旋转一周时间，一般取其平均时间为寻找扇区时间，也称为平均旋转等待时间。

磁盘寻址时间包括定位时间，磁头译码时间和平均旋转等待时间。

（3）磁盘读写操作

读出操作在寻址结束后进行，将该扇区的信息从磁盘传送到主存中。写操作是在寻址结束后，将数据从主存写入磁盘中。

通常，读写操作都是在 DMA 控制器控制下进行的，数据在主存与磁盘之间的传输是以块为单位进行的，而不是以字节为单位进行的，在数据传输过程中不需要 CPU 干预。

为了提高内存与硬盘之间交换数据的速度，减少 CPU 的中断次数，提高 CPU 的工作效率，一般在硬盘中提供一个 2～32MB 的高速缓冲数据寄存器。

4. 硬磁盘驱动器

硬磁盘驱动器包含两部分，一部分为机械结构，另一部分为驱动电路部分，它驱动机械部分工作。

驱动电路从原理上讲可分为：①电源和主轴电机伺服电路；②驱动器控制电路；③读写电路。全部电路制造在一块板上，并和机械部分固定在一起，即通常所说的硬盘。

（1）电源和主轴电机伺服电路

引入系统电源（+12V，+5V），经过滤波器形成驱动电源。

主轴电机伺服电路有主轴电机驱动电路、加电和断电控制电路、转速控制开关逻辑和定时控制器组成。电路的作用是驱动主轴电机高速旋转并维持转速恒定，并保证磁头能正常悬浮以及保持高速的数据传输率。

（2）驱动器控制电路

驱动器控制电路是磁盘驱动器的电路核心，它接收硬磁盘控制器送来的命令，还接收索引信号和 0 道信号，并转换成相应的主轴电机恒速旋转、磁头寻道和读写数据所需要的控制信号。

控制电路的其他组成部分有寻道逻辑电路（完成寻道操作并给出寻道完成的指示）、磁头选择逻辑（用来选择磁头）、索引检测逻辑、故障检测、步进驱动逻辑、读写控制逻辑等电路。控制电路还包含磁盘适配器的接口电路。控制电路的核心是 MCU。

（3）读写电路

读写电路根据控制电路的要求完成对磁盘的读写操作。

5. 硬盘控制器

它又称硬盘适配器（adapter），是介于主机和磁盘机之间的接口部件，俗称"硬卡"。目前都已集成在主板的芯片组上了。它的作用是接收主机命令并加以译码然后向磁盘驱动器发出各种控制信号、检测硬磁盘驱动器的状态、按指定的数据格式进行写盘或读盘操作。

6. 硬盘接口标准

硬盘的接口关系到硬盘的工作效率。目前,常用的硬盘接口标准有 IDE、SCSI 和 SATA 接口。

(1) IDE 接口

IDE(Integrated Drive Electronics,集成设备电子部件)接口也称为 ATA 接口。是由 Compaq 公司开发并由 Western Digital 公司生产的控制器接口,EIDE(Enhanced IDE)为增强型 IDE 接口。不仅支持硬盘驱动器也支持 CD-ROM 驱动器。IDE 接口传输速度达到 16.7～33MB/s。EIDE 接口最高传输速度可达到 132.8MB/s。大多数 PC 都采用 EIDE 接口,并且已经直接集成在主板上了(目前主板上都有两个 IDE 接口,分别为 IDE1 和 IDE2,每一个 IDE 接口可以接两个 IDE 设备,其中一个为主,另一个为从),通过 40 芯排线与硬盘相连。

(2) 小型计算机系统接口

小型计算机系统(Small Computer System Interface,SCSI)接口一般应用在小型计算机系统或工作站中,传输速率达到 80～160MB/s,一条 SCSI 总线可以连接 8 台设备,SCSI 磁盘驱动器连接微机时,需要一块 SCSI 接口卡。

(3) Ultra DMA/33/66/100 接口

是在 IDE 接口上发展起来的,可以使用 PC 的 DMA 通道,减少了主机 CPU 的负荷。传输速率可以达到 33MB/s、66MB/s、100MB/s。

(4) SATA 接口

SATA 接口是一种新的串行接口,采用串行数据传输,只需要用到 4pin,数据传输速度高达 150MB/s。特别是 SATAII 接口标准,不仅速度达到 300MB/s,而且还支持热拔插。采用点对点的传输(point to point protocol),不需要用户考虑主、从盘,目前 200GB 以上大容量的硬盘大多采用 SATAII 接口标准。

4.4.3　光盘存储器

所谓光盘(optical disk)是指利用光学原理进行信息读写的圆盘。光盘存储器有光盘、光盘驱动器、光盘适配器构成,计算机系统中所使用的光盘是在电视光盘和激光唱片的基础上发展起来的。

应用激光在光介质上写入信息,然后再利用激光读出信息的技术称为光存储技术。第一代光存储技术是采用非磁性介质进行光存储,只能读出,不能重写。第二代光存储技术采用了磁光存储技术,可擦写。所谓磁光存储器是利用磁性材料作为光存储介质,然后再应用激光技术在磁性介质上存储信息。由于激光本身具有发散性小的特点,激光记忆单元的面积约 $1\mu m^2$/位,因此光盘的存储容量大(650MB/5in),且抗干扰能力强。

1. 光盘分类

光盘主要分为 5 类:

- 只读光盘(Compact Disk-Read Only Memory,CD-ROM)。

- 一次写入型光盘（Write Once Read Many，WORM），也称可刻录盘 CD-R（CD-Recordable）。
- 可擦写（erasable）光盘或称可逆式光盘（reversible），也称重复可录光盘 CD-RW（CD-Rewritable），可擦写光盘又分为相变型光盘 PCD 和磁光型光盘 MOD。
- 数字视频光盘（Digital Video Disk，DVD）。
- 蓝光 DVD（BD）。

2. 只读型 CD-ROM

CD-ROM 是以光盘表面上的光存储介质薄膜上的凹痕来存储信息的，平坦的表面表示数字 0，凹痕表示数字 1，如图 4-27 所示。这些记忆单元分布在光轨上，光轨是一个连续的螺旋式轨道，是一个等尺寸、等密度的区域，如图 4-28 所示。因此驱动器是以恒定的线速度（CLV）来读取数据的。这就意味着读取内圈数据时的转速和外圈数据时的转速不同（内圈速度大）。当光驱速度大于 16 倍速（习惯上把 150KB/s 的标准 CD 传输速率的光驱称为单倍速光驱，300KB/s 为 2 倍速光驱，依此类推）以后，频繁地交换主轴电机的速度将大为降低光驱的使用寿命。高速光驱采用 CAV 技术（即盘片以恒定角速度旋转）。为了达到更好的效果，许多光驱采用外圈 CLV 和内圈 CAV 控制技术。

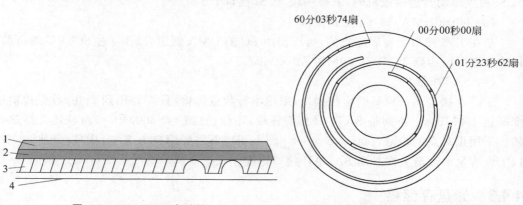

图 4-27　CD-ROM 盘结构
1. 保护层；2. 反射层；3. 记录层；4. 衬底

图 4-28　采用恒定线速度的盘面布局

对于 CD-ROM 来说，沿半径可记录信息的记录区宽度为 32.55mm，光轨间距为 1.6μm，可得 20 344 个螺旋圈数的光轨。通过平均周长乘以螺旋的圈数可得到光轨的长度约为 5.27km。CD-ROM 恒定线速度（CLV）为 1.2m/s，则音频光轨的最大播放时间为 4391s。数据以 150KB/s 读出，存储容量约为 650MB。

CD-ROM 的优点是信息容量大、价格便宜、盘片携带方便。CD-ROM 缺点是存储的信息只能读，不能更新；信息的存取时间比磁盘驱动器长。

3. 一次写入型光盘 WORM

WORM 与 CD-ROM 光盘结构类似，光盘的写入是利用高功率激光束在存储介质上打出微米级的凹坑，有坑代表写入 1，无坑代表 0。结构如图 4-27 所示。WORM 光盘的记录介质一般采用碲系材料，它的特点是熔点低（450℃）、记录灵敏度高和读出信噪比大等优点。

4. 可重写型光盘 CD-RW

对于可重写型光盘,按记录介质可分为相变型光盘和磁光型光盘。以相变型光盘为例,它的读写原理是利用存储介质的晶态、非晶态可逆转换,引起对激光束不同强度的反射或折射,形成信息——对应关系的。

写入时,利用高功率激光束聚焦于存储介质表面的一个微小区间内,使晶态在吸热后至熔点,并在激光束离开瞬间骤冷转变为非晶态,信息即被写入。

读出时,由于晶态和非晶态对激光束存在不同强度的反射或折射率,根据反射光强度的不同,将所记录的信息读出。

擦除时,利用适当功率的激光束照射在记录信息点上,使该点温度界于材料的熔点与非晶态温度转变之间,使之产生重结晶而恢复到晶态,完成擦除功能,这样又可以重新写入信息了。

5. 光盘驱动器的性能指标

- 平均读取时间:从光头定位到开始读盘的时间。越短越好,不能超过 95ms。
- 数据传输速度:以音频 CD 150 KB/s 为单速标准,倍速即单速的倍数,52X 表示为单速的 52 倍(DVD 光驱的 1X 相当于 CD 的 9X)。
- 可靠性:信息读出的误码率在 $10^{-9} \sim 10^{-12}$ 之间。

光盘在使用过程中应尽量避免划伤。更不能把被面的漆磨掉而使光盘透明,这样,由于没有反射光,光盘中的信息就无法读出了。

由于光盘容量的提高赶不上 U 盘、移动硬盘容量的提高速度,而且读取光盘上的信息必须由光盘驱动器来完成,在价格上也已经没有任何优势,除了用来保存音乐和视频文件外,作为计算机的辅助存储器使用已经越来越没有优势。

4.5 存储体系的概述

1. 存储器的层次结构

存储器的三个主要指标是存储容量、存取速度及价格。计算机系统要求存储器具有大容量、高速度和低价格,这些往往相互矛盾。随着大规模集成电路技术的发展,CPU 和存储器的速度都有了很大的提高,但存储器存取速度的提高赶不上 CPU 运算速度的提高,大容量存储器存取速度则更低。目前 CPU 的速度比内存的速度快约 10 倍以上。为了提高计算机系统的性能,针对各种存储设备的容量和速度不同,提出了分级存储(或存储层次)的概念,以使存储器和 CPU 更好地配合。将这些不同类别的存储设备有机地组合在一起就构成了存储体系(或称为存储器的分层结构)。

一个通用的存储器的层次结构体系如图 4-29 所示,图中从上到下依次为:①寄存器;②高速缓冲储存器(cache);③主存储器(内存);④辅存储器(外存)。寄存器是指 CPU 内部寄存器,它的速度最高,通常并不把它放在存储体系中讨论。

2. 二级存储体系

二级存储体系结构如图 4-30 所示，它由主存和辅存两级构成。CPU 与主存可以交换信息，辅存与主存在操作系统的管理下可以交换信息，但 CPU 不能与辅存直接交换信息。

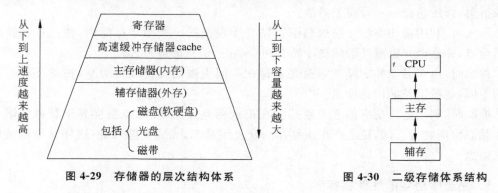

图 4-29　存储器的层次结构体系　　　　图 4-30　二级存储体系结构

正在运行的程序和数据存放在主存中，由于主存容量不足，大量的、暂时不用的以及主存容纳不下的程序和数据就存放在辅存中。辅存中的信息必须通过主存才能被 CPU 调用，这个工作由操作系统对存储器的管理来完成。

在二级存储体系中，主存是直接为 CPU 提供现行程序和数据的存储器，因此要求它有更高的存储速度和较大的容量（以减少内、外存之间的数据交换次数），保证整个计算机系统的运行速度。

辅存作为主存的后备系统，必须具有价格低，容量大的优势。通常用硬盘和光盘作辅存。

二级存储体系结构解决了主存容量不足、价格昂贵和掉电不能保存信息的问题。但由于主存的速度不高，或跟不上 CPU 速度的提高，而且速度的提高受容量和成本以及半导体制造技术的制约，采用二级存储无法解决主存与 CPU 之间速度不匹配问题。这就提出了三级存储体系。

3. 三级存储体系

为了解决主存与 CPU 之间的速度不匹配问题，两者之间增加了高速缓冲存储器（cache），于是构成了三级存储体系，图 4-31 所示为三级存储器体系结构。高速缓冲存储器是介于 CPU 与主存储器之间的一个容量较小，但速度接近 CPU 的存储器。cache 中存放的是主存中一小部分内容的副本，CPU 在取指令或取数据时首先在 cache 中查找，如果在 cache 中，就直接从 cache 中取，这样可以大大提高 CPU 的访问速度。在三级存储体系中借助于辅助硬件，实现 cache 与主存之间的数据交换，借助辅助软硬件实现主存与辅存之间的信息交换。这样使得它的性能指标接近 cache 的速度，且具有外存的容量。在 cache-主存结构中，CPU 既可以直接访问 cache 中的信息，也可以直接访问主存

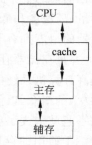

图 4-31　三级存储器
体系结构

中的信息。但在主存-辅存结构中,CPU 和辅存之间没有直接通道,因此 CPU 不能直接访问辅存。三级存储器体系较好地解决了主存两个重要的问题:

① 主存-辅存结构解决了主存容量不足且掉电不能保存信息的问题。

② 主存-cache 结构解决了 CPU 和主存速度不匹配问题。

4. 多级存储体系

为了解决 CPU 与主存之间的速度问题还可以采用多级存储体系。典型的多级存储体系见 Pentium 机,它是有一级 cache、二级 cache、主存和辅存构成的四级存储体系。对于 Pentium586,其一级 cache 已集成在 CPU 芯片中。对于 Pentium II,其一级 cache 和二级 cache 均已集成在 CPU 芯片中。更先进的 CPU 采用三级 cache。图 4-32 所示为多级存储体系结构。

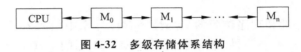

图 4-32 多级存储体系结构

5. 多体交叉存取

多体交叉存取是解决主存与 CPU 速度差异的另一种方法,把主存分为若干容量相同、能独立地由 CPU 进行存取的存储体。在不提高各存储体速度的前提下,通过 CPU 与各存储体的并行交叉存取操作,来提高整个主存储器的频宽。图 4-33 所示为多体交叉存储体系,图 4-34 所示为多体交叉 CPU 访问各存储体的时序。

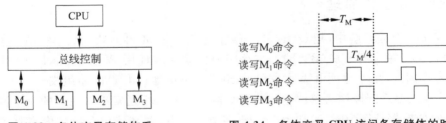

图 4-33 多体交叉存储体系 　　图 4-34 多体交叉 CPU 访问各存储体的时序

从图 4-34 中可以看出,CPU 每隔 1/4 个存储周期启动一个存储体,尽管每个存储体的存储周期为 T_M,但 CPU 每隔 $1/4T_M$,就可以读出或写入一数据。就好像存储器的速度提高了 4 倍。

4.6 高速缓冲存储器工作原理简介

4.6.1 高速缓冲存储器的引入

为了解决主存与 CPU 之间的速度不匹配问题,在两者之间增加高速缓冲存储器,高速缓冲存储器是介于 CPU 与主存储器之间的一个容量较小,但速度接近 CPU 的存储器。在 cache-主存结构中，CPU 既可以直接访问 cache 信息，也可以直接访问主存的信息。借助于辅助硬件，实现 cache 与主存之间的数据交换，这样使得它的性能指标接近 cache 的速度。

通过对大量典型程序运行情况的分析，不难发现程序执行具有以下特点：

（1）程序是逐条顺序执行的。每执行完一条指令，通过自动地增加 PC，使 PC 中的内容始终指向下一条要执行指令的地址，实现程序自动连续地运行，只要不遇到中断、子程序调用、跳转等，程序都是按照顺序执行的。

（2）执行程序需要一定的时间。通常指令都是顺序连续地存储在主存地址空间的（按块的大小连续分配内存）。在一段时间间隔内，只能执行完一小段程序。在一个较短的时间范围内，对主存储器的访问，其地址往往集中在一个很小的物理地址空间范围内。这种对局部范围的存储器地址频繁访问，而对此范围以外的地址访问甚少的现象就称为程序访问的局部性。

程序执行的顺序性和程序访问的局部性为存储体系中引入 cache 提供了理论依据。速度缓冲技术是解决两个部件（设备）之间速度不匹配的一个重要手段。自 1967 年 Gibson 提出了高速缓冲器技术以来，一直应用至今。

cache 是全部采用硬件进行调度，不仅对应用程序员，而且对系统程序员都是透明的。一般情况下，程序员是看不到系统中的 cache 的，他们只知道程序是放在主存储器中的。

cache 一般采用高速 SRAM 实现，存储容量在几十千字节到几兆字节之间，其平均速度大约是主存储器的 3～10 倍，比较接近 CPU 的速度。

4.6.2 cache 工作原理

在含 cache 存储系统中，把 cache 和主存分成若干块（block），块的大小相同。主存中含有 B 块，cache 中含有 b 块（B>b）。主存中块内偏移地址用 W 表示，cache 中用 w 表示（W=w）。因此，主存地址由块号 B 和 W 组成，cache 地址由 b 和 w 组成。

cache 与主存之间以块为单位进行数据交换。块的大小通常以在主存的一个读写周期中能访问的数据长度为限，通常为 1～16 字节。cache 存储器中存储的内容是主存一部分内容的副本，这一部分内容就是 CPU 最近最常访问的内容。当 CPU 要访问 cache 时，CPU 通过地址总线送来的主存地址将存于主存地址寄存器 MAR 中（B 和 W）。B 经过主存-cache 地址变换得到 b，b 和 W 进入 cache 地址寄存器 CAR，CAR 中的 w 和 W 相同。如果命中（即 CPU 访问的信息在 cache 中）则用 CAR 中的地址访问 cache，从 cache 中取出一个数据送 CPU，如未命中（即 CPU 访问的信息不在 cache 中），则用 MAR 中的地址去访问主存，从主存中取出一个数据送往 CPU，同时把包括被访问地址在内的一（整）块数据调入 cache，以备以后使用。如果此时 cache 已满，无空闲块，则需要根据某种替换算法，淘汰（替换）一块不常用的 cache 空间以便存入从主存中新调入的块。图 4-35 所示为 cache 工作原理框图。

cache 的容量和块的大小是影响 cache 效率的重要因素。通常用"命中率"来检测 cache 的效率。命中率是指 CPU 要访问的信息在 cache 中的比率，而将所要访问的信息

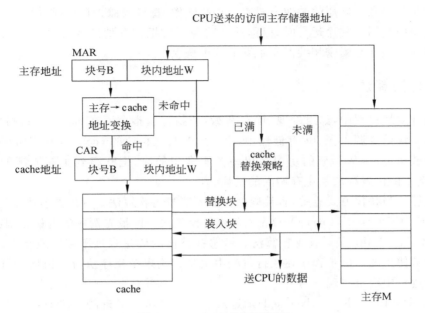

CPU送来的访问主存储器地址

图 4-35　cache 工作原理框图

不在 cache 的比率称为"失效率"或"失靶率",用公式表示,命中率 $H=N1/(N1+N2)$,$N1$ 是在 cache 中访问到的信息量的次数,$N2$ 是在 cache 中未访问到而从主存中访问到的信息量次数。失效率 $H1=N2/(N1+N2)$。假设访问 cache 的时间为 Tc,Tc 称命中时间。缺失时,需要从主存读取一个主存块到 cache,并同时将需要的信息送 CPU,所需时间为主存访问时间 Tm 和 cache 访问时间 Tc。从主存读取一个主存块到 cache 的时间 Tm 称缺失损失。若命中率为 H,那么 CPU 访问在 cache-主存层次平均访问时间为:

$$H\times Tc+H1\times(Tc+Tm)=H\times Tc+(1-H)\times(Tc+Tm)=Tc+(1-H)Tm。$$

　【例 4-4】　假设处理器时钟周期为 2ns,某程序有 1000 条指令组成,每条指令执行一次,其中有 4 条指令在取指令时,没有在 cache 中找到,其余指令都能在 cache 中取到。在执行指令过程中,该程序需要 3000 次主存数据访问,其中 6 次没有在 cache 中找到。(1)执行该程序得到的 cache 命中率是多少? (2)若在 cache 中存取一个信息的时间为一个时钟周期,缺失损失为 4 个时钟周期,则 CPU 在 cache-主存层次平均访问时间为多少?

　解:(1) 执行该程序总访问次数为 $1000+3000=4000$,未命中次数为 $4+6=10$,命中次数为 $4000-10=3990$。命中率为 $3990/4000=99.75\%$。

　(2) cache-主存层次平均访问时间为 $1+(1-99.75\%)\times4=1.01$ 个时钟周期,相当于 $1.01\times2\text{ns}=2.02\text{ns}$。

4.6.3　主存-cache 地址变换的地址映像

　要进行主存-cache 地址变换,先要弄清楚地址映像。在 cache 中,地址映像是指把主存地址空间映像到 cache 地址空间,具体地说就是把存放在主存中的程序按照某种规则装入 cache 中,因此必须建立主存地址与 cache 地址之间的对应关系。实现这种映像的函数叫做映像函数。常用的映像方式有全相联映像、直接映像、组相联映像。

地址变换是指在程序运行时,根据地址映像函数把主存地址变换成 cache 地址。地址变换和地址映像是紧密相关而又不同的两个概念。

4.6.4　替换算法

在地址变换过程中,如果发现 cache 失效(要执行的指令不在 cache 中),则需要将主存的一个新块数据调入 cache 存储器中,由于此时与之相应的 cache 块中已装满数据,这时要使用替换算法,从相应的块中找出一个不常用的块,把它存到主存原来的位置,而 cache 中空出的位置存放从主存调入的新块。

替换算法与映像方式有关,直接映像方式不需要替换算法。常用的替换算法有:

(1) FIFO(First In First Out)先入先出替换算法。即最先调入的也最先调出。

(2) OPT(Optimal)最佳置换算法。所选择替换的块是永远不用的或将来最长时间内都不会被使用的。由于程序在执行过程中很难预测未来程序执行的流向,所以这种方法在实际过程中很难实现。

(3) LRU(Least Recently Used)最近最少使用算法。最近的一段时间没有被使用,将来会被使用的概率也会很小,该块被调出。

图 4-36 所示为假设 cache 有 3 块,并且开始都是空的,在地址流(程序执行的地址流向)为 7、0 、1 、2、0、3 、0、4、2、3、0、3、2、1、2、0、1、7、0、1 的情况下,三种不同的替换算法下的命中率。

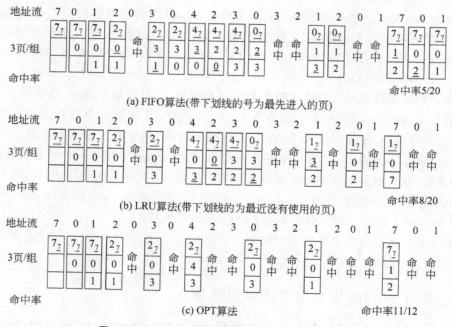

图 4-36　cache 三种不同的替换算法下的命中率

不难看出,采用不同的算法,命中率是不一样的,其中 OPT 算法命中率最高,但不易实现。FIFO 算法命中率最低,但最简单。LRU 算法介于两者之间,需要记时器来记录每一块在 cache 等待的时间。另外,命中率还与 cache 的大小有关,cache 的块越大,命中率越高。

4.6.5 主存-cache 内容的一致性问题

cache 存储器的地址变换和页的替换算法全由硬件实现,因此,在"cache-主存"这一层次上对程序员来讲是透明的,这种透明也带来一些问题,例如,"cache-主存"内容不一致问题。假定 CPU 在某时刻执行了写操作,要写的地址恰在 cache 中,则 cache 内容被更改,但该单元对应的主存内容尚未被改写,这就产生了 cache 和主存内容不一致问题。

解决这个问题的关键是选择更新主存内容的算法。一般采用如下两种算法,即"回写法"(Write Back)和"写直达法"(Write Through)。回写法是在处理机执行写操作时,信息只写入 cache,当 cache 页被替换时,将该页内容写回主存后,再调入新页。写直达法又称存直达法,是在每一次处理机执行写操作时,利用"cache-主存"层次中存在于处理机和主存之间的通路将信息也写回主存。这样在页替换时,就不必将被替换的 cache 页内容回写,而可以直接调入新页。

回写法的开销是在页被替换时的所需要回写的时间,而写直达法则在每次写入时都附加一个比 cache 长得多的写主存时间。一般来说,写直达法的开销要大一些,但其一致性保持得好一些。

4.6.6 cache 结构举例

1. Pentium cache 结构

Pentium 微处理器在芯片内集成了一个代码 cache 和一个数据 cache,如图 4-37 所示。

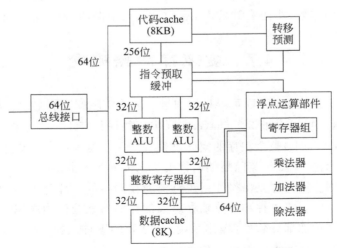

图 4-37 Pentium 微处理器片内结构图

从图中可以看出，片内的核心处理部件是两个整数 ALU 和一个浮点运算部件。两个整数 ALU 可以并行工作，数据 cache 向它们提供操作数。

数据 cache 采用双端口结构，每端口 32 位，各通过一组 32 位总线与一个整数寄存器相连，两个端口可以合并为一个 64 位端口，通过 64 位总线与浮点部件相连。

数据 cache 采用"回写"策略，即仅当一页调出 cache 并且该页已被改写时，才将其内容写回主存。不过，Pentium 处理器可以动态重构支持"写直达法"。另外 Pentium CPU 还有两条单独的指令来清除或回写 cache。

代码 cache 在工作时是只读的，它给指令预取缓冲器提供预取指令队列。

2. Power PC cache 结构

图 4-38 所示为 Power PC 620 的结构图，核心处理部件是 3 个可以并行工作的整数 ALU 和一个浮点运算部件，浮点运算部件有自己的寄存器、加法、乘法和除法运算部件。

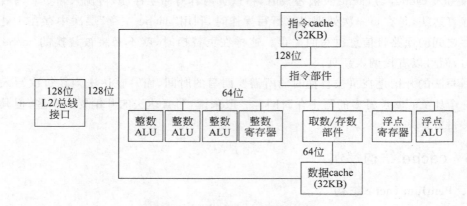

图 4-38　Power PC 620 的结构图

指令 cache 给指令部件提供指令；数据 cache 通过取数/存数部件给整数 ALU 和浮点运算部件提供操作数，并且采用 EMSI 一致性协议来保证 cache 的一致性。

4.7　虚拟存储器概念

当前的计算机系统中，CPU 可寻址空间远远大于实际配置的主存容量（如 Pentium 4 CPU，地址线 36 位，可以寻址 $2^{36}=64G$，实际主存往往只有 1～4G），而程序设计人员总希望有一个大于（或等于）整个主存的空间供编程使用。这就提出了虚拟存储器的概念。虚拟存储器的概念是 1961 年英国曼彻斯特大学 Kibrn 等人提出的。

虚拟存储器的基本思想是由操作系统将辅助存储器的一部分当作主存使用，因而扩大了程序的存储空间。将主存和部分辅存组成的存储器系统称为虚拟存储器。或者说，在主存和辅存之间增加部分软件（操作系统）和必要的硬件支持（地址映射与转换结构，缺页中断机构），使主存和辅存形成一个有机整体。

虚拟存储器不仅是解决存储容量和存取速度之间矛盾的一种有效方法，而且是管理存储设备的有效方法。采用虚拟存储器,用户在编制程序时,只需要将工作的重点放在解决具体问题上,无须考虑所编程序在主存中是否放得下以及放在主存的什么地方,因此,虚拟存储器给软件编程提供了极大方便。虚拟存储器使计算机具有辅存的容量和接近主存的速度。

虚拟存储器建立在主存-辅存结构上,但一般的主存-辅存结构并不就是虚拟存储器。它们之间的本质区别是:

(1) 虚拟存储器仿佛扩大了整个主存的容量,用户可使用远远大于主存的空间,在主存-辅存结构中,用户只能使用主存或操作系统分配的那部分主存。

(2) 虚拟存储器地址称为虚拟地址,或逻辑地址,其对应的存储容量称为虚拟容量。对于虚存来说,访问主存要进行虚-实地址变换。对于主存-辅存结构,访问主存不必进行这种地址变换。

(3) 对虚存的分配由操作系统完成,而主存-辅存结构,其使用由应用程序进行。

虚拟存储器的管理方式有分页式管理、分段式管理和段页式管理三种方式。它们采用的地址变换以及映像方法和替换策略从原理上看与 cache-主存的地址变换以及映像方法和替换策略相似,但是 cache 的替换算法和地址映像方法完全是由硬件实现的,而在虚拟存储系统中,一般由操作系统和硬件相结合的方法来实现。操作系统专门有对存储器的管理,例如,在 Windows 2000/XP 操作系统中,通过控制面板→系统→高级→性能选项→虚拟内存→更改,就可以对虚拟存储器进行管理。

4.8　存储器的校验方法

为了防止数据在交换过程中出现错误,往往采取一些纠错技术,对于存储器常采用纠错码技术,以使存储器系统能自动进行查错和纠错,这种具有指出错误改正错误能力的编码称为纠错码,又称校验码(check code)。常用的校验码有奇偶校验码、海明码、循环冗余校验码等。

在存储器中将数据及校验位一起存储,读出时,将读出数据求出的校验位与原来的校验位进行比较,如果一致说明正确,不同说明出错。

习　题　4

一、选择题

1. 某计算机字长 32 位,存储容量 8MB,若按双字编址,它的寻址范围是_____。

    A. 0~1M　　　　　B. 0~2M　　　　　C. 0~624K　　　　　D. 0~720K

2. 某计算机字长 16 位,存储容量 2MB,若按半字编址,它的寻址范围是_____。

    A. 0~6M　　　　　B. 0~2M　　　　　C. 0~1M　　　　　D. 0~10M

3. cache 是指_____。

    A. 高速缓冲存储器　　　　　　　　　　B. 主存

　　C. ROM　　　　　　　　　　　　　　　　D. 外部存储器

4. 磁盘按盘片的组成材料分为软盘和_____。

　　A. 磁带　　　　　　B. 硬盘　　　　　　C. 磁鼓　　　　　　D. 磁泡

5. 磁表面存储器是以_____作为记录信息的载体。

　　A. 塑料介质　　　　B. 磁介质　　　　　C. 材料　　　　　　D. 磁头

6. 对磁盘上存储的信息的访问是通过它所在磁道号和_____实现的。

　　A. 扇形区域　　　　B. 扇区号　　　　　C. 柱面号　　　　　D. 标记

7. 内存若为 16MB,则表示其容量为_____KB。

　　A. 16　　　　　　　B. 1024　　　　　　C. 16 000　　　　　D. 16 384

8. 若 CPU 的地址线为 25 根,则能够直接访问的存储器的最大容量是_____。

　　A. 1M　　　　　　　B. 5M　　　　　　　C. 16M　　　　　　D. 32M

9. CPU 可以直接访问的存储器是_____。

　　A. 磁带　　　　　　B. 磁盘　　　　　　C. 主存储器　　　　D. 外存

10. 某 RAM 芯片,其存储容量为 1024×16 位,该芯片的地址线和数据线数目分别为_____。

　　A. 10,16　　　　　 B. 20,18　　　　　 C. 18,20　　　　　 D. 19, 21

11. 计算机的存储器系统是指_____。

　　A. RAM　　　　　　　　　　　　　　　　B. 主存储器

　　C. ROM　　　　　　　　　　　　　　　　D. cache、主存储器和外存储器

12. 若存储体中有 1K 个存储单元,采用双译码方式时要求译码输出线为_____。

　　A. 64　　　　　　　B. 32　　　　　　　C. 560　　　　　　D. 9

13. 某计算机字长 32 位,存储容量为 1MB,若按字编址,它的寻址范围是_____。

　　A. 0~512K　　　　 B. 0~256K　　　　 C. 0~256K　　　　 D. 0~1K

14. 内存储器容量为 256K 时,若首地址为 00000H,那么地址的末地址的十六进制表示是_____。

　　A. 2FFFFH　　　　 B. 4FFFFH　　　　 C. 1FFFFH　　　　 D. 3FFFFH

15. RAM 芯片串联时可以_____。

　　A. 提高存储器的速度　　　　　　　　　　B. 降低存储器的价格

　　C. 增加存储单元的数量　　　　　　　　　D. 增加存储器的字长

16. 与动态 MOS 存储器相比,双极性半导体存储器的特点是_____。

　　A. 速度快,功耗大　　　　　　　　　　　B. 集成度高

　　C. 速度慢　　　　　　　　　　　　　　　D. 容量大

17. 下列元件中存取速度最快的是_____。

　　A. 寄存器　　　　　B. 内存　　　　　　C. 外存　　　　　　D. cache

18. 对于没有外存储器的计算机来说,监控程序可以存放在_____。

　　A. CPU　　　　　　 B. RAM　　　　　　 C. ROM　　　　　　 D. RAM 和 ROM

19. 评价磁记录方式的基本要素一般有_____、同步能力、可靠性。

　　A. 密度　　　　　　B. 记录方式　　　　C. 控制方式　　　　D. 记录密度

20. 某一 SRAM 芯片,其容量为 512×8 位,除电源线、接地线和刷新线外,该芯片的最小引脚数目应为_____。
　　A. 24　　　　　　　B. 26　　　　　　　C. 50　　　　　　　D. 19

21. 计算机的主存容量与地址总线的_____有关,其容量为_____。
　　A. 根数,$2^{地址根数}$　　B. 频率,$2^{地址根数}$　　C. 速度,2G　　　　D. 电压,1024KB

22. 三级存储器系统是指_____这三级。
　　A. 高缓、外存、内存　　　　　　　　B. 高缓、外存、EPROM
　　C. 外存、内存、串口　　　　　　　　D. 高缓、内存、EPROM

23. 在大量数据传送中常用且有效的检验法是_____。
　　A. 奇偶校验法　　B. 海明码校验　　C. 判别校验　　D. CRC 校验

24. 组成 2M×8bit 的内存,可以使用_____进行并联。
　　A. 2M×16bit　　　B. 4×8bit　　　C. 2M×4bit　　　D. 4×16bit

二、填空题

1. 存储器的作用是_____。

2. 对存储器可进行的基本操作有_____和_____两个。

3. 如果任何存储单元的内容都能被随机访问,且访问时间和存储单元的物理位置无关,这种存储器应称为_____。

4. 内存是计算机主机的一个组成部分,它用来存放_____的程序和数据。

5. 在断电后信息即消失的存储器称为_____的存储器。_____属于非永久性存储器。

6. 由_____是一种常见的三级存储系统结构。

7. _____中的信息不能被 CPU 直接访问。

8. 外存用于存储_____的信息。

9. MOS 型半导体随机存储器可分为静态 RAM 和_____两种,后者在使用过程中每 2ms 内要刷新一次。

10. 只读存储器 ROM 的特点是_____。

11. 只读存储器主要用来存放_____。

12. 按照制造工艺的不同,可将 ROM 分为_____、_____和_____三类。

13. MROM 中的内容由_____。

14. PROM 中的内容一旦写入,就无法改变了,属于_____。

15. 主存与辅存的区别主要是_____。

16. 双极型半导体工作速度比 MOS 型半导体快,因此_____就是由双极型半导体构成的。

17. 计算机内存储器通常采用_____。

18. 常用的刷新控制方式有_____、_____、_____和透明刷新四种。

19. 一个 16K×32 位的存储器,地址线和数据线的总和是_____。

20. 一个 512KB 的存储器,地址线和数据线的总和是_____。

21. 一个 $16K \times 16$ 位的存储器,地址线和数据线的总和是_____。

22. 某计算机字长是 16 位它的存储容量是 64KB,按字编址,它们寻址范围是_____。

23. 某计算机字长是 64 位它的存储容量是 1MB,按字编址,它们寻址范围是_____。

24. 某计算机字长是 32 位它的存储容量是 64KB,按字编址,它们寻址范围是_____。

25. 某 RAM 存储器容量为 $32K \times 16$ 位则地址线_____,数据线_____。

26. 某 RAM 存储器容量为 $128K \times 16$ 位则地址线_____,数据线_____。

27. 存储器与其他部件之间主要通过数据线、_____和_____进行连接。

28. 内存容量为 256K 时,若首地址为 00000H,那么末地址为_____H。

29. 16 位机中,若存储器的容量为 1MB,则访存时所需地址线是_____根。

30. 存储器芯片并联的目的是为了_____。

31. 存储器串联的目的是为了_____。

32. 存储器串联时,需要将_____分成两个部分,一部分送_____,另一部分经译码后送存储芯片的_____位。

33. 要组成容量为 $4M \times 8$ 位的存储器,需要_____片 $4M \times 1$ 的芯片 ,或需_____片 $1M \times 8$ 的存储芯片。

34. 构成 32MB 的存储器,需要 $1M \times 1$ 的芯片_____片。

35. cache 是指_____。

36. 在多级存储系统中,上一层次的存储器比下一层次存储器_____、_____,每一字节存储容量的成本高。

37. cache 介于主存与 CPU 之间,其速度比主存_____,容量比主存_____。

38. 引入 cache 的目的是弥补 CPU 与主存间存在的_____差。

39. 将辅存当作主存用,扩大程序可访问的存储空间,这样的结构称为_____。

40. 虚拟存储器的建立用来解决_____问题。

41. 虚拟存储器在运行时,CPU 根据指令产生的地址是_____,该地址经过转换形成。

42. 选择替换算法的主要依据是_____。

43. 常用的替换算法有_____、_____和_____三种。

三、简答题

1. 某主存容量为 1MB,用 $256K \times 1$ 位/每片 RAM 组成,应使用多少片?采用什么扩展方式?应分成几组?每组几片?

2. 某主存容量为 256KB,用 $256K \times 1$ 位/每片 RAM 组成,应使用多少片?采用什么扩展方式?应分成几组?每组几片?

第5章

chapter 5

指 令 系 统

要编写程序必须使用指令或语句(语句最终也必须经过编译转换为机器指令),指令又称为机器指令,是规定计算机执行某种操作的指示或命令。计算机的工作基本上体现在执行指令上,指令是用户使用计算机与计算机本身运行的最小功能单位。计算机的指令有微指令、机器指令和宏指令之分。微指令是微程序级的命令,它属于硬件,将在第6章讨论控制器的设计时介绍。宏指令是由若干条机器指令组成的软件指令,它属于软件,在汇编程序设计这门课程中介绍。机器指令是介于微指令与宏指令之间,通常简称为指令,每一条指令可以完成一个独立的算术运算或逻辑运算。

本章主要讨论以下问题:

(1) 什么是指令? 指令的作用是什么?

(2) 什么是指令系统?

(3) 指令的格式,即一条指令应该包含哪些部分,这些部分如何组织?

(4) 如何在内存中找到要执行的指令和要处理的数据,即指令的寻址方式是什么?

(5) 指令系统中应该包含哪些类型的指令?

(6) 什么是精简指令集? 什么是复杂指令? 各有什么特点?

5.1 概 述

用户用计算机解决问题必须编写程序,编写程序必须使用指令(用高级语言编写的程序最终也要经过编译转换成机器指令)。一台计算机的所有指令的集合构成该机器的指令系统。指令系统的设计是计算机系统设计的一个最有影响的方面,是计算机设计人员和计算机编程人员能看到的同一机器的分界面,是表征一台计算机性能的重要因素,它表明一台计算机所具有的硬件功能。指令的格式与功能不仅直接影响计算机的硬件结构,而且也直接影响到系统软件,影响到机器的适用范围,它是设计一台计算机的起始点和基本依据。二十世纪五六十年代,由于受器件限制,计算机的硬件结构比较简单,所支持的指令系统只有定点数加减法、逻辑运算、数据传送等几十条指令。20 世纪 60 年代后期,随着集成电路的出现,硬件功能不断增强,指令系统越来越丰富,并新设置了乘除运算、浮点运算和多媒体等指令,指令数多达一二百条,寻址方式也日趋多样化。

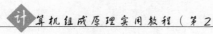

随着集成电路的发展和计算机应用领域的不断扩大，从 20 世纪 60 年代开始出现了系列计算机，所谓系列计算机，是指基本的指令系统相同，基本体系机构相同的一系列计算机。系列机解决了各机种的软件兼容问题，同一系列的各机种有共同的指令集，并且新推出的机种指令系统一定包含旧机种的全部指令。

20 世纪 70 年代末期，计算机硬件结构随着 VLSI 技术的飞速发展而越来越复杂化，大多数计算机的指令系统多达几百条，称为复杂指令系统计算机（Complex Instruction Set Computer，CISC）。但如此庞杂的指令系统不但使计算机的研制周期变长、不易调试维护，并且非常浪费硬件资源。为此人们又提出了便于 VLSI 技术实现的精简指令系统计算机（Reduced Instruction Set Computer，RISC）。

指令系统的性能如何，决定了计算机的基本功能。一个完善的指令系统应满足下面4 个要求：

1. 完备性

指令系统的完备性是指用指令系统中的指令编制各种程序时，指令系统直接提供的指令足够使用，而不必用软件实现。换句话说，要求指令系统内容丰富、功能齐全、使用方便。在指令系统中有一部分指令是基本的必不可少的，如数据传送指令、加法指令等。指令系统中还有一部分指令，如乘法指令、除法指令、浮点运算指令等，既可以用硬件实现，由指令系统直接提供这类指令，也可以用其他指令编程实现，如乘法可以采用加法指令和移位操作指令来实现，但这两种不同的实现方法在执行时间和对于编写程序的难易程度上差别很大。

2. 有效性

指令系统的有效性是指该指令系统所编制的程序能够高效率地运行。高效率主要体现在该指令系统编制的程序静态占存储空间小，动态执行速度快两个方面。

3. 规整性

指令系统的规整性包括指令系统的对称性、匀齐性和指令格式与数据格式的一致性。指令系统的对称性是指在指令系统中，所有的寄存器和存储器单元都可同等对待，所有的指令都可使用各种寻址方式。指令的这一性质对于简化汇编程序设计，提高程序的可读性非常有用。

指令系统的匀齐性是某种操作性质的指令可以支持各种数据类型，如算术运算指令皆支持字节、字和双字整数运算，也支持十进制数运算和单、双精度浮点运算等。指令的这种性质，可以使汇编程序设计和高级语言编译程序无须考虑数据类型而选用指令，可提高编程的效率。

指令格式与数据格式的一致性是指指令长度与数据长度有一定的关系，通常指令长度与数据长度均为字节的整数倍。

4. 兼容性

兼容性是指某机器上运行的软件可以不加任何修改在另一台机器上正确运行。指令系统的兼容性可以使大量已有的软件得到继承,减少软件的开发费用,使新机种一出现就能继承老机种的丰富软件,深受广大新老用户的欢迎。

5.2 机 器 指 令

5.2.1 机器指令格式

指令格式是指令在机器中的二进制表示的结构形式。一条指令一般应提供两方面信息:一是操作码,规定 CPU 执行什么操作;二是地址码(操作数),指出被处理的数据从哪里取,结果送什么地方以及下一条指令存放在何处。由于机器中指令是用二进制形式编码表示的,因此,这两部分分别称为操作码和操作数地址码,操作数地址码可简称地址码。这些代码被划分成几个字段,字段的结构和组合形式称为指令格式。指令格式的设计是一个比较复杂且技巧性较强的问题,一般涉及指令字长度、操作码结构、地址码结构。图5-1 所示为指令的基本格式。

操作码	地址码(操作数)

图 5-1　指令的基本格式

操作码:指令系统中包含许多指令,为了区别这些指令,每条指令都用一个唯一的代码表示其操作性质,这就是指令的操作码,用 OP 表示。例如用 4 位二进制代码表示操作码,0001 表示执行加法操作,0010 表示执行减法操作,……,1111 表示执行停机操作等。机器可以通过译码电路来识别它们,并进行相应的处理。

地址码:指令中的地址码字段用来指出操作数的地址。操作数可分为源操作数和目的操作数两种。源操作数只表示处理的对象来于何处,它不存放处理的结果,用 OPS 表示。目的操作数用来指明指令的处理结果置于何处(存放在什么地方),用 OPD 表示。

在大多数情况下,待取的下一条指令紧跟当前指令之后,此时下一条指令的地址由程序计数器 PC 给出,指令中不必提供此地址,只有当程序发生转移时需要在指令中给出下一条指令的地址。

1. 指令字长度

指令字长度是指一个指令字中包含的二进制代码的位数。指令字长度与存储器尺寸、存储器组织、总线结构、CPU 复杂程度和 CPU 速度等相互影响。

为了编程方便,编程人员希望指令有更多的二进制位。指令所包含的二进制位越多,所能表示的操作信息和地址信息就越多,指令功能就越丰富,编程人员可以用较短的程序、更灵活的方法、更大的寻址空间来完成给定的任务。但是,指令字越长,占用的存储空间就越大,读取指令的时间也会增加,执行指令的时间也就越长,而且对于功能简单的指令,过长的指令长度也是浪费。

2. 操作码的结构

操作码是指令中表示机器操作类型的部分，其长度（二进制码位数）决定了指令系统中完成不同操作的指令的条数。操作码位数越多，所能表示的操作种类越多。

操作码的长度取决于计算机指令系统的规模，指令系统愈大，包含的操作愈多，操作码的长度相应就要长些，反之，操作码的长度可以短一些。通常，一个含有 n 位长度的操作码，最多能表示 2^n 条指令。例如，设计具有 32 条指令的计算机，操作码的长度需要 5 位（$2^5 = 32$）就可以满足需要了。

（1）固定长度操作码

操作码的长度固定，且集中放在指令字的一个字段中，这种结构的优点是有利用简化硬件译码逻辑，减少指令的译码时间，而且便于扩充操作种类。

（2）可变长操作码

可变长操作码是操作码的长度允许有几种不同的选择，不再是固定长度。当指令长度较长时，可以利用某些类型指令中地址位数的减少扩充操作码的位数，所以又称为扩充操作码。在扩充操作码时，首先分析指令系统中的地址结构，即不同类型指令所需要的地址数，按指令中给出的地址数，可将指令分成三地址指令、二地址指令、单地址指令和零地址指令。地址数较多的指令其地址段所需要的位数较多，允许操作码占有的位数较少。地址数少的指令，其地址段位数一般也较少，并允许将地址段减少的位数分配给操作码使用，当然也可以不考虑地址码而直接扩充操作码的位数。

早期的计算机都采用单一固定长度（所有的指令长度都是相同的）的指令，称为定长指令格式，现代计算机大多采用变长指令格式。例如，8086 的指令为 1～6 个字节，80386/80486 最长的指令达 15 个字节，而 Pentium 的指令最长指令达 16 个字节。变长指令使用灵活，执行效率高。通常，指令的长度都是字节的整数倍。

3. 地址码的结构

指令中地址结构包括在指令的地址码字段中给出几个地址，以及地址如何给出等问题（寻址方式问题）。按照指令中地址码部分给出的个数的不同，可将指令分为三地址指令、二地址指令、单地址指令和零地址指令等。

（1）三地址指令

三地址指令的格式为：

OP	A1	A2	A3

功能：$(A1)OP(A2) \rightarrow A3$

三地址指令在操作完成后两个操作数都不被破坏，用户使用方便。

（2）二地址指令

二地址指令的格式为：

OP	A1	A2

功能：(A1)OP(A2)→A2

由于两个操作数在执行完相应操作后有一个不需要保留，如数据传输指令，所以，可以将一个操作数的地址作为结果操作数的地址，这就形成了二地址指令。通常把兼作结果操作数的地址称为目的操作数的地址，另一个称为源操作数的地址。

(3) 单地址指令

单地址指令的格式为：

OP	A

功能：OP(A)→A

对只有目的操作数的单操作数指令(如加 1、减 1，求补等指令)，A 既是源操作数的地址，又是存放结果的地址。

对于双操作数指令，一个操作数由 A 给出，另一个操作数(目的操作数)隐含在累加器 A_{CC} 中(或其他特殊功能寄存器中)，(A)OP(A_{CC})→A_{CC}。

(4) 零地址指令

零地址指令的格式为：

OP

指令中只有操作码，而没有操作数地址。这种指令有两种可能：一种指令是不需要任何操作数，如空操作指令、停机指令等。另一种指令是所需要的操作数默认在堆栈中，由堆栈指针 SP 隐含给出，结果仍然放回到堆栈中。

以上几种指令格式，从编制程序长度、用户使用方便程度、增加基本操作的并行性等方面来看，三地址指令与二地址指令格式较好。从减少程序占用空间、减少访存次数、简化机器硬件设计等方面来看，单地址指令格式较好。当然，到底采用几地址指令，首先要根据指令操作功能来确定。

指令中所需要指明的操作数可能在存储器中，也可能在 CPU 的寄存器中。因此指令中给出的地址可以是存储单元地址，也可以是寄存器地址(寄存器地址通常采用寄存器编号来表示)。

5.2.2 操作数类型和存储方式

1. 操作数类型

机器指令可对不同类型的操作数进行操作。操作数的类型主要有地址、数值数据和非数值数据三种类型。

2. 操作数的存储方式

操作数的存储方式是指操作数在存储器中的存放顺序，由于计算机是按照字节对存储器进行编址的，如果一个操作数长度占多个字节单元，就必然会遇到操作数的存放顺序问题,通常采用大端次序和小端次序。

（1）大端次序

大端次序的数据存放方式是最高有效字节存储在最小地址位置单元,最低有效字节存储在高地址位置单元。一个占 4 个字节数操作数 87654321H,大端次序存放示意图如图 5-2 所示。

图 5-2　大、小端次序存放示意图

采用大端次序优点:

① 字符串排序方便。因为字符串与整型数据的字节顺序一致,在对大端次序字符串进行比较时,整型 ALU 可以同时比较多个字符（比较大小是从高位进行比较的）。

② 进制数及字符串的显示方便。所有的数值可直接从左到右顺序显示（从高位到低位）而不会产生混淆。

③ 顺序一致性。大端次序计算机采用相同的顺序存储其整型数和字符串。

（2）小端次序

小端次序的数据存放方式是最低有效字节存储在最小地址位置单元,高有效字节存储在高地址位置单元,如图 5-2 所示。

小端次序优点是适合超长数据的算术运算。对小端次序存储的数据进行高精度算术运算时,不需要先寻找最低字数据,然后反向移动到高位。

Intel 80x 系列计算机采用的是小端次序的机器。

5.2.3　指令类型

不同的计算机系统设置的指令类型是不完全一样的,一般可以归纳为以下 5 类:

1. 数据传送指令

这是计算机中最基本的指令,也是数量最多、使用频率最高的一类指令。这类指令用来完成计算机系统内部各功能部件之间相互传送数据,包括:

（1）CPU 内部各寄存器之间的数据传送。

（2）CPU 内部寄存器与内存之间的数据传送。

（3）CPU 与外部设备之间的数据传送。

2. 算术逻辑运算指令

这类指令主要完成数值数据的加、减、乘、除运算和非数值数据的与、或、非等逻辑运算。有的计算机还设计了浮点运算指令和十进制运算指令。

3. 控制转移类指令

计算机在执行程序时,通常情况都是按照地址的存放顺序执行的,如果遇到执行结果出现多种情况,并且根据不同结果执行不同的分支程序,就需要分支跳转指令来实现,控制转移类指令的操作就是将转移地址送到 PC 中,用来实现程序的分支跳转。

转移指令分绝对跳转(无条件转移)指令和条件转移指令。无条件转移指令,转移不需要任何条件。条件转移指令是程序执行的流向取决于上条指令执行的结果或其他的一些标志。

除了各种转移指令外,还有子程序调用与返回、中断及中断返回指令,也都属于转移类指令。

4. 程序控制类指令

这类指令只完成某种控制功能,因此它们都是无操作数指令,如暂停指令、空操作指令、开中断指令、设置标志位及清除标志位指令等。

5. 输入输出指令

它是计算机与外部设备进行数据传输的一类指令。不同的计算机系统采用的方法不同,有的计算机系统专门设置输入输出指令来访问外部设备(Intel 80x 系列 CPU),有的计算机系统不设置输入输出指令,而是把外部设备等同于主存储器,外部设备与主存统一编址,用访问主存的指令来访问外部设备(像 MCS51 单片机的 CPU)。

以上仅仅是对指令种类作一简单的分类介绍,更详细的情况可以参考各 CPU 的指令系统手册。

5.2.4　指令助记符

在计算机系统中,无论是数据还是指令都必须数字化,用“0”、“1”的不同组合来编码表示,即机器指令。这种表示方法不便于程序编写、阅读和修改,为此引入了助记符和汇编指令及汇编的概念。通常为了方便记忆与理解,将机器指令用一组英文字母来表示,使用的英文字母通常是与机器指令语义一致的英语单词缩写。例如,数据传送类指令用 MOV(move)表示,跳转指令用 JMP(jump)表示,加法指令用 ADD(add)表示,加 1 指令用 INC(increment)表示,与指令用 AND(and)表示,输入输出指令用 IN/OUT(in/out)表示等,有一点英语基础的人看到了助记符就可以猜到该指令的大概含义。把助记符表示的指令称汇编指令,用汇编指令编写的程序称汇编源程序。汇编源程序必须通过汇编程序汇编成(翻译成)机器指令,计算机才能执行,这部分内容将在汇编语言程序设计课程中详细讨论。

5.3　寻址方式

寻址方式是指产生寻找操作数实际（有效）地址的方法。

5.3.1　指令的寻址方式

形成指令地址的方式称为指令的寻址方式。通常指令在主存中按地址顺序存放，当程序顺序执行时，采用 PC＋n→PC（n 取决于该指令占内存的字节单元数）的方式形成下一条指令的地址。当程序发生转移时将转移的入口地址送 PC，下一条要执行指令的地址始终在 PC 中，所以，一般不讨论指令地址的寻址方式。

5.3.2　操作数的寻址方式

所谓操作数的寻址方式就是确定参加运算的操作数有效地址的方法。操作数通常是存在主存中，或在 CPU 的内部某一寄存器中，指令的地址码（操作数）字段一般给出的是确定该操作数地址的方法，而不是直接给出操作数。这是因为计算机处理的操作数一般都是一个变量，程序设计员开始并不知道这个变量的确切值，只能在存储器中提供一个存储单元来保存该变量，这个存储单元的地址就是该操作数的有效地址。计算机在执行指令时，根据操作数字段提供的寻址方式获得操作数的地址，并根据该地址得到所需要的操作数。后文中使用符号的含义：A＝指令中地址字段的内容；EA＝有效地址；(X)＝X 地址单元中存放的内容；R 表示寄存器。

1. 立即寻址

这种方式由指令中的操作数字段直接给出操作数（立即数），在取出指令的同时就取出操作数，所以，又称立即寻址，如图 5-3 所示。

立即寻址一般是给变量置初值，优点是获取操作数不需要另外访问存储器。

2. 直接寻址

指令的操作数地址字段含有操作数的有效地址，根据该地址可以直接读取操作数。图 5-4 所示为直接寻址。

图 5-3　立即寻址　　　　图 5-4　直接寻址

3. 间接寻址

直接寻址的寻址范围有限，如给出 20 位的地址也只能在 1M 的地址空间范围寻址，如果要用直接寻址的方法在整个 CPU 提供的地址空间范围寻址,必须保证直接寻址的地址字段的位数同 CPU 提供的地址线位数完全相同,这将使得该指令的长度非常长。解决的方法是让地址字段指示一个存储器地址,而此地址对应的单元中存放操作数的全长度地址,这样的寻址方式就是间接寻址。间接寻址的缺点是获取一个操作数,指令执行两次访存,第一次获得操作数地址,第二次获得操作数,指令执行时间就相对较长。图 5-5 所示为间接寻址。

4. 寄存器寻址

指令的地址字段给出寄存器号(寄存器地址),操作数在指定的寄存器中。在 CPU 中寄存器的数量是固定且是有限的,通常为每一寄存器定义一唯一编号,这样只要较少的位就可以了。例如,用 8 位二进制就可以表示 256 个寄存器编号。图 5-6 所示为寄存器寻址。

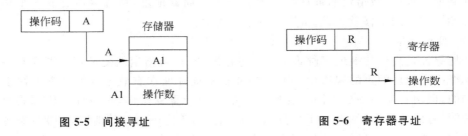

图 5-5   间接寻址   图 5-6   寄存器寻址

5. 寄存器间接寻址

寄存器间接寻址类似于间接寻址,指令的地址字段给出寄存器号,操作数的地址在指定的寄存器中。由于指令中操作数字段给出的是寄存器编号,位数较少,相应的指令所占的存储空间就小,同时,由于操作数地址在 CPU 内部寄存器中,获得操作数只要进行一次访存操作和一次访问内部寄存器,访问内部寄存器的速度要比访问主存速度快得多(相差 5~10 倍)。图 5-7 所示为寄存器间接寻址。

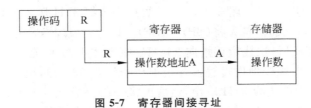

图 5-7   寄存器间接寻址

6. 偏移寻址

由于计算机的寄存器的位数是固定的,寄存器间接寻址的寻址范围就受到了限制(如 8086 CPU 的寄存器是 16 位的,采用寄存器间接寻址时,最大的寻址空间只有 $2^{16}=$ 64K,而 8086 地址总线有 20 位,可以达到 1M),偏移寻址可以解决这个问题。将直接寻址和寄存器间接寻址方式相结合,可以得到另外几种寻址方法,因为它们提供操作数有效地址机制相同,统称为偏移寻址(displacement addressing)。

偏移寻址要求指令的操作数地址字段由两部分组成,其中至少一个地址字段 A 是显
式的,A 的值直接被使用。另一个地址字段或指定寄存器或由操作码隐含给出,此寄存器的内容加上 A 的值形成有效地址。图 5-8 所示为偏移寻址。常用的偏移寻址有相对寻址、基址寻址和变址寻址。

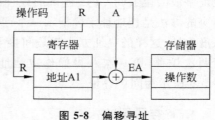

图 5-8　偏移寻址

（1）相对寻址

相对寻址隐含给出的寄存器是程序计数器 PC,即当前 PC 值(正在执行指令的下一条指令地址)加上地址字段的值 A(又称位移量),产生有效地址。

（2）基址寻址

在基址寻址中,被指定的寄存器中含有一个存储器地址,地址字段含有一个相对于那个存储器地址的偏移量 A(通常用无符号数表示)。

（3）变址寻址

变址寻址是指令的地址字段给出一个主存地址 A,被指定的变址寄存器含有一个相对于那个主存地址的正的偏移量。变址寻址和基址寻址在有效地址的计算方法上是完全相同的,但两者应用场合不同。变址寻址主要用于重复操作,一般计算机都具有自动变址功能,有效地址 EA＝A＋(R);且 R＝R＋1。每算完一个有效地址后,变址寄存器内容自动加 1 指向下一个单元,这对数据块的重复操作非常方便。变址寻址分自动增(R)＋和自动减(R)－两种情况。

7. 堆栈寻址

大多数计算机都具有硬件堆栈功能,并设置了一个堆栈指针寄存器 SP,隐含约定 SP 的内容为指向栈顶单元的地址码,而且可以根据堆栈操作的性质自动修改 SP 内容。一般在压栈时(PUSH),先将 SP 内容减 1,指向新栈顶单元,然后写入内容。弹出时(POP),先读出栈顶单元内容,然后 SP 内容加 1,指向新栈顶单元。(有的计算机系统是入栈 SP 加 1,出栈 SP 减 1)。图 5-9(a)表示的是将数据 35H 压入堆栈操作过程。开始堆栈指针在 2345H,入栈时,首先将(SP)＝(SP)－1＝2344H,然后再将 35 存入堆栈指针指向的单元,操作完成后,堆栈指针指向 2344H,原来 2344H 单元中的内容 67H 被 35H 覆盖。(b)表示的是出堆栈操作过程。开始堆栈指针在 2346H,出栈时首先将堆栈指针指向的单元 2346H 中的内容 34H 取出,然后再将(SP)＝(SP)＋1＝2347H,操作完成后,堆栈指针指向 2347H,2346H 单元中的内容 34H 仍然保持不变。

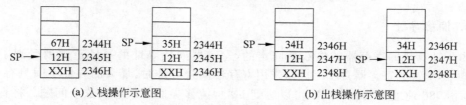

(a) 入栈操作示意图　　　　　　　　(b) 出栈操作示意图

图 5-9　出入栈操作示意图

5.4　RISC 技术

5.4.1　复杂指令 CISC 计算机

1. 复杂指令集 CISC

随着 VLSI 技术的迅速发展,计算机的硬件成本不断下降,软件成本不断上升,为此,人们在设计指令系统时增加了越来越多功能强大的复杂指令,以便使机器指令的功能接近高级语言语句的功能,给软件编程提供较好的支持。目前许多计算机的指令系统可包含几百条指令、几十种寻址方式,这对简化汇编语言程序设计,提高高级语言执行效率是有用的。我们称这些计算机为"复杂指令计算机"(Complex Instruction Set Computer,CISC)。

2. 采用复杂指令计算机的理由

要求简化编译器和改善编译器性能。编译器是将高级语言翻译成机器语言的软件,如果指令系统中有类似于高级语言语句的指令,那么,将高级语言编译成机器语言时,所用指令就较少,机器代码就小,占用内存空间就小,一般来说执行速度就快。同时,编译器的设计也相对简单一些。

3. CISC 的特点

(1) 使目标程序得到优化。如设置数组运算指令,用一条指令替代一段指令。

(2) 给高级语言提供更好的支持。指令系统中包含语义接近高级语言语句的指令。

(3) 提供对操作系统的支持。操作系统的功能越来越复杂,要求指令系统能提供越来越复杂的功能,如多媒体指令、3D 指令等。

4. 复杂指令系统存在的一些问题

(1) 复杂指令系统使计算机的结构越来越复杂,这不仅延长了计算机系统的研制周期,增加了成本,而且也难以保证其设计的正确性。

(2) 复杂指令系统使编译器对高级语言进行编译时,可以选择的指令不是唯一的,编译时间更长,代码也难以做到最优。

(3) 复杂指令系统使寻址方式更加复杂,计算有效地址所花时间更长。

(4) 复杂指令系统机器一般采用微程序控制器,单条指令执行周期长。

(5) 流水线效率不高。

5.4.2　RISC 技术的产生

1. 精简指令集 RISC

计算机的指令系统越来越复杂,很多复杂的寻址方式,使得计算机在计算有效地址时要花大量的时间，指令执行的速度反而降低。研究人员通过分析发现，在大多数计算任务中，最常使用（80%）的是一些比较简单的指令，也就是说有 80% 的指令在程序中出现的频率只占 20%。这就提出了用精简指令集（Reduced Instruction Set Computer，RISC）系统取代复杂指令集系统，RISC 指令系统中仅包含少部分最常使用的指令，而复杂功能的指令采用软件编程的方法来实现。

2. RISC 技术的主要特征

（1）指令系统选取使用频率最高的一些简单指令。
（2）采用简单的指令格式和寻址方式，指令长度固定。
（3）大部分指令可以在一个机器周期内完成。
（4）CPU 内部有多个通用寄存器，指令操作尽量在 CPU 内部寄存器中完成进行。
（5）硬布线控制逻辑为主，很少或不用微程序控制器。
（6）采用优化的编译技术。

由于精简指令集计算机系统中复杂功能的指令采用软件的方法来实现，速度不能得到保证。

复杂指令集与精简指令集到底谁优，虽然存在很多争议的地方，因为 Intel 公司的 Pentium 作为 CISC 处理器的典型产品，而 Power PC 作为 RISC 处理器的典型产品。但是，目前两种技术都不再坚持各自极端的思想，双方都融入了对方技术中的先进思想，取长补短。

5.5　MMX 技术

MMX（Microprocessor Media Extension）是 Intel 公司为了提高 PC 上处理多媒体和通信能力而推出的。它通过在 Pentium 或 Pentium Pro 处理器中增加 8 个 64 位寄存器和 57 条新的指令来实现的。

1. MMX 的由来

由于多媒体应用中的图形、图像、视频、音频的操作中存在大量共同特征的操作，如短整数类型的并行操作（如 8 位图形像素和 16 位音频信号）；频繁的乘法累加（如 FIR 滤波、矩阵运算）；短数据的高度循环运算（如快速傅里叶变换 FFT、离散余弦变换 DCT）；计算密集型算法（如三维图形、视频压缩）；高度并行操作（如图像处理）。

为了提高上述共性操作的运算能力与速度，Intel 在 IA-32 指令系统的基础上，特设计了一套新增的指令系统，并对 CPU 内部结构进行了扩充与改进，这就是 MMX 技术。

2. MMX 技术的特点

（1）引进了新的数据类型和通用寄存器：主要是定点紧缩（Packed）整型。包括紧缩字节（64 位 8 个字节）、紧缩字（64 位 4 个字）、紧缩双字（64 位 2 个双字）、紧缩 4 字（一个 64 位字）。

（2）采用单指令多数据（Single Instruction Multi Data，SIMD）技术：单指令同时并行地处理多个数据元，例如，一条指令可以完成图像中 8 个像素的并行操作。

（3）饱和运算（Saturation）：在上述 4 种 64 位数据类型中，引入了两类运算模式：环绕运算（也称非饱和运算）和饱和运算。在环绕运算中，上溢或下溢的结果被截取，即进位被丢掉，仅保留低有效位的值。例如，FCH＋10H＝0CH。这种运算模式在多媒体处理中可能会出现问题。例如，在图像处理时，如果 A 图 b 点的亮度值为 FCH（假设将亮度分成 256 级，00H 最暗，FFH 最亮），B 图 b 点的亮度值为 10H，A、B 两图叠加后其新的图像 b 点的亮度值为 FCH＋10H＝0CH，由于上溢（丢掉进位位），这个亮度值显然是错误的。引入饱和运算，当产生上溢时，运算结果直接取最大值，即 FFH，表示最亮，这样结果就比较合理了。

（4）兼容性：MMX 技术与现有的处理器指令系统（Intel Architecture，IA）和 OS 保持向下兼容。

随着网络通信、语言、图形、图像、动画、视频等多媒体处理软件对处理器性能越来越高的要求，Intel 在多能奔腾以后的处理器中加入了更多流式 SIMD 扩展（Stream SIMD Extension，SSE）指令集，如 SSE、SSE2、SSE3、SSSE3 等。

习　题　5

一、选择题

1. 通常指令编码的第一个字段是_____。

   A. 操作　　　　　　B. 指令　　　　　　C. 操作码　　　　　　D. 控制码

2. 堆栈常用于_____。

   A. 程序转移　　　　B. 输入输出　　　　C. 数据移位　　　　D. 保护程序现场

3. 在堆栈中保持不变的是_____。

   A. 栈指针　　　　　B. 栈底　　　　　　C. 栈顶　　　　　　D. 栈中数据

4. 设寄存器 R＝1000，地址 1000 处的值为 2000，2000 处为 3000，PC 值为 4000，用相对寻址方式，－2000（PC）的操作数是_____。

   A. 4000　　　　　　B. 3000　　　　　　C. 5000　　　　　　D. 7000

5. 直接转移指令的功能是将指令中的地址代码送入_____。

   A. PC　　　　　　　B. 累加器　　　　　C. 存储器　　　　　D. 地址寄存器

6. 以下的_____不能支持数值处理。

   A. 算术运算类指令　　　　　　　　　B. 移位操作类指令

   C. 字符串处理类指令　　　　　　　　D. 输入输出类指令

二、填空题

1. 计算机硬件能够识别并直接执行的指令称为_____。

2. 指令系统是计算机硬件所能识别的系统，它是计算机_____之间的接口。

3. 一台计算机所具有的各种机器指令的集合称为该计算机的_____。

4. 汇编程序的功能是将_____转换成_____。

5. 高级语言编译后生成的目标代码与汇编生成的代码比较，前者_____。

6. 指令系统的完备性是指_____。

7. 单地址指令中为了完成两个数的算术操作，除地址码指明的一个操作数外，另一个操作数常采用_____。

8. 零地址运算指令在指令格式中不给出操作数地址，因此它的操作数来自_____。

9. 在一地址指令格式中，可能只有_____，也可能有两个操作数。

10. 指令系统中采用不同寻址方式的目的主要是_____。

11. 用于对某个寄存器中操作数的寻址方式称为_____寻址。

12. 寄存器间接寻址方式中，操作数存放在_____。

13. 变址寻址方式中，操作数的有效地址等于_____。

14. 指令的寻址方式有顺序和跳跃两种方式，采用跳跃寻址方式，可以实现_____。

15. 每条指令由两部分组成，即_____和_____。

16. 零地址指令是不带_____的机器指令，其操作数是由_____提供的。

17. 指令中的地址码即操作数的实际的地址，这种寻址方式称作_____。若指令中的地址码即实际的操作数，这种寻址方式称作_____。

18. 在存储器堆栈中，需要一个_____，用它来指明_____的变化。

19. 在下表括号中正确填入每个地址位数，以及相应的可寻址空间。

指令地址码	机器字（位）	操作码（位）	每个地址位（位）	可寻址空间
三地址	16	4	（____）	（____）
单地址	16	4	（____）	（____）

20. 在下列寻址方式中为了取出操作数，需访问内存几次？

    A. 立即寻址_____次   B. 直接寻址_____次

    C. 一级间接寻址_____次   D. 二级间接寻址_____次

21. 指令中的地址码即操作数的实际地址，这种寻址方式称作_____。若指令中的地址码即实际的操作数，这种寻址方式称作_____。

22. RISC 是_____的简称。

23. CISC 是_____的简称。

第 6 章

中央处理机的组织

要使计算机各功能部件在指令的"指挥下"有条不紊地工作,必须有一个功能部件来产生有序的控制信号,协调各个功能部件的工作。这个部件就是控制器。目前控制器和运算器已集成在 CPU 一个芯片上。

本章主要讨论以下问题:

(1) CPU 的组成。

(2) CPU 的作用及工作过程(包括指令执行流程)。

(3) 时序部件的作用及时序控制方式。

(4) CPU 的实现。以教材中的模型机结构为例,结合指令系统及指令执行的流程介绍组合逻辑控制器和微程序控制器的设计方法。

(5) 影响 CPU 性能指标的主要因素和提高性能指标的主要方法。

6.1 CPU 的功能

计算机能自动执行存放在主存中的程序,计算机每执行一段程序,就完成一定的功能,程序是指令的有序集合。CPU 从主存中取出一条指令,按指令操作码及指令中的其他有关信息执行指令的功能,然后按顺序或转移指令的地址,从主存中取出下一条指令⋯⋯重复上述过程,直至停机指令为止。CPU 就是专门用于完成上述功能的计算机部件。CPU 在计算机系统的运行中起着重要的作用,它具有如下四个方面的基本功能:

(1) 指令控制:控制指令的执行顺序,保证指令序列正确执行。

(2) 操作控制:指令内操作步骤的控制。一条指令的功能一般需要几个步骤来实现,CPU 必须控制这些步骤的实施,而且各操作步骤又受时间严格控制,因此,操作控制应包括时间顺序控制。

(3) 数据加工:对数据进行算术运算和逻辑运算,这是 CPU 的最基本功能。

(4) 异常处理:处理运算中的溢出等错误情况以及处理外部设备的服务请求等。

这些功能归纳起来实质只有两个:一是执行程序(执行指令),完成某一任务;二是对异常的处理(中断机构完成,最终也是执行指令)。执行指令和处理中断是 CPU 的最基本的功能。

6.2　CPU 的基本组成

早期的计算机是将控制器与运算器分开制造的，随着微电子技术的发展，这两大功能部件已集成在一个芯片上，这个芯片就是中央处理器单元（Central Processing Unit，CPU）。CPU 中除了运算器和控制器外，还有一些相关的寄存器、时序产生控制电路，甚至包括高速数据缓存（cache）等。

6.2.1　运算部件

基本的运算部件包括 ALU、多路选择器和移位器。沿数据流向，大致分为三级，第一级为多路选择器，决定哪一路数据送往 ALU；第二级为 ALU，由功能选择命令选择 ALU 完成的运算功能；第三级为移位器，由输出选择对输出结果进行控制。有的计算机设置多种运算部件。图 6-1 所示为基本的运算部件。

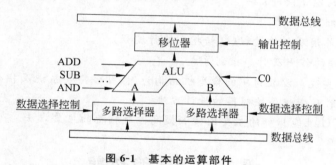

图 6-1　基本的运算部件

6.2.2　寄存器设置

CPU 中设有一组寄存器，通常可以分为用于处理寄存器、控制寄存器以及主存接口寄存器。

1．处理寄存器

（1）通用寄存器组

这是一组可编程访问的具有多种功能的寄存器。在指令系统中它可提供操作数或存放运算结果，或用作地址指针、基址变址寄存器等。

（2）暂存器

CPU 中还常设置一些用户不能直接访问的寄存器组用来暂存中间信息，这类寄存器称为暂存器。在指令系统中没有它们的分配编号，程序员不能编程访问。

2．控制寄存器

（1）程序计数器

程序计数器（Program Counter，PC）又称指令计数器或指令指针（Instruction

Pointer,IP),用来保存下一条要执行指令的地址。在执行程序过程中 CPU 将自动修改 PC 的内容,使其保持的总是将要执行的下一条指令的地址。

（2）指令寄存器

指令寄存器(Instruction Register,IR)用于存放现行指令,当指令执行时,首先从内存中将指令取出送到指令寄存器中,然后由指令译码器对指令寄存器中的指令进行译码,产生执行该指令所需要的控制信号,直到这条指令执行完再存放下一条指令。为了提高计算机的并行操作能力和运行速度,目前大多数计算机都将指令寄存器扩充为指令队列(多个指令寄存器组成),允许预取若干条指令。

（3）指令译码器

指令译码器(Instruction Decoder,ID)对来自指令寄存器中的操作码进行译码,并根据译码结果产生相应的控制信号。

（4）程序状态字寄存器

CPU 的工作基本上是体现在执行程序上,程序流向一方面取决于编程时的有关意图,另一方面也取决于程序实际执行时的状态,因此,所有的 CPU 内都包含程序状态字寄存器(Program Status Word,PSW),其内容表示现行指令执行后的状态。其中一部分是记载程序运行的状态(标志位或特征位),常用的标志位或特征位有符号位、零标志位、进位、等于标志位、溢出标志位等。另一部分是控制位,如中断允许位、方向标志位等,这些控制位可通过指令编程设定。

3. 主存接口寄存器

与存储器交换数据的两个接口寄存器:地址寄存器(Memory Address Register, MAR)和数据寄存器(Memory Data Register,MDR)。CPU 的速度比主存的速度高得多,CPU 在对主存发出读写操作命令后,主存在进行读、写操作过程中,CPU 可以让出总线,继续进行自己的工作,主存操作的地址和数据就保存在 MAR 和 MDR 中。

（1）地址寄存器(MAR)

从主存读取指令、操作数或向主存写入数据时,需将指令地址(PC 内容)、操作数地址或结果数地址送入 MAR。

（2）数据寄存器(MDR)

也称数据缓冲寄存器(Memory Buffer Register,MBR)。写入主存的数据一般先送入 MDR,再送入主存。从主存读出的数据一般也先送入 MDR 再送入指定寄存器。

6.2.3　时序部件

时序部件是用来产生各种时序信号的部件。计算机完成一条指令的过程是通过执行若干个微操作(最基本的操作,如打开一个门电路)来实现,而且各个微操作的执行顺序又有严格要求,其过程就像自动化流水线上生产产品一样,不可随意颠倒。时序部件用来产生一系列时序信号,以保证各个操作的执行顺序。

1. 时序的控制方式

执行一条指令的过程要分成若干步来实现。以执行加法指令 ADD R0，R1（(R0)＋(R1)→R1）为例，需要经过：

① 取指令（根据 PC 中的内容到内存中取一条指令并送到指令寄存器中）；

② 取参加运算的两个操作数（(R0)→ALU 一端；(R1)→ALU 另一端）；

③ 运算器完成加法运算；

④ 存运算结果到目的地址单元（结果→(R1)）等步骤。

以上这些动作，实际上是一个微操作序列。每条指令都可以分解为一个微操作序列。但是不同的指令微操作序列的长短是不一样的，CPU 应该怎样控制机器产生微操作序列执行指令？ 这就是 CPU 的控制方式问题，实际上就是用怎样的时序方式来形成不同的微操作序列问题。常用的控制方式有同步控制方式、异步控制方式、联合控制方式。

（1）同步控制方式

同步控制方式是指任何指令的执行或指令中每一个操作的执行都受事先确定的时序信号控制，每个时序信号的结束就意味着一个操作或一条指令已经执行完成，随即开始执行后续的操作或自动转向下一条指令的执行。

由于不同的指令和不同的操作的执行时间可能不同，在采用同步控制方式时，需要选择最长的指令和最长的操作的执行时间为计算标准，采用完全统一的周期执行各种不同的指令。这样，需要时间短的指令操作势必要等待，造成时间上的浪费。优点是时序关系比较简单，设计方便。图 6-2 所示为同步控制方式时序。

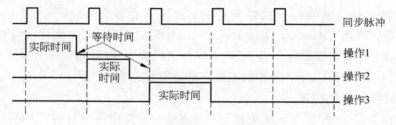

图 6-2　同步控制方式时序

（2）异步控制方式

异步控制方式是指各项操作按其需要选择不同的时间，不受统一的时钟周期的约束，各操作之间的衔接与各个部件之间的信息交换采用应答方式。前一个操作完成后给出回答信号启动下一个操作。图 6-3 所示为异步控制方式时序。

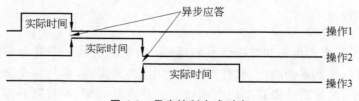

图 6-3　异步控制方式时序

异步控制的基本特征是：没有统一的时钟周期划分与同步定时脉冲，但存在申请、响应、询问、回答一类的应答信号。

优点是时间紧凑，能按照不同部件、设备的实际需要分配时间。缺点是实现异步应答所需要的控制比较复杂。

（3）联合控制方式

在实际应用中往往采用两种方式相结合的联合控制方式。一般在 CPU 内部或设备内部采用同步控制方式，而通过系统总线所连接的设备，其工作速度差异较大则采用异步控制方式。

2．同步控制时序系统

（1）同步控制的多级时序

在同步控制方式中通常根据指令执行过程，将时序划分为几级来实现的。

① 指令周期：读取并执行一条指令所需要的时间称为一个指令周期。由于执行不同指令所需要的时间是不一样的，不同指令的指令周期是不同的，通常在同步控制方式中一般都不为指令周期设置完整的时间标志信号。

② 机器周期：在组合逻辑控制中，常将指令周期划分为几个不同阶段，每一个阶段完成一个功能操作，如取指令、取源操作数、取目的操作数、执行等。每一个阶段称为一个机器周期，又称为周期。划分周期的目的是为了便于安排 CPU 的工作。为了使 CPU 能明确当前指令执行进入何种机器周期，每一个周期可用一个触发器的输出状态来表示，输出状态 Q 为"1"表示为有效。包含四个机器周期时序系统的周期状态触发器组成如图 6-4 所示。四个周期状态分别为 FT（取指周期）、ST（取源操作数周期）、DT（取目的操作数周期）、ET（执行周期），通过 1→FT、1→ST、1→DT、1→ET 四个信号控制。周期触发器之间的关系是互斥的，当某个触发器为"1"时（其他周期触发器输出一定为"0"），表示机器进入执行指令的那个阶段，并执行该阶段的微操作序列。

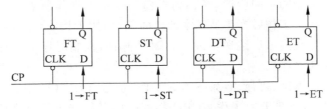

图 6-4　周期状态触发器

③ 时钟周期（节拍）：一个机器周期的工作可能需要分成几步并按一定顺序完成。例如，按变址方式读取操作数，则先要进行变址计算，然后才能访存取数。为此将一个机器周期又分为若干个相等时间段。每个时间段内完成一步操作。这个时间段就称为时钟周期，又称为节拍，这是时序系统中最基本的时间分段。它的长度等于 CPU 执行一次加法或一次数据传送时间。一个机器周期可以根据需要，由若干个时钟周期组成，不同的周期，或不同指令的同一周期，其时钟周期数目可以不同。

④ 脉冲：时钟周期提供了一项操作所需要的时间分配，但有的操作如寄存器的接数

还需要严格的定时脉冲,以确定在那一时刻接数,为此在一个节拍内有时还设置若干个脉冲,以对某些微操作定时,如对寄存器的清除、置数脉冲等。具体机器设置的脉冲数根据需要有所不同,有的机器只在时钟周期的末尾设置一个定时脉冲,脉冲前沿用于结束寄存器的接数,脉冲后沿则实现周期切换。也有的机器在一个时钟周期中先后设置几个定时脉冲,分别用于清除、接数、周期切换等目的。

（2）各时序信号之间的关系

图 6-5 所示为时序系统的组成框图,图 6-6 所示为三级同步时序信号示意图。时序部件一般由脉冲源(主振荡器)、周期状态触发器、节拍发生器、启停线路等组成。主振荡器(一般采用晶体振荡器,以保证频率的稳定)产生高频正弦信号,经过时序部件整形输出时钟 CLK,主频的高低与机器的性能和所选用的器件有关,主频越高,计算机速度越快。将 CLK 分别送周期发生器和节拍、脉冲发生器,分频后产生周期、节拍和脉冲三级时序信号。

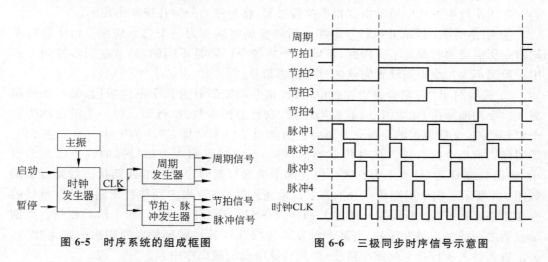

图 6-5　时序系统的组成框图　　　　图 6-6　三极同步时序信号示意图

周期表示执行指令的不同阶段,节拍为机器完成某一操作所需要的延迟时间,一个周期可含有几个节拍。工作脉冲是最基本的定时信号,用于接收代码的选通信号或者清除寄存器信号。启停线路可靠地送出或封锁时钟脉冲,控制时序信号的发出或停止,从而启动机器工作或使之停机。

计算机之所以能准确、迅速、有条不紊地工作,正是因为 CPU 中有一个时序部件,机器一旦被启动,时序部件即开始工作。CPU 根据时序部件产生的时序信号有条理、有节奏地指挥机器的动作,从而按照指令的要求去执行相应的微操作序列,完成指令的执行。

6.2.4　控制单元 CU

1. 控制单元的功能

控制单元(Control Unit,CU)产生 CPU 所有的微操作控制信号。所谓微操作,即计算机中最简单不能再分解的操作,如打开某一个控制门、寄存器的清除脉冲等。复杂操作是通过一系列微操作实现的。控制单元的功能就是根据指令译码的译码输出产生各种操作控制信号。控制单元是 CPU 的核心部分，计算机无论完成什么任务，都是在控制单元的控制下完成的。

控制单元向 CPU 外部发送控制信号，命令 CPU 与存储器或 I/O 模块交换数据，控制单元也向 CPU 内部发送控制信号，完成寄存器间数据传送、使 ALU 完成指定的功能的运算以及其他的内部操作。图 6-7 所示为控制单元的一般模型。

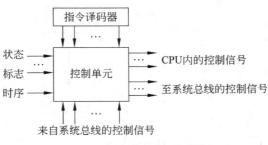

图 6-7　控制单元的一般模型

2. 控制单元的输入和输出信号之间的关系

（1）输入信号

① 时序信号：来自于时序信号发生器。CPU 的所有工作都必须按照严格的时间关系安排进行。

② 指令寄存器（经过指令译码器）的输出：用于确定该指令应该完成何种微操作。

③ 状态寄存器输出的标志：控制单元需要指令运行的状态标志（结果溢出标志；结果为零标志等）来决定 CPU 该发出哪些控制信号。

④ 来自系统总线的控制信号：由其他功能部件通过系统控制线向控制单元提供的输入信号，如中断请求信号、MDA 结束信号、外设的状态标志和存储器的操作完成信号等。

（2）输出信号

① 作用于 CPU 内的控制信号：用于寄存器之间传送数据和用于指定 ALU 操作的功能信号（ADD、SUB、AND 等）等。

② 送到系统总线的控制信号：用于对存储器读、写控制信号和对 I/O 模块读写控制信号等。

这里引入的控制信号即微操作控制信号，这些控制信号最终作为逻辑电平"0"、"1"输出量直接送到各个逻辑门上，控制逻辑门工作。当然，CPU 采用不同的结构，所需要的微命令信号是不完全相同的。

CPU 中的这些组成部件一般通过 CPU 内部总线连接在一起。

6.3　指令的执行过程

本节以一台模型机为例来讨论指令的执行过程，也即计算机的工作过程，并以此为基础研究 CPU 的设计。

6.3.1　模型计算机的总体结构

图 6-8 所示为简单的计算机模型结构，主要包括控制器、运算器、内部寄存器、主存储器以及各部件之间相互连接的数据通道。假设机器字长为 16 位，采用的是单总线结构，CPU、主存和外设都挂在总线上。

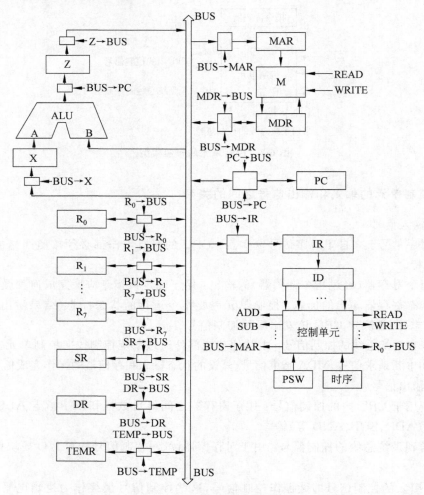

图 6-8　简单的计算机模型结构

1. 部件设置

（1）CPU 组成

① 运算部件。

运算部件以 ALU 为核心，两个输入端只设置一个锁存器 X，另一个输入端接收来自总线的数据，输出直接送暂存器 Z。

② 寄存器组。

所有寄存器都是 16 位的，包括 8 个可编程寄存器 $R_0 \sim R_7$；源操作数寄存器 SR，用来暂存源操作数;目的操作数寄存器 DR,用来暂存目的操作数;暂存器 TEMP 用于在指令执行过程中暂存中间结果,对用户是完全透明的;程序计数器 PC,存放下一条要执行指令在主存中的存放地址。在取完指令后可以实现自动加 1 操作,为取下一条指令做准备;指令寄存器 IR,存放正在执行的指令;指令译码器 ID,对指令寄存器中的内容进行译码;与主存相连的接口寄存器 MAR、MDR,存放访问主存的地址和数据。

③ 控制单元。

控制单元的输入信号有指令译码器的译码输出信号、时序信号和 PSW 中的标志,输出为微操作控制信号,引向各个控制点。

（2）主存储器

主存按字编址,字长 16 位,即主存每个单元 16 位,主存容量 64KW。接收控制单元送来的 READ、WRITE 微操作信号,完成读写操作。

（3）总线

总线由 16 位数据线、16 位地址线和若干位控制线组成。由于采用单总线结构,不仅 CPU 与主存之间交换信息要通过总线,而且 CPU 内部信息的传送也要经过总线才能完成。

图中箭头表示信息传送方向,"□"表示控制门,是三态门。上面标有控制信号,当某一控制信号为高电平时,控制门被打开,允许一次信息流动,当控制信号为低电平时,控制门关闭,输出呈高阻态,相当于开关断开,信息不能流动。

2. 各类信息的传送路径

在数据通路结构确定之后,可以归纳出各类信息的传送路径。指令的执行基本上可以归纳为信息的传送,即控制流（或指令流）和数据流两大类。

（1）指令传输通道

M→MDR→BUS→IR

（2）地址传输通道

指令地址:PC→BUS→MAR,并且指令地址 PC 加 1(PC+1→PC)。

数据地址:操作数地址与转移地址根据不同的寻址方式要求决定。如为寄存器间接寻址,则将指定的寄存器的内容(R_i)→BUS→MAR。

（3）数据传输通道

寄存器→寄存器:经总线直接传送 R_i→BUS→R_j

寄存器→存储器:R_i→BUS→MDR→M

存储器→寄存器:M→MDR→BUS→R_i

3. 设置微操作控制信号（微命令）

图 6-8 上标出的控制信号即微操作控制信号,它实际上控制数据流和指令流的流向。这些控制信号在本质上是控制数据流通的各个控制门的打开或关闭、ALU 的实际操作、寄存器接数、主存储器的读或写命令等。这些微操作控制信号是有时序的,何时有,有哪些,完全由指令功能决定(IR 中的操作码 OP 部分通过译码器 ID 译码确

定)。除此之外,还有 CLEAR X、WAIT 以及 ALU 的功能控制信号。计算机工作时,控制单元只要根据数据流的方向,严格地按时序产生数据流通通路上所有门电路工作的微命令即可。

6.3.2　模型机的指令系统

1. 指令格式

指令系统采用定长指令格式,指令字长 16 位,格式如下:

15　　　　12	11　　　　9	8　　　　6	5　　　　3	2　　　　0
OP	M_S	R_S	M_D	R_D

OP 为操作码,4 位,可定义 16 种操作。M_S 为源操作数寻址方式,M_D 为目的操作数寻址方式,R_S 为源操作数寄存器,R_D 为目的操作数寄存器(后面将 R_S、R_D 简写为 R)。M_S、R_S 配合可确定源操作数地址,M_D、R_D 配合可确定目的操作数地址。

2. 寻址方式

寻址方式由寻址方式位 M_S、M_D(后面将 M_S、M_D 简写为 M)确定,每个 M 占三位,最大可以实现 $8(2^3=8)$ 种寻址方式。模型机只用 5 种寻址方式,具体寻址方式与寻址方式的含义如表 6-1 所示。

表 6-1　寻址方式与寻址方式的含义

M	名　　称	汇编符号	含　　义
000	寄存器寻址	R	操作数在寄存器 R 中
001	寄存器间接寻址	(R)	EA=(R)
010	自增型寄存器间接寻址	(R)+	EA=(R)且(R)+1→R
011	自增型双间址	@(R)+	EA=((R))且(R)+1→R
100	变址寻址	X(R)	EA=X+(R)

寄存器寻址和寄存器间接寻址在第 5 章已介绍。自增型寄存器间址除按寄存器间接寻址取出操作数外还要修改寄存器的内容,寄存器的内容加 1 后仍然送到该寄存器。自增型双间址是指寄存器的内容不是操作数的地址,而是操作数地址的地址,需要二次访问内存才能取出操作数,第一次取操作数的地址,第二次才取操作数。同时将寄存器的内容加 1 后送回到该寄存器中。自增型寄存器间址和自增型寄存器双间址,其寄存器的内容可以理解为地址指针,由于具有自动加 1 的功能,所以在实现数据块操作时是非常方便的。

变址寻址是以该指令的下一单元的内容作为位移量 X(不要与前文中的锁存器 X 搞混淆),该位移量 X 与寄存器 R 的内容相加才是操作数的真正地址。由于取完指令后 PC

的内容自动加 1,所以取完指令后 PC 的内容就是移量 X 的地址,根据该地址取出 X。在变址寻址方式中操作数的地址要通过一次加法计算才能获得。

3. 操作类型

在模型机中,操作码部分 OP 占 4 位,最多可以实现 16(2^4＝16)种操作,其操作类型和指令功能如表 6-2 所示。

表 6-2　操作类型和指令功能

操作码	名　　称	汇编符号	操　　作
0001	加法	ADD	目的操作数＋源操作数→目的地址单元
0010	减法	SUB	目的操作数－源操作数→目的地址单元
0011	与	AND	目的操作数∧源操作数→目的地址单元
0100	加 1	INC	目的操作数＋1→目的地址单元
0101	减 1	DEC	目的操作数－1→目的地址单元
0110	求补	NEG	目的操作数取反＋1→目的地址单元
0111	无条件转移	JMP	入口地址送 PC
1000	有条件转移	JSR	根据条件将入口地址送 PC

无条件转移指令不受任何条件约束,直接把转移地址送 PC,从那里开始执行程序。条件转移指令先测试某个条件,然后根据所测试的条件来决定是否转移。其指令的格式如下:

无条件转移指令格式:

15	12	11	9	8	6	5	3	2	0
0111		M		R		不用			

条件转移格式:

15	12	11	9	8	6	5	3	2	0
1000		M		R		P	N	Z	V	C

6.3.3　时序系统

模型机采用组合逻辑控制,时序系统为三级时序系统,即将时序信号分为周期、节拍、工作脉冲。

1. 周期

根据各类指令执行的需要,机器设置 4 个机器周期,用 4 个触发器作为标志。某一时期内只能有一个触发器状态为1，指明 CPU 现在所处的执行指令的阶段，为该阶段工作提供依据（见图 6-4）。

（1）取指周期 FT

取指周期完成取指令的工作，这是每一条指令都必须经历的。在 FT 中完成的操作与指令的操作码无关。

（2）取源操作数周期 ST

如果需要读取源操作数（如双操作数指令），则进入 ST。在 ST 中，根据指令寄存器 IR 中的源地址字段（M_S、R_S）形成源操作数地址，读取源操作数并送源操作数暂存器 SR 中暂存，即读取源操作数→SR。

（3）取目的操作数周期 DT

如果需要读取目的操作数（如双操作数指令或单操作数指令），则进入 DT。在 DT 中，根据指令寄存器 IR 中的目的地址字段（M_D、R_D）形成目的操作数地址，读取目的操作数并送目的操作数暂存器 DR 中暂存，即读取目的操作数→DR。或直接送 ALU 的输入暂存器 X 中，这样可以在以后的执行周期中少一步从 DR→BUS→X（ALU A 端）取数操作。

（4）执行周期 ET

这是各类指令都需要经历的最后一个周期，所有指令都进入执行周期，在 ET 中，将根据 IR 中的操作码执行相应的操作，完成该指令规定的操作。

指令的读取与执行，既有 CPU 内部数据流通操作，也有访问主存储器的操作，为了简化时序控制，采用同步控制方式，并以主存的存取周期（时间最长）为机器周期。这对于 CPU 内部操作来说，在时间上是比较浪费的。

2. 节拍

在每个机器周期中，操作需要分成若干步才能完成，为此，将一个机器周期分成若干个节拍。不同的指令在同一周期中的操作步骤是不同的，则所需要的节拍数也是不同的。为了简化设计，突出重点，假设模型机每个机器周期采用 4 个节拍，节拍数固定，则对于操作步骤较少的指令，有些节拍可能轮空，时间上有些浪费。如果在一个周期内，4 个节拍完成不了操作（如变址寻址和自增型双间址操作），可以再增加一个附加周期（仍然是4 个节拍）来保证操作的完成。

3. 脉冲

为了简单起见，假定工作脉冲包含在节拍中，在时序中不考虑。

6.3.4　指令执行流程

每条指令都可以分解为一串微操作序列，将这些操作按周期归类合并，并以流程图的形式画出，就得到指令的执行流程图，反过来，有了指令执行流程图后，也就能非常清晰地了解一条指令的执行过程。在模型机的指令执行流程中，取指令阶段是每一个指令周期都有的,而且与具体指令没有关系,是公共操作。最终,每一条都要经过执行周期,完成该指令功能。双操作数指令要经过取源操作数周期和取目的操作数周器。单操作数指令只要一个操作数,不需要取源操作数周期。转移指令不需要操作数,只有取指令和执行两个周期。图 6-9～图 6-12 所示为模型机机器指令的执行流程。

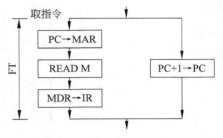

图 6-9　取指令操作流程

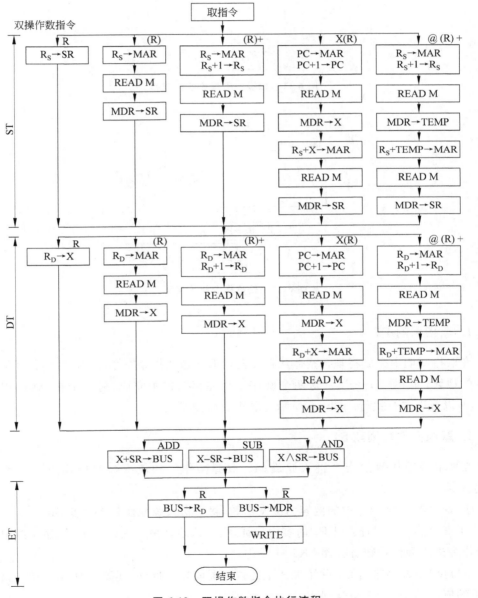

图 6-10　双操作数指令执行流程

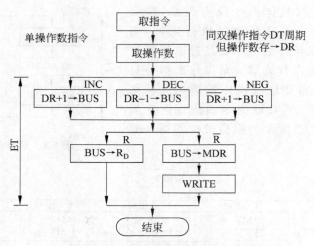

图 6-11　单操作数指令执行流程

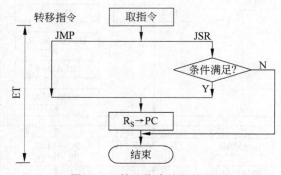

图 6-12　转移指令执行流程

1. 取指周期 FT

在取指周期中完成将现行指令从存储器中取出送往指令寄存器 IR，并准备好下一条指令的地址，即 PC+1→PC。这两个操作一个在存储器中完成，另一个在 ALU 中实现加 1，所以可以并行执行。图 6-9 所示为取指令操作流程。

2. 取源操作数周期 ST

需要取源操作数的指令进入此周期。取源操作数的流程与源操作数的寻址方式有关。

① 寄存器寻址：R_S 中的内容为源操作数，将它送入源操作数寄存器 SR。

② 寄存器间接寻址：以 R_S 内容为地址，根据该地址访问主存一次，从存储器中取出源操作数送入源操作数寄存器 SR。

③ 自增型寄存器间址：除了完成上述寄存器间接寻址外，还要修改 R_S 中的内容，将 R_S 中的值经 ALU 加 1 再送回 R_S。

④ 变址寻址：先以 PC 现行值为地址从存储单元取得位移量 X，再与 R_S 的内容相加，以相加结果为地址取出操作数送入源操作数寄存器 SR。除此之外，PC 内容加 1，准备好下一条指令地址。在这个流程中因为要两次访问存储器，所以在时间上要延迟一个机器周期。

⑤ 自增型双间址：R_S 的内容是操作数地址的地址，第一次访问存储器取出的是操作数的地址，将该地址送往主存地址寄存器 MAR，以此地址再访问存储器取出的是操作数，将取出的操作数送入源操作数寄存器 SR。然后，R_S 的内容加 1。在这个流程中因为要两次访问存储器，所以在时间上要延迟一个机器周期。图 6-10 所示为双操作数指令的取源操作数流程。

3. 取目的操作数周期 DT

需要取目的操作数的指令进入此周期。取目的操作数周期与取源操作数周期基本相似，也有各种不同的寻址方式，只是将目的操作数送入 ALU 的 A 端暂存器 X 中。图 6-10 所示为双操作数指令取目的操作数流程。

4. 执行周期 ET

所有指令都要进入本周期，根据指令操作码决定进行什么操作。对模型机来讲，算术、逻辑运算指令在本周期进行相应的算术、逻辑运算并将结果存到目的地址单元中。转移类指令在本周期形成转移地址装入 PC，以便从转移点继续执行程序。图 6-10、图 6-11 和图 6-12 所示为各种指令执行周期的流程。

6.3.5 指令的微操作序列

计算机上电复位后，通过硬件将要执行的程序第一条指令的入口地址放到 PC 后，即可实现程序的自动执行。分析指令的微操作序列是从要执行的指令地址已在 PC 中开始，并且在时序与微操作信号的关系上，假定一个节拍中只能实现一次 ALU 操作，一个周期只允许访问主存一次。下面通过具体例子说明执行一条指令所需要的微操作序列。

【例 6-1】 以模型机为例，写出加法指令 ADD R_0,(R_1) 的微操作序列。

```
START
FT
P₀    PC→BUS,BUS→MAR,READ,CLEAR X,1→C₀,ADD,ALU→Z
P₁    Z→BUS,BUS→PC,WAIT
P₂    MDR→BUS,BUS→IR
P₃    1→ST
ST
P₀    R₀→BUS,BUS→SR
P₁    空操作
P₂    空操作
P₃    1→DT
```

DT

P_0　$R_1 \rightarrow BUS, BUS \rightarrow MAR, READ, WAIT$

P_1　$MDR \rightarrow BUS, BUS \rightarrow X$

P_2　空操作

ET

P_0　$SR \rightarrow BUS, ADD, ALU \rightarrow Z$

P_1　$Z \rightarrow BUS, BUS \rightarrow MDR, WRITE, WAIT$

P_2　空操作

P_3　END

【例 6-2】　以模型机为例，写出减法指令 SUB $(R_0)+, X(R_1)$ 的微操作序列。

START

FT

P_0　$PC \rightarrow BUS, BUS \rightarrow MAR, READ, CLEAR\ X, 1 \rightarrow C_0, ADD, ALU \rightarrow Z$

P_1　$Z \rightarrow BUS, BUS \rightarrow PC, WAIT$

P_2　$MDR \rightarrow BUS, BUS \rightarrow IR$

P_3　$1 \rightarrow ST$

ST

P_0　$R_0 \rightarrow BUS, BUS \rightarrow MAR, READ, CLEAR\ X, 1 \rightarrow C_0, ADD, ALU \rightarrow Z$

P_1　$Z \rightarrow BUS, BUS \rightarrow R_0, WAIT$

P_2　$MDR \rightarrow BUS, BUS \rightarrow SR$

P_3　$1 \rightarrow DT$

DT

P_0　$PC \rightarrow BUS, BUS \rightarrow MAR, READ, CLEAR\ X, 1 \rightarrow C_0, ADD, ALU \rightarrow Z$

P_1　$Z \rightarrow BUS, BUS \rightarrow PC, WAIT$

P_2　$MDR \rightarrow BUS, BUS \rightarrow X$

P_3　$1 \rightarrow DT$

DT'

P_0　$R_1 \rightarrow BUS, ADD, ALU \rightarrow Z$

P_1　$Z \rightarrow BUS, BUS \rightarrow MAR, READ, WAIT$

P_2　$MDR \rightarrow BUS, BUS \rightarrow X$

P_3　$1 \rightarrow ET$

ET

P_0　$SR \rightarrow BUS, SUB, ALU \rightarrow Z$

P_1　$Z \rightarrow BUS, BUS \rightarrow MDR, WRITE, WAIT$

P_2　空操作

P_3　END

【例 6-3】　以模型机为例，写出加 1 指令 INC @ $(R_0)+$ 的微操作序列。

START

FT

P_0　$PC \rightarrow BUS, BUS \rightarrow MAR, READ, CLEAR\ X, 1 \rightarrow C_0, ADD, ALU \rightarrow Z$

P_1　$Z \rightarrow BUS, BUS \rightarrow PC, WAIT$

P_2　$MDR \rightarrow BUS, BUS \rightarrow IR$

P_3　$1 \rightarrow DT$

DT

P_0　$R_0 \rightarrow BUS, BUS \rightarrow MAR, READ, CLEAR\ X, 1 \rightarrow C_0, ADD, ALU \rightarrow Z$

P_1　$Z \rightarrow BUS,\ BUS \rightarrow R_0, WAIT$

P_2　$MDR \rightarrow BUS, BUS \rightarrow TEMP$

P_3　$1 \rightarrow DT$

DT'

P_0　$TEMP \rightarrow BUS, BUS \rightarrow MAR, READ, WAIT$

P_1　$MDR \rightarrow BUS, BUS \rightarrow DR$

P_2　空操作

P_3　$1 \rightarrow ET$

ET

P_0　$DR \rightarrow BUS, CLEAR\ X, 1 \rightarrow C_0, ADD, ALU \rightarrow Z$

P_1　$Z \rightarrow BUS, BUS \rightarrow MDR, WRITE, WAIT$

P_2　空操作

P_3　END

【例 6-4】　以模型机为例,写出转移指令 JMP @（R_0）＋的微操作序列。

START

FT

P_0　$PC \rightarrow BUS, BUS \rightarrow MAR, READ, CLEAR\ X, 1 \rightarrow C_0, ADD, ALU \rightarrow Z$

P_1　$Z \rightarrow BUS, BUS \rightarrow PC, WAIT$

P_2　$MDR \rightarrow BUS, BUS \rightarrow IR$

P_3　$1 \rightarrow DT$

ET

P_0　$R_0 \rightarrow BUS,\ BUS \rightarrow PC\ CLEAR\ X, 1 \rightarrow C_0, ADD, ALU \rightarrow Z$

P_1　$Z \rightarrow BUS, BUS \rightarrow R_0$

P_2　空操作

P_3　END

关于上述微操作序列,需要说明以下两点:

① 指令的微操作序列是机器所有指令的微操作在各个时序信号上的分配,它是指令执行流程的进一步具体化。安排微操作必须遵循两个简单原则:

- 微操作序列的顺序必须恰当。例如,在取指令周期中,$PC \rightarrow BUS, BUS \rightarrow MAR$,必须先于 $MDR \rightarrow BUS, BUS \rightarrow IR$,因为存储器读操作需要使用 MAR 地址。
- 不能使数据通路上的信息发生冲突。例如,在一个节拍内不能两次往总线发送信息。

② 上述安排,目的在于说明由指令执行流程写出指令执行的微操作序列的方法,因此,不是最优方案。例如,在双操作数指令的寄存器寻址方式中,因为操作数已存放在寄存器中,其实没有必要再把源操作数送到源操作数寄存器 SR 中,而在上面的指令执行流程中却统一把源操作数送到 SR 中,这就增加了微操作控制信号,显然会影响控制器的逻辑实现,在实际设计时应该避免。各个微操作节拍的安排上也未考虑使逻辑表达式最

简化。

　　不同类型的指令所需要的周期数可能不同,通常一条指令至少要经过取指令和执行指令两个周期,取操作数周期是可变的。单操作数指令仅有一个地址,要经过一个取操作数周期,双操作数指令需要经过两个取操作数周期。真正的计算机除了取指令周期、取源操作数周期、取目的操作数周期和执行周期外,还必须有中断周期和DMA周期。图6-13所示为各周期状态的变化情况流程,也是CPU工作流程。

　　执行周期结束后,一条指令执行完毕,此时CPU要进行一串状态测试。由于DMA的优先级高于中断优先级,所以先进行DMA测试,如果有DMA请求,进入DMA周期DMAT,否则进入中断检测,如果有中断请求,进入中断周期IT。如果没有中断请求或中断周期结束后,计算机又自动地执行下一条指令。

　　上面讨论的指令执行流程与相应的微操作序列的安排,主要取决于数据通路结构。它是控制单元设计的核心内容。

　　现在以取指周期为例说明1→FT的条件。有五种进入取指周期的情况。可分别采用置入方式或同步接数方式,使取指周期触发器为1。FT触发器如图6-14所示。

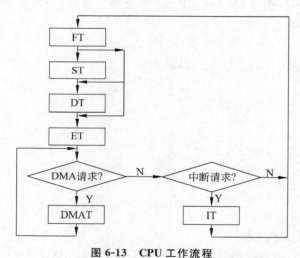

图6-13　CPU工作流程

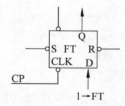

图6-14　FT触发器

　　① 初始化置入FT。包括上电初始化和复位初始化,此时采用由S端置入的方法使FT为1。

　　② 程序运行过程中,用同步接数方式实现周期转换。若要进入FT,则事先在周期触发器D端准备好1→FT条件下,然后用脉冲使FT触发器接数。

　　根据CPU的控制流程可以写出取指周期触发器置1的逻辑表达式:

$1 \rightarrow FT = ET \cdot [(\overline{1 \rightarrow DMAT}) \cdot (\overline{1 \rightarrow IT})] + IT + DMAT \cdot [(\overline{1 \rightarrow DMAT}) \cdot (\overline{1 \rightarrow IT})]$

　　即执行周器(现行指令执行完毕时),如果不响应DMA请求和中断请求,程序正常进行,或在中断周期完成程序切换后,或在DMA周期完成一次DMA传送后,如果没有新的DMA请求,也没有中断请求,则应进入FT。

6.4　组合逻辑控制器的设计

组合逻辑控制器的控制单元电路是一个组合逻辑电路,它将输入逻辑信号转换为输出控制信号,由于控制器完全采用硬件电路实现,所以又称为硬连线方式。

1. 设计方法

组合逻辑控制器的设计思想是:

① 按照 6.3.5 节讨论的方法,根据指令执行的流程图,用"穷举法"写出每一条指令、每一种寻址方式的微操作序列。

② 根据微操作序列写出各个微命令的逻辑表达式。

③ 然后运用逻辑代数(或真值表、卡诺图等)对该逻辑表达式进行化简,得到最简的与或表达式。

④ 最后用逻辑门电路实现。

⑤ 所有这些电路封装在一起就是组合逻辑控制器。

2. 微操作控制信号的综合简化

每一条指令都可以按照 6.3.5 节讨论的方法分解为一个微操作序列。根据前面已写出的几条指令的微操作序列可以看出,每一个微操作控制信号的产生由指令的操作码、寻址方式、时序信号等共同决定,即微操作控制信号 = f(操作码、寻址方式、时序信号、PSW)。根据这些条件即可构成产生每一个控制信号的逻辑电路。将这些电路综合起来,就构成了控制单元 CU。由于不同指令的微操作序列中有相同的控制信号,因此需要将相同的控制信号综合在一起进行化简,简化电路的设计。下面通过微操作控制信号 BUS→MAR 的确定来说明组合逻辑控制器的设计方法。根据例 6-1、例 6-2 和例 6-3 指令流程,找出含有 BUS→MAR 微操作的控制信号(包括时序、寻址方式):

```
FT   P₀
ADD   DT   P₀(M_D=1)
SUB   ST   P₀(M_S=2)
      DT   P₀(M_D=4)
      DT'  P₁(M_D=4)
INC   DT   P₀(M_D=3)
      DT'  P₀(M_D=3)
```

然后综合合并产生单一控制信号 BUS→MAR。

BUS→MAR=FT P_0+DT P_0 ADD(M_D=1)+ST P_0 SUB(M_S=2)+DT P_0 SUB(M_D=4)+DT' P_1 SUB(M_D=4)+DT P_0 INC(MD=3)+DT' P_0 INC(M_D=3)+…

不难发现,微操作控制信号是周期、节拍、指令码及其他条件的函数。

上面写出的微操作控制信号的逻辑表达式是根据仅有的几条具体指令写出的（实际上每一条指令还包括多种寻址方式），如果指令条数增多、寻址方式增多，上面的逻辑表达式将更加复杂。实际机器的指令往往有几百条、多达几十种寻址方式，整个机器的微操作控制信号非常多，每一个微操作控制信号的逻辑表达式中包含的项数也非常多。一般来说，上述经过综合得到的微操作控制信号的初始表达式还必须经过化简、整理，以得到最简的合理表达式。

3. 逻辑实现

经过化简后的逻辑表达式即可用逻辑电路实现。图 6-15 所示为实现 BUS→MAR 的逻辑电路示意图（严格讲只是部分电路）。图中 FT、DT、ST、DT′分别来自周期触发器的"Q"端，ADD、SUB、INC 分别来自指令译码器的不同输出，$M_S=2$、$M_D=1$ 等分别来自源和目的寻址方式译码器的输出端，P_0、P_1 等来自时序电路的节拍电位发生器。

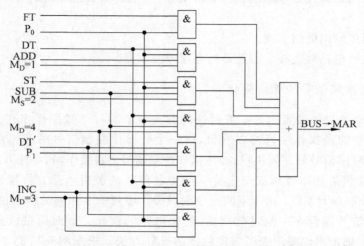

图 6-15　实现 BUS→MAR 的逻辑电路示意图

与此类同，可获得全部微操作控制信号的逻辑电路图，所有的硬件电路封装在一芯片中就是组合逻辑控制单元 CU。

4. 组合逻辑控制器框图

图 6-16 所示为简单机器组合逻辑控制器控制单元结构框图，控制单元由组合逻辑电路组成，它的输入信号主要有：①指令译码器输出；②时序信号；③标志；④外部设备的状态信号（图中未画）。组合逻辑电路的输出即微操作控制信号（又称微命令）。

5. PLA 控制器

采用 PLA 芯片实现的控制器称为 PLA 控制器。随着大规模集成电路的迅速发展，可以用可编程逻辑阵列（Programmable Logic Array，PLA）或可编程阵列逻辑（Programmable Array Logic，PAL）及通用阵列逻辑（Generic Array Logic，GAL）来代替分立门电路。

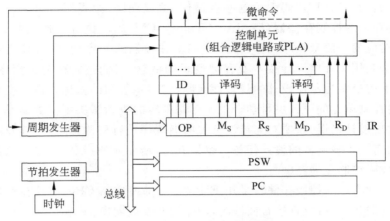

图 6-16　组合逻辑控制器框图

由于 PAL 和 GAL 可以电擦除,对设计好的电路可以进行在系统编程(In System Programmable, ISP),设计中存在的错误很容易修改。特别是在单片机系统和嵌入式控制系统中,可编程器件已完全替代了组合逻辑电路。

6. 程序执行过程

机器加电后产生的 Reset 信号将要执行的第一条指令的地址装入 PC,并且将 FT 周期触发器置为 1。复位信号结束后,开放时钟,节拍发生器产生节拍信号,控制单元则根据周期触发器状态,节拍信号产生取指令所需要的各个微命令,完成第一条指令的取出并送到指令寄存器 IR。同时,PC 加 1,准备好下一条指令的地址。然后,根据取出的指令进行相应的操作,具体完成本条指令的功能。执行完该指令后进行状态检测,如果条件满足则转入相应的处理程序进行处理。否则又转入取指周期。取指令、分析指令、执行指令,不停地重复上述过程,直到程序执行完毕为止。

6.5　微程序控制器的设计

6.5.1　微程序控制的基本原理

控制单元采用组合逻辑设计,微操作控制信号全部用硬件产生,速度快,但是,组合逻辑控制器也存在明显的缺点:

① 逻辑实现复杂。现代计算机的 CPU 都非常复杂,需要控制单元产生的微操作控制信号的数量非常大,用组合逻辑电路实现所有的控制信号将是一件非常困难的事情。

② 不易扩展和修改。设计好的电路用硬件连接逻辑固定下来以后,就很难修改扩展,如果要增加几条指令或某一指令增加某种功能(增加寻址方式),整个控制器几乎要重新设计。

采用微程序设计的方法可以克服以上缺点。其基本思想是:将机器指令分解为基本的微操作序列,用"0"、"1"代码表示这些微操作,编成程序(微程序),每一条指令对应一段微程序,并存放在控制存储器(Control Memory,CM)中。执行一条机器指令,只要逐条取出与其对应的一段微程序,就可以产生微操作控制信号序列,实现该机器指令的功能。这种方法利用了程序设计技术及存储逻辑的概念,我们把它称为微程序设计技术。程序设计技术解决了控制器设计的规整性问题,它将不规则的微操作命令变成了有规律的微程序,使控制单元的设计更科学合理。存储逻辑的概念解决了控制器设计的修改性问题,如果发现设计错误,只要对与错误有关的微程序进行修改即可,不涉及其他指令的微程序,大大简化了控制器的设计任务。容易升级,增加几条指令,只要将该指令所对应的微程序存放到控制存储器中。

用来存放微程序的控制存储器采用 E^2PROM,即使成品 CPU 芯片在使用过程发现存在设计上的缺陷,也可以直接召回修改,产品的开发周期短,成本低。

采用微程序方法设计的控制器称为微程序控制器,设计过程中既有软件又有硬件,被称为固件(firmware)。微程序控制器的实现不易出现潜在的错误,成本低。缺点是执行一条指令要执行一段微程序,速度比较慢。

1. 基本概念

1) 微命令和微操作

一台计算机基本可以划分为两部分:控制部件和执行部件。控制器是控制部件,而运算器、存储器、外部设备相对控制器来说是执行部件。

(1) 微命令

它是构成控制信号的最小单位,即微操作控制信号。例如,打开或关闭某个控制门的电位信号。微命令由控制部件通过控制线向执行部件发出。

(2) 微操作

微操作是执行部件接受微命令后所进行的最基本的操作。微命令是微操作的控制信号,微操作是微命令的控制操作过程。对控制部件是微命令,对执行部件是微操作。

2) 微指令和微周期

(1) 微指令

它是若干个微命令的组合。通常以编码字的形式存放在控制存储器的一个单元中,用来产生一组控制信号,以便控制执行相应的一步操作,如控制数据通路的基本操作或信息传送。一条微指令通常包含以下信息:

微操作码字段:又称为操作控制字段。用于指定在一条微指令中同时产生的各种微命令。

微地址字段:又称为顺序控制字段。用于指定后续微指令地址的形成方式,控制微程序的连续执行。

其他相关信息:如常数字段、标志字段等。常数字段用于提供操作需要的数据,标志字段用于提供某些特征信息。

(2) 微周期

通常指从控制存储器读取一条微指令并执行相应的微操作所需要的时间。

3）微程序和微程序设计

（1）微程序

微程序指由微指令组成的程序。

（2）微程序设计

将传统的程序设计的方法运用到控制逻辑的设计中。控制逻辑的本质是控制计算机内部的信息传送以及它们之间的相互关系。因此，微程序设计就是利用类似程序设计的方法，组织和控制计算机内部信息的传送和相互联系。

4）控制存储器

存放微程序的存储器，又称为微程序存储器，由于该存储器主要存放控制命令与下一条要执行的微指令的地址，所以被称为控制存储器，它的每个单元存放一条微指令代码。计算机的指令系统是固定的，实现指令系统的微程序也是固定的，控制存储器用只读存储器（或 E^2 PROM）实现。机器内控制信号数量比较多，再加上决定下一条微指令地址有一定宽度，所以，控制存储器的字长比机器字长要长得多。

5）机器指令与微指令，程序与微程序，主存储器与控制存储器的关系

机器指令是提供使用者编程的基本单位，它表明 CPU 能完成的一项基本功能。微指令则是为实现机器指令中一步操作的微命令的组合。一条机器指令对应若干条微指令序列组成的微程序，机器指令由微指令进行解释并执行。

程序是由机器指令构成的，对用户程序而言，是为完成某项任务编制并放在主存储器中的，允许修改。微程序是由微指令构成的，一条机器指令对应一段微程序，微程序是用于描述机器指令的，微程序在设计计算机时将它预先编制好，并存入控制寄存器中，不允许用户修改。

主存储器中存放的是系统程序和用户程序，容量大，是由 RAM 芯片构成的。控制存储器中存放的是对应于机器指令系统的全部微程序，控制实现机器的整个指令系统，容量有限，是由 ROM（或 E^2 PROM）芯片构成的。

2. 微程序控制器计算机的结构和指令执行过程

（1）微程序控制器的计算机结构

采用微程序控制器的计算机称为微程序计算机，它与采用组合逻辑控制器的计算机的主要差别在于控制单元的结构和组成上。图 6-17 展示了微程序计算机的基本结构框图，其控制单元部分用一个完整的存储系统（包括控制存储器 CM、微指令地址寄存器 μAR、微指令寄存器 μIR 等）代替了组合逻辑控制单元。

（2）指令执行过程

在微程序控制器中，机器指令是通过读取微指令并执行它所包含的微命令来解释执行的。图 6-18 所示为微程序控制器的工作流程。

① 取指令操作。假定每条机器指令所对应的微程序已经编好，并放入 CM 中，如图 6-19 所示。取指令微程序用于实现取指操作，属于微程序中的公用部分。开机或上电复位时，计算机硬件自动在 PC 内置入开机后执行的第一条机器指令的地址，同时将取指令微程序的入口地址 M 送入微指令地址寄存器 μAR，启动机器后，便可以从控制存储器

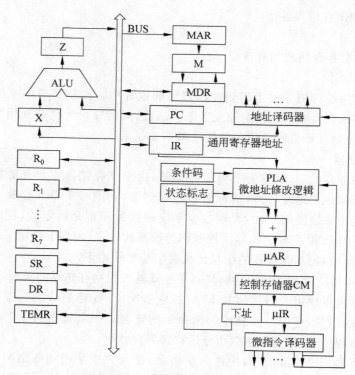

图 6-17　微程序控制计算机结构图

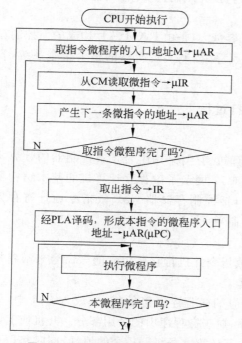

图 6-18　微程序控制器的工作流程

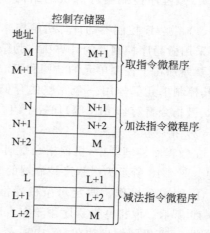

图 6-19　机器指令对应的微程序

中读出取指令微程序的第一条微指令并执行，每执行完一条微指令，其地址字段给出下一条微指令的地址，微命令使 CPU 访问主存储器，读取机器指令送入指令寄存器 IR，并修改程序计数器 PC 的内容。当取指令微程序执行完以后，IR 中已经存放一条指令，同时在 PC 中准备好了下一条机器指令的地址。

② 获得该指令对应的微程序存放在 CM 中的入口地址。根据该机器指令中的操作码，产生本条机器指令所对应的微程序入口地址，并将该地址送入微指令地址寄存器 μAR。例如：加法指令的入口地址 N，减法指令的入口地址 L 等。

③ 取微指令，执行微程序，完成该指令的操作。根据微程序入口地址逐条取出对应的微指令，每一条微指令的微操作码部分提供一个微命令序列，控制有关操作，地址字段给出下一条微指令地址，直到该条机器指令所对应的一段微程序执行完为止。

④ 取下一条机器指令。在每条机器指令所对应的微程序中，最后一条微指令的地址字段给出下一微指令的地址为 M，即取指令操作微程序的入口地址，当执行完该条微指令后，又自动进入取指令操作，重复上述①②③过程。

微程序控制单元就是这样通过逐条从控制存储器取出微指令的，发出各种微操作命令，从而实现逐条地将机器指令从主存中取出、分析执行，直到整个程序完成。这就是微程序控制计算机执行指令的控制过程。

上面的讨论涉及两个层次，一个层次是程序员看到的传统的机器级——机器指令，用机器指令编写的工作程序存放在主存储器中。另一个层次是微程序控制器设计者看到的微程序级——微指令，用微指令编制的微程序存放在控制存储器中，用来对机器指令进行"解释"。

微程序控制器设计的基本思想是把机器指令的每一操作控制编成一条微指令，每条机器指令对应一段由微指令组成的微程序。当执行机器指令时，只要从控制存储器中顺序取出这些微命令，即可按所要求的次序产生相应的微控制信号。下面以 ADD (R3)，R1 指令为例说明微程序的编写方法。假设可以并行操作的微命令合并为一步完成(一条微指令)，根据指令执行流程写出各步所需要的微命令，每一步下的微命令用一条微指令实现，ADD (R3)，R1 指令所对应的微指令如表 6-3 所示。

表 6-3 ADD (R3)，R1 指令所对应的微指令

微命令	BUS→PC	PC→BUS	BUS→MAR	READ	MDR→BUS	BUS→IR	BUS→X	CLEARX	1→C_0	ADD	ALU→Z	Z→BUS	R1→BUS	BUS→R1	R3→BUS	WAIT	END	…
1	0	1	1	1	0	0	0	1	1	1	1	0	0	0	0	0	0	
2	1	0	0	0	0	0	0	0	0	0	0	1	0	0	0	1	0	
3	0	0	0	0	1	1	0	0	0	0	0	0	0	0	0	0	0	
4	0	0	1	1	0	0	0	0	0	0	0	0	0	0	1	0	0	
5	0	0	0	0	0	0	1	0	0	0	0	0	1	0	0	1	0	
6	0	0	0	0	1	0	0	0	0	1	1	0	0	0	0	0	0	
7	0	0	0	0	0	0	0	0	0	0	0	1	0	1	0	0	1	

```
步        微操作
1         PC→BUS,BUS→MAR,READ;Clear X ,1→C₀,ADD,ALU→Z;取指,(PC)+1
2         Z→BUS,BUS→PC,WAIT      ;    (PC)+1→PC
3         MDR→BUS,BUS→IR         ;    指令→IR
4         R3→BUS,BUS→MAR,READ    ;    取源操作数据
5         R1→BUS,BUS→X, WAIT     ;    (R₁)→ALU 的 A 端
6         MDR→BUS,ADD,ALU→Z      ;    相加
7         Z→BUS, BUS→ R1,END     ;    结果→R₁
```

6.5.2　微程序设计技术

1. 微指令格式

微指令格式的设计是微指令设计的主要部分,它直接影响微程序控制单元的结构和微程序的编制,也直接影响计算机的速度和控制存储器的容量。微指令格式的设计除了要实现计算机的指令系统外,还要考虑具体的数据通路结构、控制存储器的速度以及微指令编制等因素。不同机器有不同的微指令格式,对于共性来说,大致可以归纳为水平型微指令和垂直型微指令两类。

（1）水平型微指令

一次能定义并执行多个并行操作微命令的微指令,叫做水平型微指令。它的基本特征是:微指令字较长,一条微指令能控制数据通路中多个功能部件并行操作,微命令的编码简单,尽可能使微命令与控制门之间具有直接对应关系。采用水平型微指令编制的微程序,平行操作能力强,效率高,编制的微程序比较短,机器指令的执行速度比较快,控制存储器的纵向容量小（地址空间小）,灵活性强。缺点是微指令的字长比较长,明显地增加了控制存储器的横向容量（位数）。特别是较复杂的机器,微命令多达数千个,控制存储器的字长和数据通道的宽度就非常大,硬件实现比较困难。如果将表 6-3 中的每一行作为一条微指令,就是典型的水平型微指令的格式。

（2）垂直型微指令

其格式与普通的机器指令相仿,在微指令中设置微操作码字段和地址码字段。由微操作码确定微指令的功能,微命令是通过对微操作码字段进行译码产生的,一次只能产生几个微命令。地址码字段用来指定微操作数所在的控制单元或微指令的地址。这种方法产生的微指令称为垂直型微指令。垂直型微指令的特点是:微指令字长比较短,并行操作能力有限,机器指令的执行速度比较慢。

2. 微命令结构

设计微指令结构时,所追求的目标是:有利于缩短微指令字长度;有利于减少微程序长度;有利于提高微程序的执行速度。这些目标往往是相互矛盾的,通常要综合考虑,相互兼顾。

微命令编码,是指微指令中的控制字段采用的表示方法,即将机器的全部微命令数

字化,组合到微指令中。通常有以下 3 种方法。

1) 直接控制法

直接控制法又称不译码法,在微指令的控制字段中,每一个微命令都用一位信息表示,对应于一种操作。设计微指令时,选用或不选某个微命令,只要将表示该微命令的相应位设置成"1"或"0"就可以了。微命令的产生不必经过译码,所需要的控制信号直接送到相应的控制点,图 6-20 所示为直接控制法示意图。

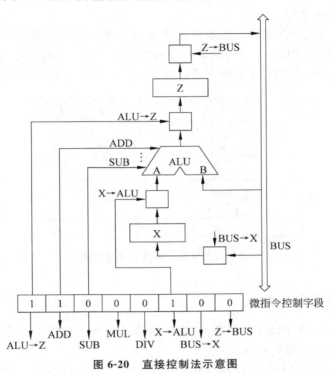

图 6-20　直接控制法示意图

这种方法的优点是简单、直观,执行速度快,微命令的并行控制能力强,编制的微程序短。缺点是微指令字长较长。

2) 字段直接编译法

将微指令的字段分成若干小段,每个小段分别编码,每种编码代表一种微命令,图 6-21 所示为字段直接编译法示意图。字段直接编译法可以缩短微指令字的长度。例如,某机器指令需要 256 个微命令,采用直接控制法,微命令的操作控制字段需要 256 位。采用

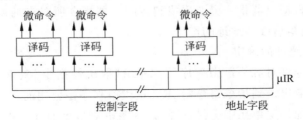

图 6-21　字段直接编译法示意图

字段直接编译法,如将控制字段分成 4 位一段,每一个字段经一个译码器输出,可获得 16个微命令,共 256/16＝16 段,微指令的控制字段仅需要 64(4×16＝64)位。(如果采用全译码法则只需要 8 位就可以)。

字段直接编译法的分段原则:①将不会同时出现的微命令分在同一字段,可以并行操作的微命令分在不同的组,这样既可以提高信息位的利用率,又可以加快指令的执行速度。②每一个小段的位数不要太多,否则会增加译码线路的复杂程度和译码时间。

3) 字段间接编译法

字段间接编译法是在字段直接编译法的基础上进一步缩短微指令字长的一种编译法,在字段间接编译法中,一个字段的微命令编码要兼由另一字段的编码或某个标志位加以解释,以便用较少的信息位表示更多的微命令。图 6-22 所示为字段间接编译法示意图。

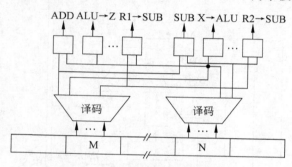

图 6-22　字段间接编译法示意图

3. 微地址的确定方法

微指令中地址字段的结构和后续微地址的形成方式是解决微程序的连续执行问题的,所以又称为微程序流的控制。

在计算机中,微程序以编码(微码)形式按给定的微指令地址存放在控制存储器的相应单元中,微程序执行时,只要依次给出各条微指令的地址,就能使微程序连续执行。要解决微程序执行顺序控制,关键在于当前微指令执行完毕后,如何确定后续微指令的地址。根据对微程序的分析,执行微程序时,得到下一条将要执行的微指令地址有下面三种情况:

(1) 由指令寄存器中的内容确定;

(2) 下一顺序地址;

(3) 转移地址。

第一种情况是根据机器指令操作码找到相应机器指令所对应的微程序的入口地址。第二、第三两种情况是后续微地址的产生。

1) 微程序入口地址的确定

每一条机器指令都对应一段微程序。首先由"取机器指令"微程序完成将一条机器指令从主存储器中取出送到指令寄存器 IR。这段微程序是公用的,一般安排在控制存储器的 0 号单元或其他特定单元中(要执行的第一条机器指令的地址以及取指令对应的微程序的入口地址是在机器开始运行时分别自动地装入程序计数器 PC 和控制存储器的微

指令地址寄存器 μAR 中的)。执行完取指令对应的微程序,将从主存中取出的指令存入指令寄存器 IR 中,并修改程序计数器 PC 的内容。IR 中机器指令的操作码通过微地址形成电路形成这条指令对应的微程序入口地址(如图 6-19 所示的加法指令微程序入口地址 N,减法指令微程序入口地址 L),该地址送入微地址寄存器 μAR 中。根据微地址寄存器中的微地址从 CM 中取出对应微程序的一条微指令,其微命令字段产生一组微命令控制有关操作。

2) 后续微地址的产生

每条微指令执行完后,都要根据要求产生后续微指令地址。后续微指令地址的产生方法可以概括为以下两种基本方式:

(1) 计数器方式(增量方式)

这种方法同用程序计数器来产生机器指令地址的方法相似。在微程序控制单元中,设置一个微程序计数器 μPC,在顺序执行微指令时,后续微指令的地址由现行微地址加一个增量(通常为 1)来产生。遇到转移时,由微指令给出转移地址,使微程序按照新的顺序执行。

(2) 断定方式(下地址字段方式)

所谓断定方式是指后续微指令的地址可由设计者指定或由设计者指定的测试判断字段控制产生。在这种方式中,当微程序不产生分支时,后续微指令地址直接由微指令的顺序控制字段给出。当微程序产生分支时,按顺序控制字段给出的测试判别字段和状态条件来形成后续微地址。这种方式因为要在微指令格式中设置一个字段来指明下一条要执行的微指令的地址,所以也称下地址字段法,图 6-23 所示为下地址字段法的微控制器的组织。

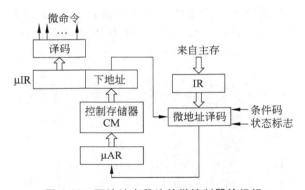

图 6-23　下地址字段法的微控制器的组织

6.6　CPU 性能设计

计算机的性能好坏取决于许多因素,其中有很多因素与 CPU 的设计有关,有的因素与各部件之间相互连接的结构有关。涉及 CPU 的最重要的三个因素是指令的强弱、时钟周期的长短、执行每条指令所需要的时钟周期。一条功能强大的指令能够完成一个复

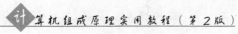

杂的任务,执行这样的指令需要多少个时钟周期,到底采用 CISC 还是采用 RISC 更能提高 CUP 的性能。时钟速度主要取决于采用的电子线路的速度和功能部件(如 ALU)的实现技术,采用一片 VLSI 芯片要比采用多片来实现有更高的速度。下面是一些提高 CPU 性能的方法。

1. 多总线结构

采用多总线结构可以将参加处理的数据同时送到处理单元,提高数据传输的并行性,图 6-24 所示为采用三总线结构 CPU。这样,如果实现两个数相加,与单总线相比,两个操作数可以通过 A、B 两条总线同时送到 ALU 的输入端,结果也不用再经过暂存器 Z 而直接送 C 总线,完成同样的操作,时间上可以大大缩短。

2. 指令流水

将取指令周期和执行指令的周期重叠起来,可以极大地改善 CPU 性能。这种技术称为指令流水(instruction pipelining),如图 6-25 所示。如果执行一条指令需要 5 个机器周期,在串行方式下,执行 4 条指令就需要 20 个机器周期,如果采用指令流水方式,在不考虑冒险竞争的情况下只需要 8 个机器周期。所谓

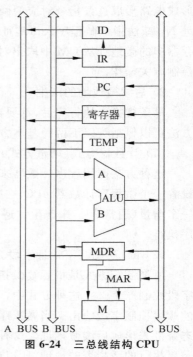

图 6-24　三总线结构 CPU

冒险竞争是指同一部件同时被不同指令使用,例如,取指令要访问内存,取操作数也要访问内存,这就对内存访问出现了冒险竞争。为了解决这个问题,在设计 CPU 内部 cache 时通常将指令 cache 与数据 cache 单独设计,取指令访问指令 cache,取操作数访问数据 cache,避免冒险竞争。

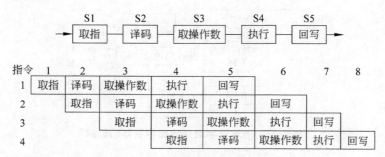

图 6-25　指令流水线执行示意图

3. 指令发射与完成策略

指令发射(instruction issue)是指启动指令进入执行的过程。指令发射策略是指发送使用的协议和规则。指令的发射和完成策略主要用于流水线的调度,对于充分利用指令级的并行度,提高处理器尤其是超标量处理器的性能十分重要。

当指令按程序的指令次序发射时,称为按次序发射(in-order issue)。为改善流水线性能,可以将有(结构、控制、数据)冒险的指令推后发射,而将后面的无冒险的指令提前发射,即不按程序原次序发射指令,称为乱序发射或无序发射(out-of-order issue)。类似地,指令执行完成也有按序完成和无序完成之分。一般来说,无序发射总是导致无序完成。于是,共有三种指令发射与完成策略:按序发射按序完成;按序发射无序完成;无序发射无序完成。无论采用哪种策略对流水线进行调度,都要保证程序运行最终结果的正确性。如 Pentium 处理器采用的是按序发射按序完成策略,Pentium Ⅱ/Ⅲ 处理器采用的是按序发射无序完成策略,而以按序回收来保证最终结果的正确性。

4. 动态执行技术

动态执行(dynamic execution)技术是通过预测程序流来调整指令的执行,并且分析程序的数据流来选择指令的最佳顺序。它主要由三方面组成:

(1) 多分支预测

多分支预测(multiple branch prediction)利用转移预测技术,允许程序的几个分支流同时在处理器中进行。在取指令过程中,处理器会在程序中寻找未来要执行的指令,加速了向处理器传递任务的过程,并为指令执行顺序的优化提供了可调度基础。

(2) 数据流分析

数据流分析(dataflow analysis)通过分析指令之间的数据相关性,产生优化的重排序的指令调度。处理器读取指令并对其译码,判断该指令能否与其他指令并行执行,并分析这些指令的数据相关性和资源的可用性,以优化的执行顺序高效地处理这些程序。

(3) 推测执行

推测执行(speculative execution)将多个程序流向的指令序列,以调度好优化顺序送往处理器的执行部件去执行,尽量保持多端口多功能的执行部件始终为“忙”以充分发挥此部件的效能。由于程序流向是建立在转移预测基础上的,指令序列的执行结果也只能作为“预测结果”而保留。一旦证实转移预测正确,已经提前建立的“预测结果”立即变成“最终结果”并修改机器的状态。显然,推测执行可保证处理器的流水线始终处于忙碌状态,加快了程序执行的速度,从而全面提高了处理器的性能。

5. 多核心技术

通过提高工作频率来改善 CPU 的性能,在主频达到 3GHz 以上后,遭遇到因漏电流问题导致产生大量废热,增加了 CPU 的功耗,散热问题也越来越难解决。随着微电子技术的发展,半导体集成工艺的提高,使用多个 CPU 来提高计算机性能的方法自然地被引入到 CPU 芯片的制造过程中,这就是多核心技术。在一个 CPU 中集成两个以上物理运行核心,且每一个核心都有自己独立的高速缓存,能在一个时钟周期内处理两倍以上的数据,管理多个线程。采用多核心技术可以大大提高整个系统的性能,而且整体设计难度和制造成本并不高。例如,执行下面三条指令:

```
MOV AX, data1
MOV BX, data2
```

```
ADD AX, BX
```

在单核心下执行,需要 3 个指令周期时间。在双核下,可以将 MOV AX,data1 在一个核心下执行,而 MOV BX,data2 同时在另一个核心下并行执行,执行三条指令只要 2 个指令周期。

    Intel 和 AMD 公司都在 2005 年推出了各自的桌面计算机双核心处理器 Smithfield 和 Denmark。Intel 公司在 2008 年年底推出了基于 Nehalem 核心架构的 Core i7 四核处理器。AMD 公司也相继推出了基于改进的 Stars 核心架构的 Phenom X4 四核处理器。另外,将图形处理器集成在微处理器的内部,即 CPU＋GPU,也是处理器技术的一个新的发展方向。

习 题 6

一、选择题

1. 目前的 CPU 包括_____和 cache。
    A. 控制器、运算器   B. 控制器、逻辑运算器
    C. 控制器、算术运算器   D. 运算器、算术运算器

2. 若 A 机的 CPU 主频为 8MHz,则 A 机的 CPU 主振周期是_____。
    A. 0.25 微秒   B. 0.45 微秒   C. 0.125 微秒   D. 1.6 微秒

3. 同步控制是_____。
    A. 只适用于 CPU 控制方式   B. 只适用于外部设备的控制方式
    C. 由统一的时序信号控制方式   D. 所有指令执行的时间都相同的方式

4. 异步控制常作为_____的主要控制方式。
    A. 微型机的 CPU 控制中
    B. 微程序控制器
    C. 组合逻辑控制的 CPU
    D. 单总线结构计算机中访问主存与外围设备时

5. 为协调计算机系统各部分工作,需有一种器件提供统一的时钟标准,这个器件是_____。
    A. 总线缓冲器   B. 时钟发生器   C. 总线控制器   D. 操作指令产生器

6. 在 CPU 中存放当前正在执行指令的寄存器是_____。
    A. 主存地址寄存器   B. 程序计数器   C. 指令寄存器   D. 程序状态寄存器

7. 计算机主频周期是指_____。
    A. 指令周期   B. 时钟周期   C. 存取周期   D. CPU 周期

8. CPU 内通用寄存器的位数取决于_____。
    A. 机器字长   B. 存储器容量   C. 指令字长   D. 速度

9. 一条转移指令的操作过程包括取指令、指令译码和_____三部分。
    A. 地址   B. 操作码   C. 机器周期   D. 计算地址

10. 任何指令周期的第一步必定是_____周期。

　　A. 取数据　　　　B. 取指令　　　　C. 取状态　　　　D. 取程序

11. 微程序入口地址是_____根据指令的操作码产生的。

　　A. 计数器　　　　B. 译码器　　　　C. 计时器　　　　D. 判断逻辑矩阵

12. 下列关于微处理器的描述中,正确的是_____。

　　A. 微处理器就是主机　　　　　　　　B. 微处理器可以用作微机的 CPU

　　C. 微处理器就是微机系统　　　　　　D. 微处理器就是一台微机

13. 微程序放在_____中。

　　A. RAM　　　　B. 控制存储器　　　　C. 指令寄存器　　　　D. 内存储器

14. 微指令格式分为水平型和垂直型,水平型微指令的位数_____,用它编写的微程序_____。

　　A. 较多,较长　　　B. 较少,较短　　　C. 较长,较短　　　D. 较短,较少

二、填空题

1. 中央处理器是指_____。

2. 在 CPU 中跟踪指令后继地址的寄存器是_____。

3. PC 属于_____。

4. CPU 中通用寄存器的位数取决于_____。

5. CPU 主要包括_____。

6. 指令周期是_____。

7. 任何一条指令的指令周期的第一步必定是_____周期。

8. CPU 取出一条指令并将其执行完毕所需要的时间是_____。

9. 指令周期一般由_____、_____、_____三部分组成。

10. 有些机器将机器周期定为存储周期的原因是_____。

11. 异步控制常用于_____作为其主要控制方式。

12. 指令异步控制方式的特点是_____。

13. 时序信号的定时方式,常用的有_____、_____、_____三种方式。

14. 构成控制信号序列的最小单位是_____。

15. 硬布线器的设计方法是:先画出_____流程图,再利用_____写出综合逻辑表达式,然后用_____等器件实现。

16. 硬布线控制器的基本思想是:某一微操作控制信号是_____译码输出,_____信号和_____信号的逻辑函数。

17. 在硬布线控制器中,把控制部件看作为产生_____的逻辑电路。

18. 控制器的控制方式有_____、_____和_____三种形式。其中_____方式最节省时间,_____方式最浪费时间,而_____方式介于两者之间。

19. 在硬布线控制器中,某一微操作控制信号由_____产生。

20. 微程序控制器中,机器指令与微指令的关系是_____。

21. 采用微程序控制方法,使原来的组合逻辑变成了_____。

22. 微程序是_____的有序集合。

23. 与微程序控制相比,组合逻辑控制的速度较_____。

24. 计算机的核心部件是_____,控制着计算机内_____和_____的操作。

25. 现代计算机的运算器结构一般使用总线来组织,基本分为_____、_____、_____三种结构形式。其中_____操作速度最快,而_____操作速度最慢。

26. 根据机器指令与微指令之间概念上的某种对应关系,请在下面括号中填入适当名称。

指令	微指令
命令	(____)
(____)	微程序
主存	(____)
地址	(____)
(____)	微命令寄存器

三、解答题

1. 什么是指令周期?什么是机器周期?什么是时钟周期?三者有什么关系?

2. 微程序控制器有何特点(基本设计思想)?

3. 什么叫组合逻辑控制器?它的输入信号和输出信号有哪些?

4. 以模型机组成为背景,试分析下面指令,写出指令执行的微命令序列。

(1). SUB　R_1,　X(R_3)

(2). ADD X(R1),　(R2)

(3). NEG @(R_6)+

(4). ADD　(R_2)+,　R_3

(5). DEC　X(R_6)

第 7 章

总线及总线互连结构

计算机由 CPU、主存模块和 I/O 模块等组成,计算机的所有功能都是通过 CPU 周而复始地执行指令实现的。在执行指令过程中,CPU、主存和 I/O 模块之间要不断地交换信息(包括指令、数据等),可以说计算机所有功能的实现,归根结底就是各种信息在计算机内部各部件之间进行交换的过程。要进行信息交换,必须在部件之间构筑信息通路,通常把连接各部件的通路的集合称为互连结构。部件之间的互连方式通常有两种,一种是各部件之间通过单独的连线互连,这种方式称为分散连接。另一种是将各个部件连接到一组公共信息传输线上,这种方式称为总线连接。

早期的计算机大多采用分散连接方式,相互通信的部件之间都有单独的连线,如果某个部件与其他所有部件都有信息交换,它的内部连线就非常复杂,而且成本高。此外,某一时刻它只能和其他部件中的一个交换信息,在交换信息过程中也必须停止本身的工作,这将大大影响系统的工作效率。特别是随着计算机应用领域的不断扩大,I/O 设备的种类和数量越来越多,用分散连接方式无法满足人们随时增减设备的需要,这就提出了总线连接方式。

现代计算机普遍使用的是总线互连结构,所有的功能部件都连接到总线上。采用总线结构的优点是配置灵活且成本低,它的灵活性体现在新部件可以很容易地加到总线上,并且部件可以在使用相同总线的计算机系统之间互换。一组单条的总线可被多个部件共享,总线的性价比高。总线的主要缺点是所有的部件都通过总线传输数据,可能产生通信瓶颈。

本章主要讨论以下问题:

(1) 什么是总线?总线的作用及分类。

(2) 总线的特性。

(3) 总线的数据传输方式及提高总线数据传输速度的方法。

(4) 总线的设计要素。

(5) 总线接口单元及作用。

(6) 总线标准及发展过程。

(7) 现代计算机的总线结构及主板芯片组的作用。

7.1　总线的基本概念

7.1.1　总线的特性

总线是连接两个或多个功能部件的一组共享的信息传输线，它的主要特征就是多个部件共享传输介质。一个部件发出的信号可以被连接到总线上的其他所有部件所接收。总线由许多传输线或通路构成，每条线可传输一位二进制信息，若干条线可同时传输多位二进制信息。总线的基本特性包括：

1. 物理特性

总线的物理特性是指总线在机械物理连接上的特性。包括连线类型、数量、接插件的几何尺寸和形状以及引脚线的排列等。

从连线的类型来看，总线可分为电缆式、主板式和底板式。电缆式总线通常采用扁平电缆连接电路板。主板式总线通常在印刷电路板或卡上蚀刻出平行的金属线，这些金属线按照某种排列以一组连接点的方式提供插槽，系统的一些主要部件从这些槽中插入到系统总线。底板式总线则通常在机箱中设置插槽板，其他功能模块一般都做成一块板卡，通过将卡插到槽内连接到系统中。

从连线的数量来看，总线一般分为串行总线和并行总线。串行总线只有一根数据线，一次只能传输一位二进制数。在并行传输总线中，按数据线的宽度分 8 位、16 位、32 位、64 位总线等。总线的宽度对总线的实现成本、可靠性和数据传输率影响很大。一般串行总线用于长距离的数据传送，并行总线用于短距离的高速度数据传送。

2. 电气特性

总线的电气特性是指总线的每一条信号线的信号传递方向、信号的有效电平范围。通常规定由 CPU 发出的信号为输出信号，送入 CPU 的信号为输入信号。地址线一般为输出信号，数据线为双向信号，控制线的每一根都是单向的，有的为输出信号，有的为输入信号。总线的电平表示方式有两种：单端方式和差分方式。单端电平方式采用一条信号线和一条公共接地线来传递信号，信号线中一般用高电平表示逻辑 1，低电平表示逻辑 0。差分电平方式采用一条信号线和一个参考电压比较来互补传输信号，一般采用负逻辑，即用高电平表示逻辑 0，低电平表示逻辑 1。例如，串行总线接口标准 RS-232C，其电气特性规定低电压要低于 $-3V$，表示逻辑 1；高电平要高于 $+3V$，表示逻辑 0。

3. 功能特性

总线功能特性是指总线中每根传输线的功能。不同的总线其功能不同，地址线用来传输地址信息，数据线用来传输数据信息，控制线用来传输控制信息。

4．时间特性

总线时间特性是指总线中任何一根传输线在什么时间内有效，以及每根线产生的信号之间的时序关系。时间特性一般可用信号时序图来说明。

7.1.2　总线的类型

计算机系统中含有多种总线，根据所连接的部件的不同，总线通常被分成三种类型：内部总线、系统总线和通信总线。

1．内部总线

用于芯片内部连接各元件的总线。例如 CPU 芯片内部，各个寄存器、ALU、指令部件等都采用总线相连。

2．系统总线

用于连接 CPU、存储器和各种 I/O 模块等主要部件的总线称系统总线。由于这些部件通常都制作在插件板卡上，所以连接这些部件的总线一般是主板式或底板式总线，主板式总线是一种板级总线，主要连接主机系统印刷电路板中的 CPU 和主存等部件，也被称为处理器-主存总线，有的系统把它称为局部总线或处理器总线。底板式总线通常用于连接系统中的各个功能模块，实现系统中的各个电路板的连接。典型的有 ISA、PCI 总线等。

3．通信总线

用于主机和 I/O 设备之间或计算机系统之间通信的总线称通信总线。这类连接涉及许多方面，包括距离远近、速度快慢、工作方式等，差异很大，通信总线的种类很多。

7.1.3　系统总线的组成

系统总线通常包含数据总线、地址总线、控制总线、电源线。

1．数据总线

数据总线是用来承载在源部件和目的部件之间传输信息的，这个信息可能是数据、命令或地址。例如，如果想从磁盘上读一些数据到存储器，则数据线用来传输主存的地址和实际从磁盘来的数据。数据线的条数被称为数据总线的宽度，它决定了每次能同时传输的信息的位数。数据总线的宽度是决定系统总体性能的关键因素之一。例如，如果数据总线的宽度为 16 位，而指令的操作位数为 32 位，在取这个操作数时，必须访存两次。如果数据总线的宽度为 32 位，只要一次访存。

2．地址总线

地址总线用来提供源数据或目的数据所在的主存单元或 I/O 端口的地址。例，若要从主存单元读一个数据,CPU 必须将该主存单元的地址送到地址线上。若要输出一个数据到外设,CPU 也必须把该外设的地址(实际上是 I/O 端口的地址)送到地址线上。地址线是单向的,它的位数决定了可寻访的地址空间的大小。例如,有 16 位地址线,不采用分时多次传送地址,则可访问的存储单元最多只能有 65 536(2^{16})个。

3. 控制总线

控制总线传输的信号是用来控制对数据总线、地址总线或外设的访问和使用的,典型的控制信号包括：

存储器写(Memory Write)：将数据总线上的数据写入被寻址的存储单元。

存储器读(Memory Read)：将被寻址的存储单元中的数据读到数据总线上。

I/O 写(I/O Write)：将数据总线上的数据写入被寻址的 I/O 单元。

I/O 读(I/O Read)：将被寻址的 I/O 单元中的数据读到数据总线上。

总线请求(Bus Request)：表示某个模块需要获得总线控制权。

总线允许(Bus Grant)：表示发出请求的模块已经被允许控制总线。

数据确认(Data ACK)：表示数据已经被接收,或已放到数据总线上。

中断请求(Interrupt Request)：表示某个中断源正在发出中断请求。

中断确认(Interrupt ACK)：表示请求的中断已经被识别。

时钟(Clock)：用于同步操作。

复位(Reset)：初始化所有模块。

4. 电源线与地线

电源线与地线用来提供计算机工作所需要的各种电源。通常有±5V、±12V 和地线等。

通常说的三总线就是数据总线、地址总线和控制总线的简称。

7.1.4　总线的数据传输方式

在计算机系统中,数据的传输方式有两种：串行传输和并行传输。

1. 串行传输

串行总线的数据在总线上是按位进行传送的,一次只能传输一位数据,因此只需要一根总线(另外一根地线),线路成本低,适合远距离、低速率数据传输。

计算机系统大多对数据进行并行处理,采用串行数据传输要在发送端将并行数据先转换为串行数据,在接收端再将串行数据转换成并行数据。图 7-1 所示为串行数据的传输及数据的串-并转换。

串行传输方式可以分为同步和异步两种方式。在异步方式中,每个字符要用一位起始位和若干停止位作为字符传输的开始和结束标志,发送端和接收端不需要同步脉冲,接收端是根据接收的有效起始位和有效停止位来确定有效数据的。起始位和停止位需要占用一定的传输时间。图 7-2 所示为串行异步方式数据格式。串行同步方式是将若干

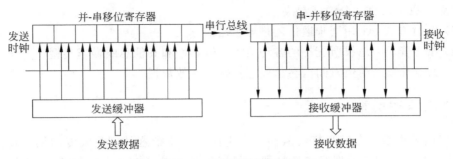

图 7-1　串行通信原理图

字符前后的附加位去掉,组成一个字符块,在字符块的开始和结尾用一个或若干个字符作为同步字符标志,接收端根据同步字符标志来确定数据的有效性。

图 7-2　串行异步通信数据格式

在串行数据传输方式中,传输的速度用波特率来表示,波特率等于每秒传输比特位数(二进制位 bit)。

【例 7-1】　利用串行方式传送字符,假设每秒传 120 个字符,其中一个字符包含 10 比特位(1 位起始位,8 位数据位,1 位停止位),传送的数据格式如图 7-2 所示。问传输的波特率是多少? 每个比特位占用的时间是多少?

解:波特率:$120 \times 10 = 1200$ 波特

每比特位占用的时间:$1/1200 = 0.833 \times 10^{-3} \text{s} = 0.833 \text{ms}$

2. 并行传输

并行总线的数据在数据总线上同时有多位数据一起传送,每一位要有一根数据线,一次传输多少位数据就需要有多少根数据线。并行数据传输要比串行传输快得多,但需要更多的传输线,成本高,一般用作近距离传输线,如系统总线。图 7-3 所示为并行总线。

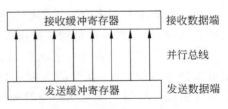

图 7-3　并行通信原理图

7.2　总线的设计要素

尽管总线的设计有许多不同的实现方式,但总线设计的基本要素和考查其性能指标都是一样的。总线设计时主要考虑的基本要素包括:

(1)信号线类型:采用专用信号线还是复用信号线。

(2)仲裁方法:多个部件同时申请使用总线,决定谁优先使用总线称为总线仲裁。

仲裁方法有集中裁决和分散式裁决。

（3）定时方式：采用同步通信还是异步通信方式。

（4）事务类型：总线所支持的各种数据传输类型和其他总线操作类型。

（5）总线带宽：单位时间内在总线上传输的有效数据。

7.2.1　信号线类型

总线信号类型有专用和复用两种。专用信号线是指这种信号线专门用来传送某一种信息。例如，分立的数据线和地址线。复用信号线是指在同一信号线上，不同的时间传送不同的信息，即分时复用，例如，地址/数据分时复用总线，在一段时间上传输地址信息，另一段时间上传输数据信息。

7.2.2　仲裁方法

多个部件共用一组总线，部件与部件之间要交换信息，什么时候交换信息，哪两个设备交换信息，均需要统一的管理，这就提出了总线控制的问题。总线控制包括总线仲裁和总线通信控制。

总线上连接多个设备，根据其对总线有无控制能力被分为主控设备（简称主设备，对总线有控制权）和从设备（对总线无控制权）。主设备控制对总线的访问，发起并控制所有的总线请求，主控设备也称请求代理。从设备只能响应主设备发来的总线命令，无总线控制能力，从设备又称响应代理。例如，处理器总是一个主设备。存储器总是一个从设备，它只响应读写请求，但不会发出请求。

最简单的系统可以只有一个总线主控设备——处理器。所有的总线操作都必须由处理器控制，无须总线仲裁，但处理器必须介入到每一个总线事务中，占用大量 CPU 时间，这种做法已经变得越来越没有吸引力了。

另一做法是采用多个总线主控设备，每个主控设备都能启动数据传送。对于多主控设备总线，必须提供一种机制来决定在某个时刻哪个设备具有总线使用权。

决定哪个主控设备将在下次得到总线使用权的过程被称为总线裁决。总线裁决大致可以分为两种方式：集中裁决方式和分散裁决方式。集中裁决方式是在系统中设置一个独立的硬件设备——总线控制器来分配总线时间。总线控制器可以是独立的模块，也可以是 CPU 的一部分。集中裁决又可以分为菊花链查询方式、计数器定时查询方式和独立总线请求访问裁决方式。分散裁决方式没有总线控制器，每个设备都包含访问控制逻辑，这些模块共同作用分享总线，谁先使用总线有它们自己的控制逻辑来完成。

1. 集中裁决方式

常用的集中裁决方式有三种：菊花链查询方式、计数器定时查询方式和独立总线请求方式。

（1）菊花链查询方式

图 7-4 所示为菊花链查询方式。在菊花链查询方式中，设备发出总线请求信号 BR

(bus request),总线控制器(bus master)在接到总线请求信号后检查总线是否忙,若总线空闲(BS=0),总线控制器发总线允许 BG(bus grant)控制信号,表明它已经允许使用共享的总线。总线允许信号首先发给设备 0,如果设备 0 没有申请使用总线,将总线允许信号继续传给设备 1,依此类推。发出总线请求信号 BR 的设备得到总线允许信号 BG 后置总线忙 BS(bus busy),获得总线使用权,不再将 BG 往后传,同时撤销总线请求信号,未被选中的设备必须置在高阻态。发出总线请求方必须在一个固定的时间内终止它的活动(使用完总线,让出总线使用权,撤销总线忙信号 BS),让下一个设备也享受总线。

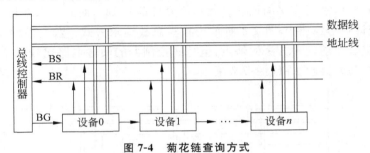

图 7-4　菊花链查询方式

菊花链查询方式优点是结构简单,缺点是设备的优先级是事先确定好的,越靠近总线控制器优先权越高,无法通过编程调整,如果高优先级的设备频繁使用总线,低优先级的设备可能长时间得不到总线使用权。另一个缺点是对设备的故障不能进行有效隔离。例如,设备 0 有故障,其他设备的总线请求就无法得到总线使用权,因为总线允许信号 BG 无法通过设备 0 向后面的设备传递。

(2) 计数器定时查询方式

计数器定时查询方式比菊花链查询方式多了一根设备线,少了一根总线允许线 BG,图 7-5 所示为计数器定时查询方式。总线控制器收到 BR 送来总线请求信号后,在总线未被使用(BS=0)的情况下,将计数器开始加 1 计数,并将计数器值通过设备线向各设备发出。发出总线请求的设备不停地读设备线上的信息,当计数器的计数值与该设备的设备号一致时,该设备便获得总线使用权,该设备建立总线忙 BS 信号,总线控制器收到 BS信号后终止计数器计数。

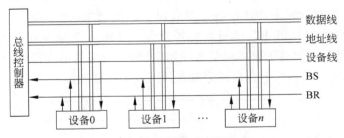

图 7-5　计数器定时查询方式

由于计数器的初值可由程序设置,因此,设备的优先级可以通过设置不同的计数初值来改变,例如,计数器初值设置为 1,设备 2 的优先级最高,设备 1 的优先级最低(注意:

如果计数器是先送计数值到设备线，后加 1 计数，则应该是设备 1 的优先级最高，设备 0 的优先级最低）。而且设备各自独立，故障不会相互影响，计数器定时查询方式克服了菊花链查询方式的缺点，但是缺点是裁决平均时间长。

（3）独立总线请求方式

独立总线请求方式是每一个设备都有一组独立的设备请求 BR 线和设备允许线 BG。当某个设备要求使用总线时，就将该设备的设备请求信号 BG 通过自己的设备请求线送给总线控制器，总线控制器根据一定的算法（即根据优先级的高低）从请求使用总线的一组设备中选择一个，然后直接向该设备发总线允许信号 BG，而其他未获得总线使用权的设备的总线允许信号 BG＝0，图 7-6 所示为独立总线请求方式。独立总线请求实行按需要分配总线，克服了前两种方法的缺点，但总线控制器的硬件电路比较复杂，扩展受到所选择的总线控制器总线允许线的根数限制。

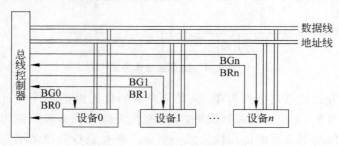

图 7-6   独立总线请求方式

2. 分散式裁决方式

常用的分散式裁决方式有：

（1）自举分散式裁决方式

自举分散式裁决方式也采用多请求线，但不需要总线控制器，每个设备独立地决定自己是否是最高优先级请求者，一般优先级是固定的。每个需要请求总线控制权的设备在各自对应的总线请求线上送出请求信号，在总线裁决期间每个设备将有关请求线上的信号合成后取回分析，根据这些请求信号确定自己是否拥有总线控制权。每个设备通过取回的合成信息能够检测出其他设备是否发出了总线请求，如果没有，则可以立即使用总线，并通过总线忙信号阻止其他设备使用总线。如果一个设备在发出总线请求的同时，检测到其他优先级更高的设备也请求使用总线，本设备就不立即使用总线，优先级高的设备使用总线。图 7-7 所示为自举分散式裁决方式示意图。

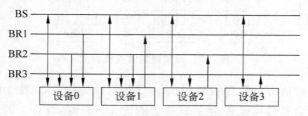

图 7-7   自举分散式裁决方式示意图

假设总线上有 4 个设备,分别为设备 0~设备 3,设备 3 优先级最高,设备 0 优先级最低,BS 为总线忙信号,BRi 为设备 i 的总线请求信号,最低优先级的设备不需要总线请求线。当设备 3 要使用总线时,首先检查 BS 确认总线是否空闲,如果空闲(BS=0)就将BS 置为有效(BS=1),同时将 BR3=1,开始使用总线。使用完总线同时撤销 BS 和 BR3。当设备 2 要使用总线时,首先检查 BS 确认总线是否空闲,如果空闲,再检查设备 3 是否也同时申请使用总线(BR3 是否为 1),如果设备 3 没有申请使用总线(BR3 为 0),设备 2 就将 BS 置为有效,同时将 BR2=1,开始使用总线,使用完总线同时撤销 BS 和 BR2。如果设备 2 与设备 3 同时申请使用总线,设备 2 的优先级比设备 3 的优先级低,这时设备 3 使用总线,设备 2 继续等待。SCSI 就是采用这种方案。

(2) 冲突检测分散式裁决

在冲突检测分散式裁决方案中,每个设备独立地请求使用总线,多个同时申请使用总线的设备会产生冲突,这时冲突被检测到,按照某策略在冲突的各方选择一个设备使用总线。例如,当某个设备要使用总线时,先检查一下是否有其他设备在使用总线,如果没有,那它就置为总线忙,然后使用总线。如果两个设备同时检测到总线空闲,那就有可能同时立即使用总线,这就产生冲突。一个设备在使用总线进行数据传输过程中,它会侦听总线以检测是否会发生冲突,当冲突发生时两个设备都会停止传输,各自延迟一个随机时间后再重新发出请求,直到总线空闲获得使用权为止。

7.2.3 定时方式

众多部件共享总线,谁能获得总线使用权可以按照优先级来进行仲裁,而在传送通信时间上只能按分时方式来解决。

总线在完成一次传送过程可以分成 4 个阶段。

① 申请分配阶段:主设备提出申请,经总线仲裁机构决定下一传送周期的总线使用权授予某一申请者。

② 寻址阶段:主设备通过总线发出本次访问的从设备的地址,启动从设备。

③ 数据交换阶段:主从设备进行数据交换,数据由源设备发出经数据总线到达目的设备。

④ 结束阶段:主设备的有关信息均从总线上撤销,让出总线使用权。

总线通信定时方式主要解决通信双方如何获知传输开始和传输结束,通信双方如何协调和配合。总线通信定时方式一般采用三种方式:同步通信方式、异步通信方式、半同步通信方式。

1. 同步通信

通信双方由统一的时钟控制数据传送称同步通信方式。这种通信方式的优点是规则明确、统一,缺点是在时间上必须完全要求同步一致、通信双方必须速度完全相同。图 7-8 所示为同步方式下的读操作时序图。首先,在同步脉冲的作用下,主设备发出读请求 ReadReq 信号和从设备的地址,从设备准备数据。延时一段时间后,在下一个同步脉冲下,从设备将准备好的数据送数据总线,主设备发读信号 Read,将有效数据取走,至此主设备与从设备完成一次读数据操作。

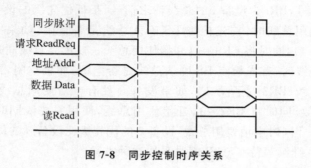

图 7-8　同步控制时序关系

2. 异步通信

异步通信方式没有统一的时钟，为了协调发送和接收双方的数据通信，通信双方采用应答方式。主设备发出请求(request)信号后，一直等待从设备的响应 Ack(acknowledge)信号，然后才开始通信。异步通信分不互锁、半互锁和互锁三种类型。

（1）不互锁方式

主设备发出请求信号后不等从设备发回答信号，延时一段时间后，认为从设备已经收到请求信号，便撤销其请求信号。从设备接到请求信号后，在条件允许时发出回答信号，并经过一段时间，认为主设备已经收到回答信号后，自动撤销回答信号，通信双方并不互锁。由于延时的时间是事先确定的，一个快速设备同慢速设备进行通信时，就有可能因慢速设备没有准备好而造成数据丢失。

（2）半互锁方式

主设备发出请求信号，等待接到从设备的回答信号后再撤销其请求信号，存在简单的互锁关系。而从设备发出回答信号后，不等待主设备回答，延时一段时间后便撤销其回答信号，无互锁关系，故称半互锁关系。

（3）全互锁方式

主设备发出请求信号，等待接到从设备的回答信号后再撤销其请求信号，从设备发出回答信号后，等待主设备获知后，再撤销其回答信号，故称全互锁关系。全互锁方式必须在通信双方都准备好才开始进行数据传输，因此，不会造成数据丢失。图 7-9 所示为三种互锁关系示意图。

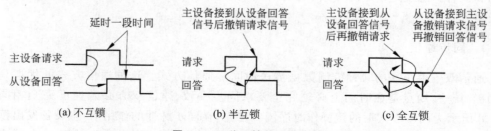

图 7-9　三种互锁关系示意图

图 7-10 所示为异步通信方式下读存储器操作时序图。一次总线操作从主设备送出一个读请求信号 ReadReq 和地址信息开始,图中的每一步操作说明如下(假设异步操作是在全互锁下进行的):

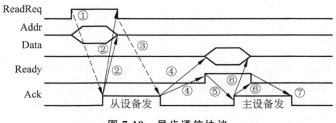

图 7-10　异步通信协议

① 存储器收到主设备送来出的读请求信号 ReadReq 后,就从地址线上读取地址信息,然后送出 Ack 信号,表示它已接受了读请求和地址信息。

② 主设备收到存储器送出的回答信号 Ack 后,接着释放读请求信号 ReadReq 和地址线。

③ 存储器发现读请求信号 ReadReq 被释放后,紧接着撤销应答信号 Ack。

至此,主从设备完成了一次握手过程,在这一过程中,完成了读命令信号和地址信号的通信,但总线操作并没有完成,还需要继续进行数据通信。

④ 当存储器完成数据的读出后,将数据送到数据总线上,同时发数据准备就绪信号 Ready。

⑤ 主设备收到存储器送出的数据准备就绪信号 Ready 后,就从数据线上开始读数据,同时发回答信号 Ack,告诉存储器数据已经被读。

⑥ 存储器收到 Ack 信号后,得知数据已经被成功读取,撤销数据准备就绪信号 Ready,释放数据总线。

⑦ 主设备发现数据准备就绪信号 Ready 撤销后,紧接着也撤销应答信号 Ack。

至此,主从设备又完成了一次握手过程,在这一过程中主设备完成了一次存储器的读操作。

同步通信方式通常比异步通信方式快,因为异步通信要进行握手,增加了开销。

【例 7-2】　假设同步总线的时钟周期为 50ns,总线上传输一个数据需要一个时钟周期,异步总线每次握手需要 40ns。两种总线的数据宽度都是 32 位,存储器准备一个数据的时间为 200ns。求从该存储器中读出一个字时两种总线的数据传输率。

解：同步总线所需要的时间为:

① 发生地址和读命令到存储器:50ns。

② 存储器读数据:200ns。

③ 传输数据到设备:50ns。

总时间为 50+200+50=300ns。数据传输率为 4B/300ns=13.3MB/s。

异步总线所需要的时间:从图 7-10 中可以看出,异步总线完成一次数据传输需要7 步,每一步至少需要 40ns,但存储器读操作时间 200ns,这个时间是在第①步存储器收到地址后,到第⑤开始,存储器将数据送到数据总线上的时间,也就是说②、③、④步操作与存储器准备数据时间重叠。然后⑤、⑥、⑦三步所需要的时间为 $40×3＝120ns$。总时间为 $40＋200＋120＝360ns$。数据传输率为 $4B/360ns＝11.1MB/s$。(注意,这里的 M 是通信单位的 M,$1M＝1000k$)。

3. 半同步通信

半同步通信结合了同步通信与异步通信的优点,即保留了同步通信的基本特点,如所有地址、命令、数据信号的发出时间都严格参照系统时钟的某个前沿开始,而接收方都采用系统时钟后沿时刻来进行识别。同时又像异步通信,允许不同速度的设备和谐地工作,为此增设了一条"等待"(WAIT)响应信号线,设定等待时间。

半同步通信适用于系统工作速度不高,又包含了许多工作速度差异较大的各类设备的简单系统。半同步通信控制方式比异步通信简单,在全系统内各模块又在统一的系统时钟控制下同步工作,可靠性高,同步结构较简单。其缺点是对系统时钟频率不能要求太高,故从整体来看,系统工作的速度不是很高。

7.2.4　总线事务类型

把在总线上一对设备之间的一次信息交换过程称为一个"总线事务",总线事务类型通常根据它的操作性质来定义。典型的总线事务类型有"存储器读"、"存储器写"、"I/O读"、"I/O写"、"中断响应"等。一次总线事务简单来说包括两个阶段:地址阶段和数据阶段。地址阶段主要是主设备发出被寻址的从设备地址,从设备确认该地址,并向主设备发回应答。数据阶段是主从设备之间传输数据信息。

7.2.5　总线带宽

单位时间传输数据的位数称总线带宽。尽管一个总线的带宽主要由总线定时方式所用的协议决定,但其他 3 个因素也影响带宽,它们是:

(1) 数据总线宽度。增加数据总线的宽度可以一次传输更多的数据位。

(2) 信号线是专用还是复用。将地址线与数据线独立设置,地址信息和数据信息可以在一个时钟周期发送,提高操作的并行性。

(3) 是否允许大数据块传输(又称突发数据传输方式)。允许大数据块传输,在传输同样的数据量时,可以减少传输次数,减少传输过程的应答时间。

7.3　总线接口单元

总线上的信号必须与连到总线上的各个部件产生的信号协调,起协调作用的控制逻辑就是总线接口,它是挂接在总线上的部件与总线之间的连接界面。总线接口单元是处在总线部件中实现总线功能的那部分逻辑,它用于将总线信号接到某个总线部件中。所以,挂接在总线上的所有部件内部都有一部分逻辑是用于和总线进行连接的接口单元。

总线接口单元的基本功能如下：

① 定时和通信。在同步通信方式下，提供或接收时钟信号，在时钟信号的控制下驱动或采样相应的信号线。在异步方式下，按照握手协议对相应的信号线进行驱动或复位。

② 总线请求和仲裁。根据需要发出总线请求信号。有些部件的总线接口中具有集中方式下的总线控制器，此时还要进行总线裁决。对于分散式裁决，每个总线接口都要参与裁决过程。

③ 控制操作。提供命令译码等控制逻辑，以根据总线传送过来的命令启动总线部件进行相应的操作。

④ 提供数据缓冲。当总线连接部件之间有速度差异时，可以在接口中设置一些数据缓冲器，利用数据缓冲器使不同速度的部件得到匹配。

⑤ 数据格式转换。当总线连接的部件之间数据格式不同时，可以通过接口进行数据格式转换。如串-并转换和并-串转换。

⑥ 记录状态信息。有些接口还必须能够记录接口本身以及它所挂接的设备的状态。

⑦ 数据传送控制。有些接口还要对数据传送过程进行控制。

⑧ 中断请求和响应。根据需要发出中断请求信号或接收中断请求并给出响应信号。

根据总线的数据传输方式，总线接口单元分为串行接口和并行接口两类。

7.4　总线性能指标

总线性能指标包括：

① 总线宽度：它是指数据总线的根数，用位（bit）为单位。

② 标准传输率：在总线上每秒能传输的最大字节量，用 B/s（或 MB/s）表示。

③ 时钟同步/异步：总线上的数据与时钟同步的总线为同步总线，总线上的数据与时钟异步的总线为异步总线。

④ 总线复用：地址总线与数据总线共用一组物理总线，而在某一时刻传输地址作地址总线用，另一时刻传输数据作数据总线用，这样的总线叫做多路分时复用总线。

⑤ 信号线数：地址、数据、控制三总线之和。

⑥ 总线控制方式：包括并发工作、自动配置、仲裁方式、逻辑方式、计数方式等。

⑦ 负载能力：驱动负载的能力。

7.5　总线标准及发展过程

所谓总线标准，可视为系统与各部件（或模块）、部件与其他部件之间的一个互连的标准界面。界面的任何一方只需要根据总线标准完成自身一面的接口功能，而不必了解对方接口与总线的连接要求。目前常用的总线标准有：

1. PC/XT 总线

1981 年，IBM 推出了以 8088 为 CPU 的新一代个人计算机，为增加扩充能力也设计了总线。该总线被称为 PC 或 PC/XT 总线，是 PC 总线的第一次创新。图 7-11 所示为 PC/XT 总线。与以前苹果等公司做法不同的是，IBM 向外界完全公开了包括 PC/XT 总线完整规范在内的技术文件，允许各个厂商开发基于 PC/XT 总线的产品。该总线工作频率为 4.77MHz，总线宽度为 1B，传送一次数据需两个时钟周期数，总线传输率为 $4.77 \times 1 \div 2 = 2.38MB/s$。

图 7-11　PC/XT 总线

PC/XT 总线是一种开放式结构的计算机总线，该总线有 62 个引脚，支持 8 位双向数据传输和 20 位寻址空间，有 8 个电源和接地引脚、25 个控制信号引脚、一个保留引脚。该总线的特点是把 CPU 视为总线的唯一主控设备，其余外围设备均为从属设备。由于IBM 推出 PC 较为仓促，使 PC/XT 总线技术也有些不足，如总线布置较为混乱，对信号完整性及频率方面考虑不够，总线频宽也较低。

2. ISA 总线

ISA 总线是 PC 总线的第二次创新。80286 微处理器推出之后，IBM 决定开发功能比 PC/XT 更强大的 PC，称为 PC/AT。由于原 PC/XT 总线与新机器性能指标不匹配，同时又要保证新机型必须与 PC/XT 的原有软硬件兼容，这就要求必须对新机型的总线重新设计。IBM 公司在 PC 总线基础上增加 36 个引脚，形成了 AT 总线。从 1982 年以后，逐步确立的 IBM 公司工业标准体系结构，简称 ISA（Industry Standard Architecture）总线，有时也称为 PC/AT 总线。图 7-12 所示为 ISA 总线。

图 7-12　ISA 总线

ISA 总线的工作频率为 8MHz，总线宽度为 2B，传送一次数据所需要两个时钟周期数，总线传输率＝$8 \times 2 \div 2 = 8MB/s$。ISA 总线提供了执行系统基本的存储器、I/O 和DMA 等功能所需要的信号及定时规范。ISA 总线插头座具有 98 个引脚，包括接地和电源引脚 10 个、数据线 16 个引脚、地址线 27 个引脚、各控制信号引脚 45 个。与 PC/XT 总线相比，ISA 总线不仅增加了数据线宽度和寻址空间，还加强了中断处理（新增了 7 个中断级别）和 DMA（新增了 3 个 DMA）传输能力，并且具备了一定的多主功能。在 ISA

总线使用的前几年,IBM 从不全部说明 ISA 总线的详细时序和负载规范,使适配器设计者只能推测其值,难以保证其设计能在各种 PC 上正常工作,直到 1987 年 IEEE 同意其为标准时,才向其他公司说明其时序和负载规范。

3. MCA 总线

在 80386 处理器诞生后,一些计算机制造厂商和 IBM 公司先后推出功能更强的 80386 PC。为提高机器速度,增大可用内存,要管理 4GB 实际内存和 64TB 虚拟内存,增加多处理能力等,又需要重新设计总线。在本次总线创新设计中,不同公司出于各自目的,导致两种新型总线:MCA(Micro Channel Architecture)和 EISA(Extended Industry Standard Architecture)的产生。

1987 年 IBM 公司为保护自身的利益,在宣布 PC/2 机器时,推出相对封闭的微通道结构,简称 MCA 总线,试图由该公司加以专利控制。从技术层面上来讲,MCA 是比较先进的,其数据宽度为 32 位,地址总线宽度也为 32 位,寻址空间为 4GB,总线时钟为 10MHz,最大数据传输率为 40MB/s。MCA 配有总线仲裁机构,可支持 16 个总线主控制器,允许共享中断级,适用于多用户、多任务的环境。但是,由于 MCA 总线与 ISA 总线不兼容,不支持 ISA 外设,影响了其在 PC 兼容机上的使用。

4. EISA 总线

如果将 MCA 总线称为 PC 总线的第三次创新,那么,EISA 总线就是 PC 总线的第四次创新了。为了打破 IBM 的垄断,1988 年 9 月,Compaq、AST、Epson、HP、Olivetti、NEC 等 9 家公司联合起来,推出了一种兼容性更优越的总线,即 EISA 总线。设计 EISA 总线的目标有两个:为提高数据传输率,用一个专门猝发式 DMA 策略使 32 位总线能达到 33MB/s;在功能、电气、物理上保持与 PC/XT、PC/AT 总线兼容。该总线除了具有与 MCA 总线完全相同的功能外,还与 ISA 总线 100% 兼容。EISA 是 32 位总线,支持多处理器结构,具有较强的 I/O 扩展能力和负载能力,支持多总线主控,总线时钟为 8.33MHz,传输率为 33MB/s,适用于网络服务器、高速图像处理、多媒体等领域。由于 EISA 总线是兼容商共同推出的,技术标准公开,因而受到众多厂商的欢迎,相继有上百种 EISA 卡问世。

5. VESA 总线

进入 20 世纪 90 年代以来,由于微处理器的飞速发展,开拓了计算机应用的新领域,如复杂的图像处理、在线交易处理、全运动视频处理、高保真音响、Windows NT 多任务、局域网络以及多媒体的应用等,经常需要在 CPU 和外设之间进行大量及高速的数据传送和处理,而以前的微机总线 ISA、EISA 等无法实时传送上述应用的大量数据。为了打破高速 CPU 与外设之间数据传输的瓶颈,提高微机的整体性能,1992 年 VESA(Video Electronics Standards Association,视频电子标准协会)联合 60 余家公司,对 PC 总线进行了第五次创新,推出了 VESA Local Bus(简称 VL 总线)局部总线标准 VESA V1.0。

VESA 总线又称为局部总线 VL(Local Bus),VL 总线跟 EISA 总线不同,实际上不需要专用芯片，却极大地增强了系统性能，成为当时最流行的高速总线之一。VESA 数据总线宽度为 32 位，总线时钟与 CPU 主频有关，最大不超过 40MHz，支持突发传输方式（Burst Mode），总线最高传输率为 132MB/s。地址总线宽度为 32 位，最大寻址空间为 4GB。

从 VESA 局部总线结构上来看，局部总线好像是在传统总线和 CPU 之间又插入了一级，将一些高速外设如网络适配器、GUI（图形用户界面）图形板卡、多媒体设备、磁盘控制器等从传统总线上卸下，直接通过局部总线挂接到 CPU 总线上，使之与高速 CPU 相匹配。

VESA 总线没有很多严格的标准，只规定了信号线定义，对时间关系、负载情况等并没有精确的规定。因此，不同公司的 VL 总线板卡相互兼容性较差，扩展性也不好，最多只能有 3 个扩展槽，并且 VESA 所支持的总线时钟不超过 40MHz。尽管 VESA 总线有这些缺点，但是，对于 GUI 和多媒体的应用，它所能提供的高达 132MB/s 的数据传输率可以满足大数据量的传输要求，又加上协议简单，基本上不需要增加成本，所以得到了极快的发展。从 CPU 与总线的匹配关系来看，VESA 标准总线几乎是 486 CPU 信号的延伸，VESA 标准总线与 486 匹配达到最佳，能够充分发挥 486 微机各部件的性能，486 CPU 系列微机基本上都采用了 VESA 总线。由于 VESA 总线是直接挂在 CPU 上，在 CPU 升级或任务变动时都会使得 VESA 不再适用，例如，VESA 不能支持 Pentium 及其以上的芯片。因此，随着 486 芯片的衰落，VESA 已逐渐消失。

6. PCI 总线

有没有一种既具有 VESA 局部总线的高数据传输率，又与 CPU 相对独立，并且功能更强的总线？Intel 公司研制的 PCI（Peripheral Component Interconnect）局部总线做出了肯定地回答，它的产生，可以说是 PC 总线技术的第六次创新。1992 年 6 月，Intel 公司和多家主要计算机厂商组成了 PCI 专责小组，目的是推广、统筹并强化 PCI 标准，使 PCI 总线标准最终成为开放的、非专利的局部总线标准，图 7-13 所示为 PCI 总线。

图 7-13　PCI 总线

从结构上来看，PCI 局部总线是在 ISA 总线和 CPU 总线之间增加一级总线，由 PCI 局部总线控制器（或称为"桥"，Bridge）相连接。这样可将一些高速外设，例如网络适配卡、磁盘控制器等从 ISA 总线上卸下来，通过 PCI 局部总线直接挂在 CPU 总线上，使之与高速的 CPU 总线相匹配。PCI 局部总线宽度 32 位，可扩展至 64 位；工作频率为 33MHz，最大传输率为 133MB/s。

桥也叫做桥连器，实际上这是一个总线转换部件。其功能是连接两条计算机总线，使总线间相互通信。它可以把一条总线的地址空间映射到另一条总线的地址空间，可以使系统中每一台总线主设备（master）能看到同样的一份地址表。从整个存储系统来看，有了整体性统一的直接地址表，可以大大简化编程模型。桥本身可以十分简单，也可以相当复杂。在 PCI 规范中，提出了三种桥的设计：①主桥，就是 CPU 至 PCI 的桥；②标准总线桥,即 PCI 至标准总线如 ISA、EISA、微通道之间的桥;③PCI 桥,在 PCI 与 PCI 之间的桥。其中,主桥称为北桥(north bridge);其他的桥称为南桥(south bridge)。图 7-14 所示为典型的 PCI 总线配置系统。

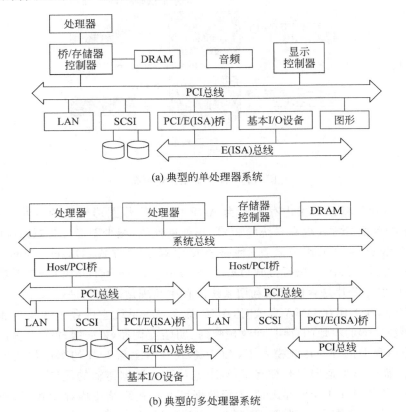

(a) 典型的单处理器系统

(b) 典型的多处理器系统

图 7-14 典型的 PCI 总线配置系统

7. AGP 总线

随着 3D 游戏的迅速普及,显卡的数据吞吐量越来越大,PCI 的 133MB/s 总线带宽已经不足以应付,于是 Intel 在 1996 年 7 月份推出了 AGP 局部总线规范,专门为显卡量身打造的一种总线标准。图 7-15 所示为 AGP 总线。

图 7-15 AGP 总线

AGP 的设计其实也是在 PCI 2.1 版规范基础之上扩充修改而成的,工作频率为 66MHz,1X 模式下带宽为 266MB/s,是 PCI 总线的两倍。后来依次又推出了 AGP 2X、AGP 4X,到 AGP 8X,带宽已经达到了 2.1GB/s,是 PCI 总线带宽的 16 倍。AGP 的最大特色在于这是一条独立的北桥到显卡数据通道,不存在与其他设备共享总线资源的风险,最大限度地照顾了显卡的数据吞吐要求。图 7-16 所示为 AGP 总线逻辑框图。

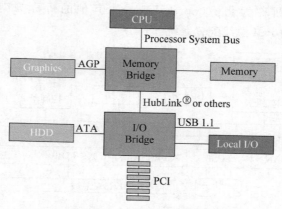

图 7-16　AGP 总线逻辑框图

AGP 总线可以将系统主内存映射为 AGP 内存,用作图形卡上的专业显存的扩展,并通过直接内存执行方式提高系统的 3D 图形处理性能,减少图形设备对系统的占用。

AGP 总线有两种工作方式,一种是直接内存访问方式(Direct Memory Access,DMA),另一种是直接内存执行方式(Direct Memory Execute,DME)。二者最大的区别在于 3D 图形加速芯片是否能直接利用系统内存中纹理贴图数据进行渲染。

当 AGP 总线工作在 DMA 方式时,AGP 总线先将系统主内存中的纹理和其他数据装载到图形加速器的本地内存中,像纹理映射、明暗度调整、Z 向缓冲等工作都由图形加速器在本地内存中执行。在此模式下,AGP 总线基本上与 PCI 的图形加速器的工作方式大致一样,而图形加速器只是拥有了 AGP 总线高速数据传输的优势。

当 AGP 总线处于 DME 方式时,图形数据可直接在系统主内存中执行,而不需要将原始数据全部传输到图形控制器。这样做的好处是可减少主内存和图形控制器之间的数据传输量,尤其是在贴图数据量很大时,优势更加明显。

8. EV6 总线

在比较旧的计算机教科书中,你会发现它们几乎都没有提到一个单词,那就是 FSB(前端总线频率,)这个在今天十分流行的词语。这是怎么回事呢? 原因就是在当时,前端总线频率与 CPU 外频都是同步的,这就造成人们很少把它们区别开来讲。但是自从 Alpha EV6 总线发布以后,前端总线频率开始和 CPU 外频分道扬镳,它们之间已经无法再画上等号。外频是 CPU 与主板之间同步运行的速度,前端总线的速度指的是数据传输的速度,也就是说,100MHz 外频特指数字脉冲信号每秒钟振荡一千万次;而 100MHz 前端总线频率指的是每秒钟 CPU 可接受的数据传输量是 $100\text{MHz} \times 64\text{bit} \div 8\text{Byte} = 800\text{MB/s}$。为了能给 CPU 提供更大的数据传输带宽,AMD 研发了 Alpha EV6 总线,采用源同步时钟技术,可以利用同一方波的上升沿和下降沿分别完成一次触发,这就可以轻易地使处理器与芯片组之间的总线频率达到两倍于外频的速度。以 Athlon XP 2000＋ 为例,2000＋ 的外频为 133MHz,前端总线频率就达到 $133\text{MHz} \times 2 = 266\text{MHz}$。

与此同时,Alpha EV6 总线采用信息包传输协议,允许每一处理器容纳 24 项预处理任务,这个数字可是 PCI 总线的 6 倍! 同时,Alpha EV6 总线能支持的处理器物理可寻址空间达到 8TB,而 PCI 总线仅支持 64GB 的地址空间。

9. PCI-X 局部总线

为解决 Intel 架构服务器中 PCI 总线的瓶颈问题,Compaq、IBM 和 HP 公司决定加快 PCI 芯片组的时钟频率和加宽吞吐量,使时钟频率达到 133MHz,数据带宽达到 1GB/s。这种新的总线称为 PCI-X,并于 2000 年上市。PCI-X 总线技术能通过增加计算机中央处理器与诸如网卡、打印机、存储硬盘等各种外围设备之间的数据流量来提高服务器的性能。64 位的 PCI-X 总线工作频率将达到 133MHz;从理论上讲,传输数据速率可超过每秒 1GB。其传输数据的能力约为 PCI 总线的 8 倍。

10. HyperTransport 总线

1999 年,AMD 在 Microprocessors Forum 上首次提出了 HyperTransport 总线的概念,当时被称为闪电数据传输(Lightning Data Transport,LDT),在 2001 年 2 月正式改名为 HyperTransport。

HyperTransport 是一种为主板上的集成电路互连而设计的端到端总线技术,它可为内存控制器、硬盘控制器以及 PCI 总线控制器之间开拓出更大的带宽。HyperTransport 是由数据路径、控制信号和时钟信号组成的双点对点单向链路,每一条数据路径宽度可以是 2、4、8、16 和 32bit。由于 HyperTransport 是由两条端到端的单向数据传输路径组成(一条为输入,另一条为输出),工作频率从 200MHz 到 1600MHz 可调。而且采用双时钟频率触发技术,当路径宽度设置为 32bit,同时在 800MHz 下(等效 1600MHz)工作,就可实现 12.8GB/s 的带宽。

HyperTransport 技术联盟随后又正式发布了 HyperTransport 2.0 规格,使频率成功提升到 1.0GHz、1.2GHz 和 1.4GHz,最大带宽由原来的 12.8GB/s 提升到 22.4GB/s。

11. PCIE(3GIO)总线

PC 技术的快速发展,已经让 PCI 总线越来越显现出不足,尤其是千兆网络以及视频应用等外设,使 PCI 可怜的 133MB/s 带宽难以承受,当几个类似外设同时满负荷运转时,PCI 总线几近瘫痪。不仅如此,随着技术的不断进步,PCI 电压难以降低的缺陷越来越凸显,PCI 规范已经成为现在 PC 系统的发展桎梏,彻底升级换代迫在眉睫。到了 2001 年,在 Intel 春季的 IDF 上,Intel 正式公布了旨在取代 PCI 总线的第三代 I/O 技术,该规范由 Intel 支持的 AWG(Arapahoe Working Group)负责制定,并称为第三代 I/O 总线技术(3rd Generation I/O,也就是 3GIO),也就是后来的 PCI Express 总线规范。不过在公布之初,应用环境、配套设备还不是很完善,并不为人们所关注。到了 2002 年 4 月 17 日,AWG 正式宣布 3GIO 1.0 规范草稿制定完毕,并移交 PCI-SIG 进行审核,该规范最终被命名为 PCI Express。而到了 2003 年 Intel 春季 IDF 上,Intel 正式公布了 PCI Express 的产品开发计划,PCI Express 最终走向应用。

PCI Express 总线是一种完全不同于过去 PCI 总线的一种全新总线规范，与 PCI 总线共享并行架构相比，PCI Express 总线也是一种点对点串行连接的设备连接方式，如图 7-17 所示。点对点意味着每一个 PCI Express 设备都拥有自己独立的数据连接，各个设备之间并发的数据传输互不影响，而对于过去 PCI 那种共享总线方式，PCI 总线上只能有一个设备进行通信，一旦 PCI 总线上挂接的设备增多，每个设备的实际传输速率就会下降，性能得不到保证。现在，PCI Express 以点对点的方式处理通信，每个设备在要求传输数据时各自建立自己的传输通道，对于其他设备这个通道是封闭的，这样的操作保证了通道的专有性，避免其他设备的干扰。

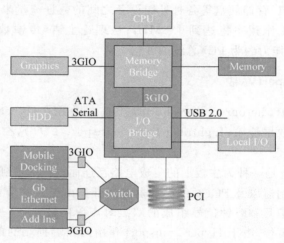

图 7-17　PCIE 点对点连接

PCI Express 的接口根据总线位宽不同而有所差异，包括 X1、X4、X8 以及 X16（X2 模式将用于内部接口而非插槽模式），其中 X1 的传输速度为 250MB/s，而 X16 就是等于 16 倍于 X1 的速度，即 4GB/s。与此同时，PCI Express 总线支持双向传输模式，可以运行全双工模式，表 7-1 所示为 PCIE 各种传输模式下的传输速度。连接的每个装置都可以使用最大带宽，PCI Express 接口设备将有着比 PCI 设备优越得多的资源可用。

表 7-1　PCIE 各种传输模式下的传输速度

模　　式	双向数据传输模式	单向数据传输模式
PCI Express x1	500MB/s	250MB/s
PCI Express x2	1GB/s	500MB/s
PCI Express x4	2GB/s	1GB/s
PCI Express x8	4GB/s	2GB/s
PCI Express x16	8GB/s	4GB/s
PCI Express x32	16GB/s	8GB/s

除了这些,PCI Express 设备能够支持热拔插以及热交换特性,支持的三种电压分别为+3.3V、3.3V aux 以及+12V。考虑到现在显卡功耗的日益上涨,PCI Express 随后在规范中改善了直接从插槽中取电的功率限制,16X 的最大提供功率达到 70W,而并不需要外接电源,比 AGP 8X 接口有了很大的提高,基本可以满足未来中高端显卡的需求。

从图 7-17 中可以看出,PCI Express 只是南桥的扩展总线,它与操作系统无关,所以也保证了它与原有 PCI 的兼容性,也就是说在很长一段时间内在主板上 PCI Express 接口将和 PCI 接口共存,这也给用户的升级带来了方便。PCI Express 最大的意义在于它的通用性,不仅可以让它用于南桥和其他设备的连接,也可以延伸到芯片组间的连接,甚至也可以用于连接图形芯片,这样,整个 I/O 系统将重新统一起来,将更进一步简化计算机系统,增加计算机的可移植性和模块化。PCI Express 已经为 PC 的未来发展重新铺设好了路基。下面就要看 PCI Express 产品的应用情况了。

曾经辉煌的 ISA 总线早已从主板上消失,AGP 总线也已被英特尔判了死刑,现在的主板已不支持 AGP 总线了,PCI Express 总线已经切实走到我们身边。总线技术的不断发展,不断地为模块之间修筑起越来越快的"高速公路",让 CPU 等各个部件越来越充分地发挥其性能,可以说总线的发展史就是计算机系统的发展史。

7.6 总线结构

7.6.1 总线结构的物理实现

从物理实现的角度来看,系统总线就是一组导线,一般在计算机主板上是一组印刷线路。在这组导线上设置了一些插槽,用于插入 CPU、内存条、I/O 卡等插件板,这些插件板通过插槽接入总线,如图 7-18 所示。随着计算机技术的发展,系统总线也从单总线发展到多总线结构。

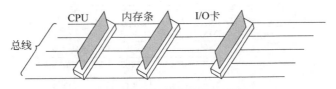

图 7-18 总线结构的物理实现

7.6.2 总线结构

早期的微机、小型机多采用单总线结构形式,它是将 CPU、主存及 I/O 设备(通过 I/O 接口)挂在一组总线上,支持 I/O 与主存、I/O 与 I/O 之间直接进行信息交换。特点是结构简单,便于扩充,但是,各部件共享一组总线,极易造成计算机系统的通信瓶颈,一般通过增加总线宽度和提高总线传输速率等方法解决。随着计算机技术的发展、外部设备种类繁多的变化,特别是高速视频显示器、网络接口等,单总线结构已远远不能满足系统工作的需要,为此,计算机系统总线经历了单总线、双总线,发展为现在的多总线结构。

1. 单总线结构

图 7-19 所示为单总线结构。在该结构中，CPU、主存储器、I/O 设备都挂在总线上，任何两个部件之间传输数据都要通过总线，容易造成冲突，部件之间的并行能力差。如早期的 ISA 总线、EISA 总线就是典型的单总线结构。

2. 双总线结构

CPU 要到主存中频繁地取指令和操作数，为了提高取指令的速度，单独在 CPU 与主存之间增加一条总线，其他的 I/O 设备仍然挂在系统总线上，这样可以提高 CPU 与其他 I/O 设备之间的并行性。图 7-20 所示为以主存为中心的双总线结构。

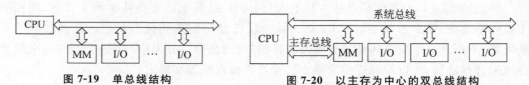

图 7-19　单总线结构　　　　　图 7-20　以主存为中心的双总线结构

另一种方法是将高速的主存挂在系统总线上，I/O 设备另外挂在 I/O 总线上，I/O 总线与系统总线之间通过输入输出处理器(IOP)相连。I/O 设备之间的通信直接通过 I/O 总线，CPU、主存与 I/O 设备之间数据传输由输入输出处理器通过系统总线和 I/O 总线进行。输入输出处理器是一种专门用于进行输入输出控制的特殊处理器，它将 CPU 中大部分 I/O 控制任务接管过来，具有对各种 I/O 设备进行统一管理的功能。通过 IOP 将 CPU 和 I/O 分离开来。减轻了 CPU 参与 I/O 操作的负担。图 7-21 所示为采用 IOP 方式的双总线结构。

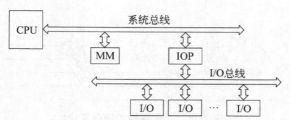

图 7-21　采用 IOP 方式的双总线结构

3. 三总线结构

在上述以主存为中心的双总线结构中，将主存从系统总线上分离出来，将原来的系统总线分成主存总线和 I/O 总线。而在主存和高速的磁盘等设备之间引入一条专门的 DMA(直接存储器数据传输)总线，构成一种三总线结构。图 7-21 所示为含 DMA 总线的三总线结构。在这种总线结构中，主存总线用于 CPU 与主存之间的信息交换，I/O 总线用于 CPU 与各 I/O 设备之间进行信息交换，DMA 总线用于高速外设与主存之间的信息交换。但是,DMA 总线与主存总线不能同时访问主存。

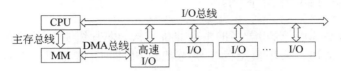

图 7-22　含 DMA 总线的三总线结构

另一种三总线结构是传统的三总线结构。该总线结构中,在 CPU 与 cache 之间设置了局部总线,它将 CPU 与 cache 或多个局部设备相连接。cache 控制器不仅将 cache 连接到局部总线上,而且还将它直接连到主存总线上。这样 cache 就可以通过主存总线与主存储器直接交换信息,减少了 CPU 频繁访问主存储器,而且 I/O 与主存储器之间的信息交换也不影响 CPU 的工作。采用扩展总线可使系统支持更多的 I/O 设备,将 I/O 设备与扩展总线相连,扩展总线再通过扩展总线接口与主存总线相连。图 7-23 所示为传统的三总线结构。

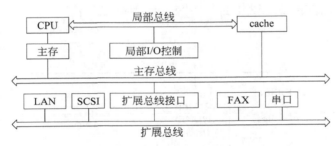

图 7-23　传统的三总线结构

4. 高性能总线

为了克服传统的三总线结构中所有的外部设备都挂在扩展总线上的缺点,在原有的总线基础上再增加一条高速总线,将高速外设挂在高速总线上,低速外设挂在扩展总线上,高速总线与低速总线之间通过扩展总线接口连接。高性能总线结构的优点是使高速设备与 CPU 之间联系更紧密,同时又可以独立于 CPU 工作。图 7-24 所示为高性能总线。PCI 总线就是这样的总线结构。

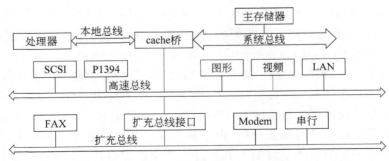

图 2-24　高性能总线

7.6.3　多总线分级结构举例

图 7-25 所示为 Intel 公司著名的由南北桥结构的芯片组 440BX 所组成的 Pentium Ⅱ 微机的总线基本结构。采用典型的三级总线结构，即 CPU 总线（HostBus）、局部总线（PCI 总线）和系统总线（一般是 ISA、EISA、VESA 等）。其中，CPU 总线为 64 位数据线、32 位地址线的同步总线，66MHz 或 100MHz 总线时钟频率。PCI 总线为 32 位或 64 位数据/地址分时复用同步总线。PCI 总线作为高速的外围总线能够直接连接高速的外围设备。在这种结构中，主要通过两个桥片将三级总线连接起来。这两个桥片分别是被称做北桥的 CPU 总线-PCI 总线桥片（HostBridge）和被称做南桥的 PCI-ISA 桥片。

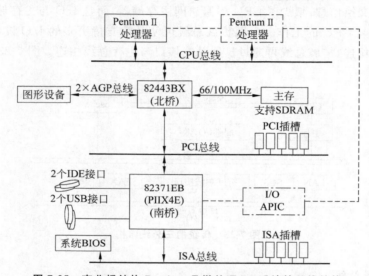

图 7-25　南北桥结构 Pentium Ⅱ 微处理 PC 系统的总线结构

440BX 芯片组的北桥芯片是 82443BX 芯片。它集成由 CPU 总线接口，支持单、双处理器，双处理器可以组成对称多处理机（SMP）结构。同时，82443BX 还集成了主存控制器（MCH）、PCI 总线接口、PCI 仲裁器及 AGP 接口，并支持系统管理模式（SMM 和电源管理功能）。它作为 CPU 总线与 PCI 总线的桥梁。

440BX 芯片组的南桥芯片是 82371EB 芯片。该芯片组集成由 PCI-ISA 连接器、IDE 控制器、两个增强的 DMA 控制器、两个 8259 中断控制器、8253/8254 时钟发生器和实时时钟等多个部件，另外还集成了一些新的功能，如 USB 控制器、电源管理逻辑及支持可选的 I/O APIC（Advanced Programmable Interrupt Controller）等。通过 USB 接口，可以连接很多外部设备，例如拥有 USB 接口的扫描仪、打印机、数码照相机和摄像头等。

这种结构的最大特点就是将局部总线 PCI 直接作为高速的外围总线连接到 PCI 插槽上。这一变化适应了高速外围设备与微处理器的连接要求。早期的三级总线结构中，图形显示卡也是通过 PCI 总线连接的，由于显示部分经常需要快速传送大量的数据（如纹理数据），这在一定的程度上增加了 PCI 总线通路的拥挤度，而 PCI 总线 133MB/s 的带宽也限制了纹理数据输出到显示子系统的速度。因此，在 440BX 芯片组中，使用专用

AGP 总线加速图形处理速度,以适应高速增长的 3D 图形变换和生动的视频显示等需要,同时也使 PCI 总线能更好地为其他设备服务。

　　南北桥结构尽管能够为外围设备提供高速的外围总线,但是南北桥芯片之间也是通过 PCI 总线连接的,南北桥芯片之间的频繁数据交换必然使得 PCI 总线信息通路呈现拥挤,也使得南北桥芯片之间的信息交换受到一定的影响。为了克服这个问题,同时也为了进一步加强 PCI 总线的作用,Intel 公司从 810 芯片组开始,就抛弃了南北桥结构,而采用了如图 7-26 所示的中心结构。

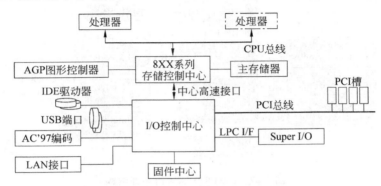

图 7-26　Intel 810 芯片中心结构

　　构成这种结构的芯片组主要由三个芯片,它们分别是存储控制中心(Memory Controller Hub,MCH)、I/O 控制中心(I/O Controller Hub,ICH)和固件中心(Firmware Hub,FWH)。(由于习惯上的原因,仍然将存储控制中心 MCH 称北桥芯片,I/O 控制中心 ICH 称南桥芯片)

　　MCH 的用途是提供高速的 AGP 接口、动态显示管理、电源管理和内存管理功能。此外,MCH 与 CPU 总线相连,负责处理 CPU 与系统其他部件之间的数据交换。在某些类型的芯片组中,MCH 还内置图形显示子系统,既可以直接支持图形显示又可以采用 AGP 显示部件,称其为图形存储控制中心(GMCH)。

　　ICH 含有内置 AC'97 控制器(提供音频编码和调制解调器编码接口)、IDE 控制器(提供高速磁盘接口)、2 个或 4 个 USB 接口、局域网络接口以及和 PCI 插卡之间的连接。

　　固件中心包含了主板 BIOS 和显示 BIOS 以及一个可用于数字加密、安全认证等领域的硬件随机数发生器。此外,ICH 通过 LPC(Low Pin Count)I/F 和 Super I/O 控制器相连接,而 Super I/O 控制器主要为系统中的慢速设备提供与系统通信的数据交换接口,例如串行口、并行口、键盘和鼠标等。

　　比较图 7-26 和图 7-25 不难发现,MCH 和 ICH 两个芯片之间不再用 PCI 总线相连,而是通过中心高速专用总线相连,这样,可以使 MCH 与 ICH 之间进行大量频繁的数据交换时不会增加 PCI 的拥挤度,也不会受 PCI 带宽的限制。

　　随着 Intel Pentium 4 处理器的推出,Intel 公司也随之相应地推出了 845、865、915、925、945、975 等芯片组,但其内部结构仍然采用中心结构。图 7-27 所示为 Intel 915 芯片组内部结构，图 7-28 所示为 Intel 975 芯片组内部结构。

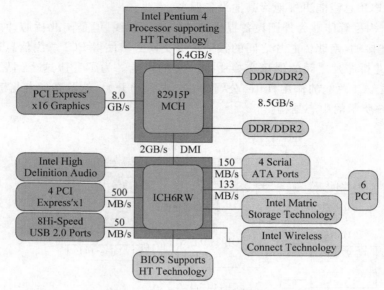

图 7-27　Intel 915 芯片组内部结构

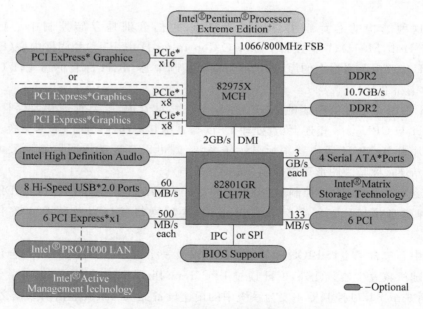

图 7-28　Intel 975 芯片组内部结构

将图 7-27 和图 7-28 与图 7-26 相比较，不难发现其结构完全相似。所不同的只是：

① 915 以后的芯片组不再支持 AGP 图形显示接口，而采用速度更快的 PCIE 接口。

② 915 以后的芯片组不再支持 SDRM 内存,而采用速度更快的 DDR/DDR2 内存。

③ 915 以后的芯片组提供了对串行 SATA/SATA2 接口的硬盘支持。

④ 915 以后的芯片组将 AC'97 控制器改用新的 Azalia 音频标准(high audio)的控制器,可以满足 24bit/192KHz 这样高质量音频的回放要求,并且可以对输入输出端口进行自动识别调整,支持"盲插拔"。

影响计算机系统性能的主要因素不仅仅是 CPU,当 CPU 的性能提高到一定程度后,外围其他主要功能部件的性能指标也是非常重要的,特别是系统的总线速度及总线的互连结构对整个系统的影响至关重要,这也是 CPU 厂商每推出一款新的 CPU 芯片,也必然推出与之相配套的外围芯片组(例如,Intel 公司随着双核、四核 CPU 的推出而推出的与之相配套的 P35、P45、H65 芯片组等)来保证 CPU 的性能得到充分发挥的原因。

习　题　7

一、选择题

1. 总线_____技术可以使不同的信号在同一条信号线上传输,分时使用。

　　A. 复用　　　　　　B. 分时　　　　　　C. 分频　　　　　　D. 带宽

2. 在菊花链方式下,越接近控制器的设备优先级_____。

　　A. 越高　　　　　　B. 越低　　　　　　C. 越困难　　　　　D. 越容易

3. 根据连线的数量,总线可分为串行总线和_____总线。

　　A. 并行　　　　　　B. 多　　　　　　　C. 控制　　　　　　D. 地址

4. 总线控制方式可分为集中式和_____式两种。

　　A. 分散　　　　　　B. 分布　　　　　　C. 控制　　　　　　D. 遥测

5. 串行总线与并行总线相比_____。

　　A. 并行总线成本高,速度快　　　　　B. 并行总线成本低,速度慢

　　C. 串行总线成本高,速度快　　　　　D. 串行总线成本高,速度慢

6. 为协调计算机系统各部分工作,需有一种器件提供统一的时钟标准,这个器件是_____。

　　A. 总线缓冲器　　　B. 时钟发生器　　　C. 总线控制器　　　D. 操作指令产生器

7. 总线的电气特性包括每一条信号线的信号传递方向,信号的时序特性和_____特性。

　　A. 电平　　　　　　B. 时间　　　　　　C. 电流　　　　　　D. 安全

8. 串行传送方式中,一个数据的帧通常包括起始位、数据位、_____、结束位和空闲位。

　　A. 检测位　　　　　B. 查询　　　　　　C. 校验位　　　　　D. 控制位

9. PC 中 PCI 总线的数据通道宽度是_____位的。

　　A. 32　　　　　　　B. 64　　　　　　　C. 8　　　　　　　　D. 16

10. 双向传输的总线,又可分为_____。

　　A. 信号和全双工　　　　　　　　　　B. 信息和半双工

　　C. 全双工和半双工　　　　　　　　　D. 信息和 PC

二、填空题

1. 系统总线是一组传输_____信号线的集合。

2. 总线的共享性，即总线所连接的部件都可通过它_____。

3. 总线协议一般包括_____等。

4. 总线的物理特性是指总线的物理连接方式，包括_____。

5. 衡量总线性能的重要指标是_____。

6. 系统总线由一组导线和相关的_____组成。

7. 总线带宽是_____。

8. 总线的时间特性定义了_____。

9. 对总线通信进行定时可以分为_____和_____两种数据传送方式。

10. 按总线所处的位置不同可以分为_____、_____和_____。

11. 按总线传送信息的类型可将总线分为_____、_____、_____和_____。

12. 按数据传送格式，可将总线分为_____与_____。

13. 串行总线有两根数据线，分别实现两个方向的数据传输，称为_____。

14. 按时序控制方式，可分为_____与_____。

15. 外总线较多采用_____，以节省通信线路的成本、实现远距离传输。

16. 根据连接方式不同，常见的计算机系统总线结构可分为_____、_____和_____。

17. 双总线结构中有两组总线。其中一组总线是CPU与主存储器之间进行信息交换的公共通路，称为_____。

18. 在面向主存储器的双总线结构中，它保留了单总结构的优点，即所有设备和部件均可通过_____交换信息。

19. 三总线结构是指在计算机系统中各部件_____三条各自独立的总线构成信息通路。

20. DMA总线，即直接主存访问总线，它负责_____与_____的信息传送。

21. 总线结构对计算机系统性能的影响有_____、_____和_____三方面。

22. 计算机系统的吞吐量是指_____。

23. 系统总线包括_____、_____、_____和_____。

24. 现在的微机中最流行、最常见的系统总线有_____、_____和_____。

25. 系统总线已成为整个计算机系统的通信瓶颈，这是因为：①_____；②_____；③_____。

26. 在集中式总线仲裁中，_____方式响应时间最快。

27. 在集中式总线仲裁中，_____方式对电路故障最敏感。

28. 同步通信之所以比异步通信具有较高的传输频率，是因为同步通信_____。

29. 异步控制常用于_____中，作为其主要控制方式。

30. 总线控制（裁决）方式分为_____与_____两类。

31. 集中式总线控制主要有_____、_____和_____。

32. 总线通信分为_____和_____两种。

33. 链式查询的主要优缺点是_____。

34. _____ 称为同步通信。

35. _____ 称为异步通信。

三、解答题

1. 什么是总线？它有什么用途？试举例说明。

2. 总线通信采用的方式有哪几种？各有什么优缺点。

3. 什么叫信号线的分时复用？试比较采用专用信号线和分时复用信号线各自的优缺点。

4. 在异步通信中，握手信号的作用是什么？

5. 什么情况下需要总线仲裁？总线仲裁的目的是什么？有哪几种常用的仲裁方式？各有什么特点？

第8章

chapter 8

输入输出设备

输入输出设备又称外部设备(简称外设),是指连接到主机上的任何设备,它是计算机系统与人或其他机器之间进行信息交换的装置。输入设备的功能是把数据、命令、字符、图形、图像、声音、电流或电压等信息,变换成计算机可以接收和识别的 0、1 数字代码,供计算机进行运算处理。输出设备的功能是把计算机处理的结果,变成人最终可以识别的数字、文字、图形、图像或声音等信息,打印或显示出来,供人们分析使用。外设一般分为如下两种。

(1) 人-机交互设备:用来实现操作者与计算机之间互相通信的设备。它可分为输入设备和输出设备。

(2) 机-机通信设备:用来实现计算机与其他计算机之间或者计算机与其他系统之间通信的设备。

本章主要讨论以下问题:

(1) 输入输出设备的分类及作用;

(2) 键盘的分类、作用和工作原理;

(3) 鼠标的分类、作用和工作原理;

(4) 显示器的分类、作用和工作原理;

(5) 打印机的分类、作用和工作原理。

8.1　输入输出设备的分类与特点

8.1.1　外设的分类

外设有多种分类方法,如按信息传输方向来划分、按功能划分等。

1. 按信息传输方向划分

按照信息的传输方向来划分可以分为输入设备、输出设备、输入输出设备。

(1) 输入设备

输入设备是将外部信息输入到计算机内的一类设备。例如,键盘、鼠标、扫描仪、手写汉字输入系统、纸带输入机、卡片输入机等都属输入设备。这类设备又可以分为媒体输入设备(如卡片输入机)和交互式输入设备(键盘、鼠标)。

（2）输出设备

输出设备是接收计算机处理结果的一类设备。例如，显示器、打印机、绘图仪、语言输出设备、纸带穿孔机等都属输出设备。

（3）输入输出设备

同一个设备既可以作输入设备，又可以作输出设备(既可以输入信息又可以输出信息)。例如，磁盘机、可读写的光盘、触摸屏、通信设备等。

2. 按功能划分

外设如果按功能划分，可以分成人机接口设备、存储设备、机-机互连设备。

（1）人机接口设备

人机接口设备是用于人机交互信息的，操作员可以直接加以控制，又称为字符型设备(或面向字符的设备)，即输入输出设备与主机交换信息是以字符为单位的。例如，键盘、鼠标、显示器、打印机等。

（2）存储设备

存储设备用于存储大容量的数据，作为计算机的外存储器使用，又称为面向信息块的块设备，即主机与外设之间交换信息不是以字符为单位，而是以几十到几百个字节组成的信息块为单位，如磁盘、光盘等。

3. 机-机互连设备

这类设备主要用于机-机通信。如调制解调器、数/模和模/数转换设备等。

8.1.2　外设特点

外部设备具有以下特点：

1. 异步性

输入输出设备相对于 CPU 来说是异步工作的，两者之间无统一的时钟。各类外设之间的工作速度差异很大，它们的操作很大程度上独立于 CPU 之外，但又要在某个时刻接受 CPU 的控制，这就势必造成输入输出相对于 CPU 时间的任意性与异步性。

2. 实时性

一个计算机系统中可能接有多个外部设备，有高速设备又有低速设备，各个设备与CPU 之间交换信息是随机的，CPU 必须能及时接收来自外设的信息，否则，外设备就有可能丢失信息。

3. 多样性

外设的种类多，它们的物理特性差异很大，信息的格式多种多样，这就造成了主机与外设之间连接的复杂性。为了简化控制，计算机系统中往往采用标准接口，以便外设与计算机的连接。

8.2　输入设备

输入设备能将各种原始信息转换为计算机能识别和处理的信息形式,输入计算机,它具有完成输入程序、数据和操作命令的功能,是进行人-机对话的主要工具。常用的输入设备有键盘、鼠标、触摸屏、扫描仪等。

8.2.1　键盘

键盘是目前应用最普遍的一种输入设备,通过键盘可以向计算机直接输入信息。键盘按照它提供给主机的数据方式可以分为无编码键盘和有编码键盘。有编码键盘是依靠硬件来实现编码信息的。这种键盘又称通用键盘。无编码键盘是通过软件(扫描软件)来编码信息实现的。所有键盘都通过接口电路与主机相连。

1. 无编码键盘

无编码键盘是由一组行线和一组列线组成一个二维矩阵,按键开关是跨接在行、列

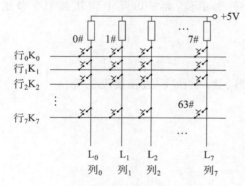

图 8-1　无编码键盘

线的交叉点(交叉点不相连),图 8-1 所示为由 8 行 8 列(8×8)构成的 64 键无编码键盘原理框图。判键原理:首先,主机将 8 根行线全置为 0,读 8 根列线,若全 1,则无键按下,只要有 1 位是 0 说明有键被按下,然后主机再逐行送 0(其他行仍然为 1,常称键盘扫描),每送一次行线读一遍列线,若某列线为 0,表明送 0 的行线与读 0 的列线交叉的按键被按下。以图 8-1 为例,如 $K_0\ K_1\ K_2\ K_3\ K_4\ K_5\ K_6\ K_7=01111111$ 时 $L_0\ L_1\ L_2\ L_3\ L_4\ L_5\ L_6\ L_7=01111111$ 说明 0# 键被按下,$L_0\ L_1\ L_2\ L_3\ L_4\ L_5\ L_6\ L_7=10111111$ 说

明 1# 键被按下。这种无编码键盘结构简单,识别的仅仅是位置码(按键所在的行和列的位置),然后再通过软件将位置码转换成按键所对应的编码(如 ASCII 码)。

2. 电子编码式键盘

以 ASCII 码键盘为例来说明编码式键盘的工作原理。由于 ASCII 码的每个字符码用 7 位二进制数表示,可表示 128 个键,键盘矩阵由 8 行×16 列组成。用一个 7 位计数器进行循环计数,用计数器的值来控制行线和列线,实现对键盘上的字键扫描,图 8-2 所示为电子编码式键盘。键盘上矩阵中的 128 键与 7 位计数器值相对应,未按键时,行列都是高电平。判键方法是:将 7 位计数器的高 4 位送到 4~16 译码器的输入端中,4 位二进制数对应的 16(0~15)个状态,输出 $L_0\sim L_{15}$ 对应这 16 个状态,任何时刻只有一根列线为低电平“0”。7 位计数器的低 3 位作为 8 选 1 多路选择器的控制端,3 位二进制数的 8 个

状态分别选择输入（$K_0 \sim K_7$）中的一个作为输出，依次对键盘矩阵中的 8 条行线分别进行选通检测。7 位计数器不断循环计数，键盘上每一个键都依次被访问，若某个键被按下，例如，数字 0 键（对应的 ASCII 码值为 30H）被按下，当 7 位计数器的值＝0110000B（低）（30H）时，4～16 译码器的输出 $L_5＝0$，其他为 1，此列上加的低电平经过被按下的 0 键传到此键所在的行，使 $K_0＝0$（其他行仍然为 1），经过 8 选 1 电路输出的低电平去封锁 7 位计数器的计数脉冲，停止计数。此时 7 位计数器的内容就是该键的编码，将该值送出计数器，作为键码输出，等该键释放后再继续恢复计数。

为了不漏键，键盘按下维持时间必须大于等于 7 位计数器的循环计数时间（128 个计数脉冲时间）。

计算机中的键盘是通过 PS/2 或 USB 接口与主机相连的，键盘内含有自己的控制芯片，完成判键（是否有键被按下，哪一个键被按下，是否是组合键等）和与主机通信工作。

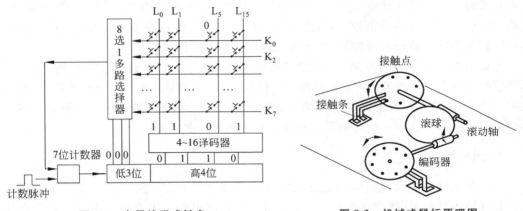

图 8-2 电子编码式键盘　　　　　图 8-3 机械式鼠标原理图

8.2.2 鼠标器

鼠标器（又称 mouse）现在已成为计算机系统的标准输入设备，鼠标器的操作主要是选择操作（完成定位）和控制操作，选择操作是根据鼠标箭头在屏幕上的位置来确定的。控制操作是通过鼠标器上的按键是否按下来实现的（如通常所说的左键的单击、双击、按住拖动等）。鼠标器根据工作原理分成机械式鼠标、光机式鼠标、光电式鼠标和光学式鼠标。计算机在开机检测时，操作系统首先对鼠标光标进行定位，光标的起始位都定在屏幕的中心。

1. 机械式鼠标

机械式鼠标的工作原理很简单，它采用一个小滚球和桌面接触，当滚球移动时，滚球推动滚轴滚动，滚轴的另一边连着编码器，在每个编码器上呈圆形排列很多金属触点。当滚球滚动时，经过传导，使触点依次碰到金属接触条，形成"接通"和"断开"两个状态，产生计算机容易辨认的 1 和 0 信号。通常鼠标内部有一个芯片将这些数据转换成 X 和 Y 轴的位移，这样就可以看到光标在屏幕上移动了，图 8-3 所示为机械式鼠标原理图。

机械鼠标的定位精度受到了桌面光洁度、采样精度等多方面因素的制约，另外，还存在触点容易磨损造成接触不良，滚球容易脏造成光标定位不准，鼠标移动时有疙疙瘩瘩的缺点，因此并不适合在高速移动或者大型游戏中使用，目前以基本淘汰。

2. 光机鼠标

光机鼠标是在纯机械式鼠标基础上进行改良的，通过引入光学技术来提高鼠标的定位精度。与纯机械式鼠标一样，光机鼠标同样拥有一个胶质的小滚球，并连接着 X、Y 转轴，所不同的是光机鼠标不再有圆形的译码轮，取而代之的是两个带有栅缝的光栅码盘，并且增加了发光二极管和接收二极管。图 8-4 所示为光机鼠标内部结构。当鼠标在桌面上移动时，滚球会带动 X、Y 转轴的两只光栅码盘转动，而 X、Y 方向的发光二极管发出的光便会照射在各自方向的光栅码盘上，由于光栅码盘存在栅缝，当发光二极管发射出的光透过栅缝直接照射在接收二极管组成的检测头上时，便会产生 1 信号。若光被遮挡，接收二极管没有接收到光信号，则将之定为信号 0。接下来，这些信号被送入专门的控制芯片内运算生成对应的坐标偏移量，确定光标在屏幕上的位置。

光机鼠标经过多年的发展，生产技术更加成熟，精度已经达到了这种结构的极限。但是它也有一个致命的缺点：在鼠标使用一段时间后，一般都会出现光标移动缓慢、光标定位不准、鼠标移动时有疙疙瘩瘩的感觉，这是因为在连接编码器的转轴上附有很多污垢造成的，所以，每使用一段时间需要对滚球和转轴进行彻底清洁。

3. 光电鼠标

光电鼠标的底部没有圆球，其主要部件为两个发光二极管、感光芯片、控制芯片和一个带有网格的反射板（简称光学板），图 8-5 所示为光电鼠标。工作时光电鼠标必须在反射板上移动，X 方向发光二极管和 Y 方向发光二极管会分别发射出光线照射在反射板上，接着光线会被反射板反射回去（光学板的明暗条纹对光的反射强度与方向是不同的），经过镜头组件传递后照射在感光芯片上。感光芯片将光信号转变为对应的数字信号后将之送到定位芯片中专门处理，进而产生 X-Y 坐标偏移数据。由于光学板携带不方便，光电鼠标的造价颇高，且反射板不慎被严重损坏或遗失，那么整个鼠标就无法使用，目前这种光电鼠标已很少使用。

图 8-4　光机鼠标内部结构

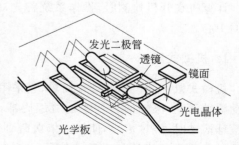

图 8-5　带光学板的光电鼠标

4. 光学鼠标

光学鼠标的定位原理采用了照相技术和图像处理技术（做成专业芯片），不再需要光学板。工作原理是：在光电鼠标内部有一个发光二极管，通过该发光二极管发出的光线，照亮光电鼠标底部表面（这就是为什么鼠标底部总会发光的原因），光学鼠标底部表面反射回的一部分光线，经过一组光学透镜，传输到一个光感应器件CMOS（微成像器，低档摄像头上采用的感光元件）或 CCD 内成像，图 8-6 所示为光学鼠标。这样，当光学鼠标移动时，其移动轨迹便会被记录为一组高速拍摄的连贯图像。最后利用光学鼠标内部的一块专用数字信号处理芯片（DSP 芯片）对移动轨迹上摄取的一系列图像进行分析处理，通过对这些图像上特征点位置的变化进行分析，来判断鼠标的移动方向

图 8-6　CMOS 光学鼠标

和移动距离，从而完成光标的定位。现在的光学鼠标大多是这种鼠标。光学鼠标的缺点是不能在镜面上使用，由于镜面一致性非常好，没有参照点，无法定位。另一个缺点是光学鼠标有"色盲"现象，某些颜色的鼠标垫也影响光学鼠标的使用，这是因为鼠标底部发光二极管发出的光正好被该种颜色的鼠标垫完全吸收（两者波长一致）而无法反射，使鼠标无法定位。

目前，市场上销售的鼠标主要是光机鼠标和光学鼠标。光机鼠标，定位精度差，要经常清洁滚球和传动轴，但价格低。光学鼠标定位精度高、手感好，价格稍高于光机鼠标。

特别注意的是现在大家常说的机械鼠标，实用上应该称光机鼠标，而常说的光电鼠标实际应该称光学鼠标，这是个概念问题，不要混淆，因为它们的定位原理是不同的。

鼠标通过串口、PS/2 或 USB 接口与主机相连，鼠标内部控制芯片完成判键（左键的单击、双击，按住拖动、右击等）和定位，并将其信息传送给主机。

8.2.3　触摸屏

触摸屏既是输入设备也是输出设备。通常是在普通的显示器的显示屏外加上一组感应控制电路构成，一般用在公共场所为用户提供信息查询和简单的操作，其操作通过菜单提示就可以完成，如银行的 ATM 机、地铁的自动售票系统、大型商场的导购系统等。

触摸屏的工作原理是通过接触或靠近来产生定位信号并结合软件来完成操作的。根据定位方式，触摸屏可以分成 5 类：电阻式、电容式、表面超声波式、扫描红外线式和压感式。

1. 电阻式

电阻式是由显示屏上加两层高度透明的并涂有导电物质的薄膜组成，两层薄膜是隔开的（间距约 0.0001 英寸）。当用户触摸屏幕时被压点两层薄膜就会接触，根据接触电阻的变化就可以求出触摸点的(x,y)坐标。图 8-7 所示为电阻式触摸屏原理。

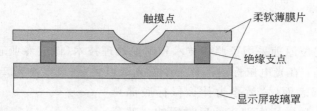

图 8-7　电阻式触摸屏原理

2. 电容式

电容式触摸屏是在显示屏上加一个内部涂有金属层的玻璃罩，当手触摸时，手和金属建立了耦合电容，在触摸点将产生微小电流并流向屏幕的四个角，根据电流大小算出触摸点的(x,y)坐标。

3. 表面超声波式

表面超声波式定位原理是在显示屏的水平方向和垂直方向的一边装有超声波发射器(组)，其对边安装超声波接收器(组)，当手触摸屏幕时会吸收或遮挡两个方向的超声波，超声波接收器就接收不到超声波，根据其超声波接收器的位置就可以计算触摸点的(x,y)坐标。

4. 扫描红外线式

扫描红外线式定位原理与超声波式定位原理是一样的，只是将超声波发射器和接收器换成红外线发射器和接收器。

5. 压感式

压感式是在屏幕上装上透明的压力传感器，通过触摸点的压力变化，由压力传感器转化成电信号来确定触摸点的(x,y)坐标。

触摸屏通常放在公共场所，使用环境较差，对触摸屏技术要求要比普通的显示器高，主要是防潮、防尘和温度的变化，密封性要好，同时还要考虑散热。

8.3　输　出　设　备

输出设备的作用是将计算机处理的中间结果或最终结果，以用户可以识别的数字、字符、图形、图像、声音等形式记录或显示出来，供用户识别、分析、处理和保存。常用的输出设备有打印机、绘图仪、显示器等。

8.3.1　打印机

打印机是将计算结果、程序等以人们能识别的数字和字符形式打印在记录纸上的一种设备。按印字方式的不同,打印机可以分为击打式打印机和非击打式打印机。

击打式打印机:是以机械力量击打字锤从而使字模隔着色带在纸上打印出字符的设备,原理同盖印章类似。击打式打印机根据印字方式又可以分成整字型打印机和点阵针式打印机。整字型打印机的字模是一个完整的字符,一次击打可以打印一个完整的字符,特别适合打印拼音文字,如英文等,不适合打印中文。点阵式打印机是通过将一个字符分成 $n \times m$ 点阵,通过钢针撞击色带在打印纸上留下字符的点阵图,不仅可以打印西文,还可以打印汉字。点阵式打印机又称为针式打印机。

非击打式打印机:是一种利用物理或化学的方法实现"打印"输出的设备。这类打印机的共同特点是打印头在打字过程中无击打动作,所以又称印字机,主要是喷墨打印机、激光打印机和热敏打印机。

1. 点阵式针式打印机

点阵针式打印机的印字方法是通过打印针撞击色带在打印纸上印出 n(横)$\times m$(纵)个点阵组成的字符图形。一般西文字符由 5×7、7×7、7×9 点阵组成,而汉字由 16×16 或 24×24 点阵组成。点越多,字的质量越高,如图 8-8 所示。

点阵式打印机由打印头、字车机构、色带机构、输纸机构及控制电路组成。

(1) 打印头

打印头是打印机的关键部件,由打印针、磁铁、衔铁等组成,如图 8-9 所示。打印头一般有 m 根打印针(如 9 针、24 针等)并按照一定方式排成 2 或 3 列。每根打印针受一个电磁铁控制,当电磁铁线圈通电吸合时,驱动打印针向前快速运动,把色带上的油墨打印在纸上,形成一个像点,如图 8-8 所示。打印头装在字车上,由步进电机驱动,进行水平移动和精确定位。

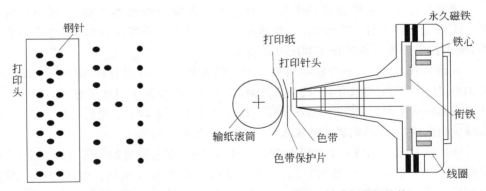

图 8-8　5×7 点阵组成的字符"N"点阵图　　　图 8-9　针式打印机结构

(2) 字车机构

字车机构是用来驱动打印头作左右运动的机构。字车机构由字车电机、字车、主动轮、从动轮、齿皮带、两根字车不锈钢导轴和起始位置检测器组成。每打完一个字符,字车电机通电,主动轮转动带动齿皮带拖动从动轮使字车移动到下一字符位(这个过程称为输格)。打印完一行或接到换行控制符,字车电机反方向转动回到行首。打印机开机

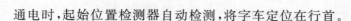

通电时，起始位置检测器自动检测，将字车定位在行首。

（3）输纸机构

输纸机构用来完成打印纸的传送和检测，由步进电机驱动。每打完一行字符，按给定的步距要求走纸。输纸机构由摩擦传动输纸和链式传动输纸两种输纸方式。摩擦传动输纸是靠压轮橡胶的摩擦力带动纸前进的。链式传动输纸是将打印纸的两边小孔套在齿轮上，靠转动齿轮转动带动纸的前进。

（4）色带机构

驱动色带不断移动的装置称为色带机构。针式打印机的色带多为环形色带，在打印间隙（输格或回车换行时，打印头已回位），色带电机拖动色带作匀速循环移动，保证字符颜色均匀且色带不易损坏。

（5）打印机控制电路

主要由字符缓冲存储器、字符发生器、时序控制电路和接口电路四部分组成。打印前，先由计算机通过接口电路向打印机字符缓冲器输入将要打印的字符代码。打印时，在逻辑时序的控制下，从字符缓冲器中顺序地取出字符代码，并对字符代码进行译码，得到该字符在字符发生器（通常由 ROM 组成）的字符地址，然后，逐列取出字符点阵信息，打印头按照字符点阵的要求使打印头驱动线圈通电，把铁心磁化，产生磁化力，击打相应的钢针使之在打印纸上形成字符点阵，打印完，线圈断电，磁力消失，打印针在弹簧力的作用下恢复原状，等待下一次打印。

针式打印机的优点是耗材便宜，并且可以一次打印几个相同的副本（如打印发票），缺点是打印噪声大，打印速度慢。

2. 喷墨打印机

喷墨打印机利用喷墨印字技术，即从细小的喷嘴中喷出墨水滴，在纸上形成点阵字符或图形。与针式打印机相比，主要是将针式打印头换成喷墨打印头，也不再有色带机构，喷墨技术分为喷泡式技术和压电式技术。

喷泡式技术：是每一个喷嘴内有一个电阻发热元件，在电脉冲作用下，发热元件对墨水加热，使周围的墨水气化，生成一个气泡，并在高温的作用下迅速膨胀，挤压墨水，使墨水从细小的喷嘴中喷出，形成一墨点，在打印纸上形成打印的像点。电脉冲结束后，气泡收缩，在喷头内形成负压，新的墨水被吸入，补充了喷头里减少的墨水。

压电式技术：是每一个喷嘴外侧有一压电晶体，当电脉冲加到压电晶体上，压电晶体对喷嘴产生压力，墨滴从喷嘴喷出，在纸上构成点阵字符或图形。喷头的另一端有续墨水用的导管与墨水罐相连，当电脉冲结束后，压电体晶体复原，墨水补充进喷头，图 8-10所示为压电式喷墨原理。

1）喷墨打印机结构

喷墨打印机结构包括机械部分和控制驱动部分，其机械部分主要由墨盒、喷头、清洗系统、字车、输纸机构组成。

（1）墨盒及喷嘴

喷嘴相当于针式打印机的针头，根据控制信号喷出墨滴在打印纸上形成字符的点阵

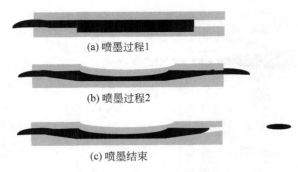

(a) 喷墨过程1

(b) 喷墨过程2

(c) 喷墨结束

图 8-10 压电式喷墨原理

图。墨盒储存墨水,并与喷嘴相连。有的打印机将墨盒和喷嘴一体化,这种方式结构简单,体积小,但墨盒中的墨水用完后,只能将墨盒与喷嘴一起换掉,耗材成本高。另一种是将墨盒和喷嘴分开的,墨水用完只要更换墨盒即可。有的喷墨打印机墨水还可以添加。

(2) 清洗系统

清洗系统作用是清洗喷嘴。在使用过程中,喷嘴中残留墨水随着时间的推延,水分蒸发后会堵塞喷嘴,喷嘴必须定期清洗。一般打印机在加电后自动进行清洗,当然,也可通过软件控制清洗。喷嘴不要长时间(不要超过 30 分钟)暴露在空气中,如果打印机长时间不用,应将喷嘴取出,用原包装中的塑料薄膜封住喷嘴后放回到原包装盒中。

(3) 字车结构

字车结构的作用和工作原理同针式打印机。

(4) 输纸机构

输纸机构的作用和工作原理同针式打印机,但只有摩擦输纸,也不能使用复写式打印纸一次打印多个副本。

(5) 控制驱动部分

控制驱动部分的作用是检测打印机的工作状态以及驱动打印机的机械结构完成其规定的动作,并解释和处理来自接口的数据和打印命令等。

2) 喷墨打印机的工作过程

图 8-11 所示为喷墨打印机打印过程示意图。不同类型的喷墨打印机利用各种技术使墨水从墨盒中经由喷嘴喷出,形成墨滴,并给墨滴充电,充电的墨滴继续前进,经过偏转电极,受偏转电极的影响,在垂直方向发生偏转,偏转的角度与墨滴所带的电荷成比例,这样就实现了字符点阵中同一列的点,根据高低位置打印到纸上。打印头横向移动,完成整个字符的打印。现在喷墨打印机的喷嘴有多个喷头,分多列排列,一次可以打印多列(多个点)。

喷墨打印机最大的优点可以打印彩色图片,而且可以打印宽幅图片,价格也便宜。随着数码照相机的普及,喷墨打印机几乎是家用打印机的首选。

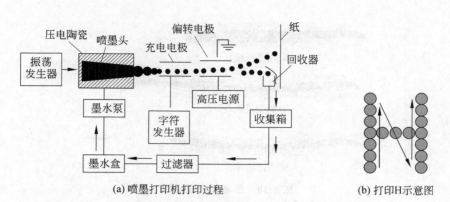

(a) 喷墨打印机打印过程　　　　　　　　(b) 打印H示意图

图 8-11　喷墨打印机打印过程示意图

3. 激光打印机

激光打印机是一种高精度、低噪声的非击打式打印机。它是利用激光扫描技术与电子照相技术共同来完成整个打印过程的。

（1）激光打印机的结构

激光打印机由激光光电扫描系统、电子照相系统和控制系统组成。图 8-12 所示为激光打印机组成。

① 激光扫描系统：包括激光器、偏转调制器、扫描器、光路系统。它的功能是对激光器产生的激光按照字符点阵信息或图像进行高频调制，将电信号转换成光信号。利用调制后的载有信息的激光束扫描光导材料感光鼓（也称磁鼓），在感光鼓上形成静电潜像。

② 电子照相系统：由感光鼓、高压发生器、显影装置、定影装置和清洁装置等组成。作用是将静电潜像变成可见的影像并固化在打印纸上。

③ 控制系统：包括输入缓冲器，字符发生器、图形处理器及其他控制电路。控制系统对激光打印机的整个打印过程进行控制。

（2）激光打印机的打印原理及过程

图 8-13 所示为激光打印机打印原理及过程。整个过程可以分以下 7 步完成：

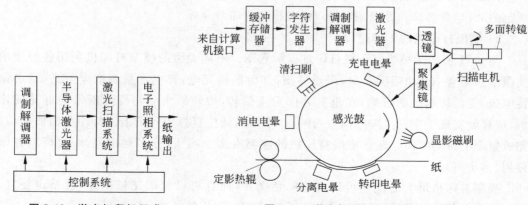

图 8-12　激光打印机组成　　　　　　　　　图 8-13　激光打印机打印原理及过程

① 充电：预先在暗盒中由充电电晕靠近感光鼓放电，使鼓面充以均匀的正电荷。

② 曝光：将主机送来的待打印字符或图像经过字符发生器和图形处理器转换成点阵图，激光器产生的激光按照字符点阵信息或图像进行高频调制，调制后的载有信息的激光再经过聚焦形成很细的激光束，激光束扫描感光鼓，感光鼓在暗盒中预先被高压充电带上正电荷，激光束扫描到的地方被曝光，使正电荷逃逸。通常将不显示字符的部分被激光照射，显示字符的部分不被照射。这样就在鼓面上形成静电潜像。同时步进电机转动，为下一行扫描曝光做准备。

③ 显影：当载有静电潜像的感光鼓转到显影区时，磁刷将在感光鼓上均匀地刷上一定厚度的磁粉层，磁粉带有与感光鼓带相反极性的负电荷，因为异性相吸，未被激光束扫描的静电潜像就能吸附磁粉，达到显影，从而在鼓面上显影成可见的字符磁粉。

④ 转印：感光鼓继续旋转进入到转印区，在打印纸的背面用转印电晕放电，使纸上充上与磁粉极性相反的静电荷，将磁粉吸到打印纸上，形成浮像。

⑤ 分离：在转印过程中，打印纸被充电后将与磁鼓粘连，当磁鼓转到分离电晕处，用电晕不断对打印纸施放正、负电荷，消除打印纸与磁鼓之间的静电引力，使打印纸与磁鼓分离。

⑥ 定影：传输机构将打印纸送到定影区，经过加热将磁粉中的树脂熔化，磁粉渗透到纸纤维中形成永固的打印成品。

⑦ 清扫：完成转印后，感光鼓上残留的磁粉通过清扫刷进行清扫，感光鼓恢复到原来的状态，为下一打印周期做准备。

激光打印机具有打印质量高，打印速度快等优点，而且价格也比较便宜，目前，普通激光打印机的价格已接近千元。缺点是普通激光打印机只能打印黑白文字。随着新技术的发展，4000 元以下的彩色家用激光打印机也已经开始投入商业化生产。

4. 打印机的技术指标

（1）打印质量

分辨率是衡量打印质量的重要指标之一，单位是 dpi（每英寸可打印点数），dpi 越高，打印输出的效果就越精细。

（2）打印速度

打印速度用每分钟打印多少页纸来衡量，单位是 ppm。一般是指平均速度，对于喷墨打印机还存在彩色打印速度和黑白打印速度之分。

（3）打印纸张的种类和幅度

采用普通打印纸还是专用打印纸，可打印的打印纸的最大幅度规格，如最大 A4 幅度等。

（4）噪音

用 db 来表示。噪音越小越好。

（5）打印机价格和打印成本

一是指单机绝对价格，当然价格越低越好，二是耗材的价格，涉及长期使用成本。购买时不仅要考虑打印机的绝对价格，还必须考虑长期使用成本。

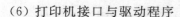

（6）打印机接口与驱动程序

打印机的驱动程序应该丰富，并且能支持多种操作系统。最好是操作系统认证过的免驱动的，否则可能会出现操作系统升级，或更换操作系统，打印机驱动不兼容，打印机不能正常工作的情况。接口最好选择市面上计算机上最通用的接口，如 USB 接口，像笔记本电脑大都没有并行打印接口。

8.3.2　显示设备

以可见光的形式传递和处理信息的设备称为显示设备。它可以把计算机的输出信息以字符、图形、图像和视频的形式在屏幕上显示出来。

1. 显示设备分类

（1）按显示设备的组成器件分类

显示器可以分为阴极射线管（Cathode Ray Tube，CRT）显示器、液晶（Liquid Crystal Display，LCD）显示器、等离子显示器（Plasma Display Panel，PDP）和发光二极管显示器（Light Emitting Diode，LED）。

（2）按显示的信息内容分类

显示器可以分为字符显示器、图形显示器、图像显示器。

在 CRT 显示设备中，还经常以扫描方式的不同分成光栅扫描和随机扫描两种，并根据分辨率的不同可以化分成高分辨率显示器和低分辨率显示器。

2. 显示器中的有关概念

1）图形和图像

（1）图形（graphics）

图形最初是指没有亮暗层次变化的线条图，如工程设计图、电路图等。

（2）图像（image）

图像最初是指有亮暗层次的图，如自然景物、照片等。经计算机处理与显示的图像称为数字图像。

图形和图像都是由称作像素的光点组成的。光点的多少用分辨率表示，光点颜色的深浅变化用灰度级（颜色）表示。分辨率和颜色决定所显示的图像的质量。

2）阴极射线管

阴极射线管（CRT）是一个漏斗形的电真空器件，由电子枪、偏转线圈和荧光屏构成。

（1）电子枪

电子枪由灯丝、栅极、加速阳极和聚焦极组成。电子枪的功能是发射具有足够强度和速度的电子束。电子束的强度由栅极控制，阳极对电子束进行加速。高速电子束打到荧光屏上产生亮点，由亮点组成图形。

（2）偏转部件

偏转部件的作用是控制电子束的运动方向，以便使电子束能扫描到荧光屏的任何位置。显示器的扫描线依靠在 x、y 方向的偏转线圈加上一定频率的锯齿波电压，控制电子束在荧光屏上做水平方向和垂直方向的移动。

（3）荧光屏

荧光屏是在 CRT 玻璃屏的内壁涂有荧光粉的屏幕，电子轰击后发光。

如果是彩色 CRT，电子枪有三枪，分别控制红（red）、绿（green）、蓝（blue）（简称RGB）三基色，荧光屏内壁涂有彩色荧光粉，利用三基色的不同组合形成丰富多彩的颜色。另外还有一种单枪式，只有一个电子枪，颜色的控制要比三枪复杂。图 8-14 所示为阴极射线管。

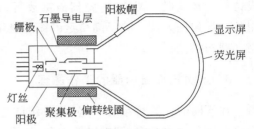

图 8-14　阴极射线管

3）分辨率和灰度级

（1）分辨率

分辨率（resolution）是指显示设备所能显示的像素点个数，像素点越密，分辨率越高，图像越清晰。通常用列（像素点）×行（像素点）来表示。如 1024×768 表示有 768 行，每行有 1024 个像素点。

（2）灰度级

灰度级（gray level）在黑白显示器指的是所显示像素点的亮暗差别，在彩色显示器中则表示颜色的不同。灰度级越多，图像层次越清楚逼真。如果用 8 位二进制表示一个像素的灰度级，则灰度级为 256（$2^8=256$）级。如果是彩色，三基色的每种颜色都用 8 位二进制表示，可以表示的色彩为 2^{24} 种。

4）刷新和刷新存储器

（1）刷新

CRT 器件的发光是由电子束打在荧光粉上产生的。电子束扫过之后，其发光亮度只能维持几十毫秒便消失，为了使人眼能看到稳定的图像，就必须在图像消失前使电子束不断重复扫描整个屏幕，这个过程就叫做刷新（refresh）。每秒钟刷新的次数为刷新率。

（2）刷新存储器

为了不断提供刷新图像的信号，必须把图像存储起来。存储图像的存储器就叫做刷新存储器，也叫做“帧存储器”或“视频存储器”（Video RAM，VRAM）。刷新存储器的容量由图像分辨率和灰度级决定，分辨率越高灰度级越多，刷新存储器容量越大。例如，分辨率为 512×512，灰度级为 256 级的图像存储器容量为 $512×512×8bit=256KB$。刷新存储器的存取周期必须满足刷新频率的要求。容量和存取周期是刷新存储器的两个重要指标。

5）随机扫描和光栅扫描

电子束在荧光屏上按某种轨迹运动称为扫描（scan）。控制电子束扫描轨迹的电路叫做扫描偏转电路。扫描方式有随机扫描（random scan）和光栅扫描（raster scan）两种。

（1）随机扫描

控制电子束在 CRT 屏幕上随机地运动，从而产生图形和字符。电子束只在需要作图的地方扫描，扫描的线路最短，所以速度快，图像清晰。高质量的图形显示器采用这种扫描方式。缺点是这种扫描方式的偏转系统与电视标准不兼容，驱动系统较复杂，价格较贵。

（2）光栅扫描

控制电子束从上至下顺序扫描，又分为逐行扫描和隔行扫描。逐行扫描是从上到下按顺序进行扫描，从左上角扫到右下角显示一屏图像。隔行扫描是将一屏图像的像素分成奇数行和偶数行两部分，先扫描奇数行，然后再扫描偶数行。光栅扫描是电视机中采用的一种扫描方法。除了高质量的图形显示器外，大部分的字符、图形、图像显示器都采用光栅扫描。

3. 光栅扫描显示器的工作原理

在不同的计算机系统中，显示系统的组成方式也不同。在大型计算机中，显示器作为终端设备独立存在，即键盘输入和 CRT 显示输出是一个整体，通过标准的串行接口与主机相连。在微机系统中，CRT 显示输出和键盘输入是两个独立的设备，显示系统由插在主机槽中的显示适配器（即显卡）和显示器两部分组成，而且将字符显示与图形显示结合为一体。

1）字符显示方式显示原理

显示字符的方法以字符的点阵图为基础，以此构造字符，图 8-15 所示为字符 A 的 7×9 点阵图。CRT 字符显示器常采用电视光栅扫描原理，用光栅点阵法来形成字符。这种方法将可显示的字符的全部点阵结构存入由 ROM 构成的字符发生器中，在 CRT 进行光栅扫描过程中，从字符发生器中取出被显示的字符的点阵去控制扫描电子束的开关，就可以在屏幕上显示指定的字符。

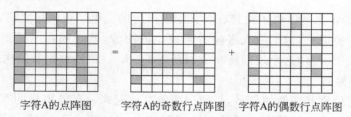

字符A的点阵图　　　字符A的奇数行点阵图　　字符A的偶数行点阵图

图 8-15　字符 A 的 7×9 点阵图

为了使图像充满整个画面，要求电子束扫描整个屏幕，即控制电子束从左到右，从上到下做有规则的运动，图 8-16 所示为光栅扫描显示原理。在电子枪回扫期间（图中的虚线部分），要对电子束进行抑制，不让回扫线在屏幕上显示出来。这部分功能由消隐控制电路完成。在字符显示过程中，为了使显示字符没有闪烁感，要求显示屏上的字符刷新频率大于 50 帧/s。

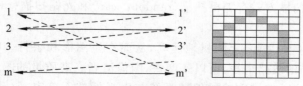

图 8-16　光栅扫描显示原理

2）字符显示器的组成

图 8-17 所示为字符显示器组成，包括字符显示控制器 CRTC、显示存储器和字符发生器。CRTC 为核心部件，其作用有两个，一是选择字符存储器对应的 ASCII 码值，在光栅计数信号的控制下，读出点阵信息；二是形成行、列地址信号，并产生水平同步信号 HYSNC 和垂直同步信号 VSYNC。显示存储器由字符存储器和属性存储器（存储字符的亮度、颜色等属性）组成。

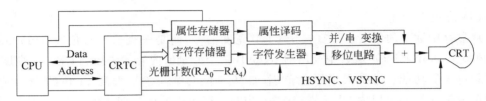

图 8-17　字符显示器组成

3）彩色图像显示的显示原理

彩色图像显示时，每个像素需要使用多个二进制位来表示，图形存储器有两种组织方式：多个位平面方式和组合型像素格式。

（1）多个位平面方式

显示存储器由多个位平面（如 R、G、B、I）组成，图 8-18 所示为多个位平面方式（planes_pixel format）。CRTC 除了完成前面介绍的两个基本功能外，还实现画图功能。CRTC 接受并实现 CPU 送来的画图命令，其结果写入显示存储器，不同的色彩数据写入不同的位平面。另一方面，CRTC 读出显存内容，经过并-串变换和 D/A 转换后送显示器的 R、G、B 三根电子枪，形成 RGB 三种不同的彩色信号，从而在屏幕上显示出彩色图形。在微机系统中 CRTC 又称为图形显示卡（简称显卡）。目前，显卡的功能越来越强，大多数显卡除了完成二维画图命令外，还具有三维图形功能。这种图像显示方式缺点是彩色功能有限，速度比较慢。

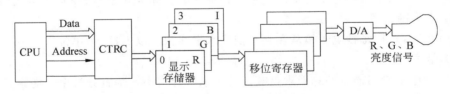

图 8-18　位平面方式图形显示

（2）组合型像素格式

组合型像素格式（packed_ pixel format）采用显存中一个字的若干位（称为像素深度）来代表一个像素。例如，8 位/每像素可以表示 256 色，24 位/每像素可以表示 16M 种颜色（称为真彩色）。每次画图操作可以同时对 8 位进行读写操作，也可以采用一次读出多个字节的方案，图 8-19 所示为组合型像素格式。优点是显示操作速度快，色彩能力强，缺点是对显存的速度要求较高。

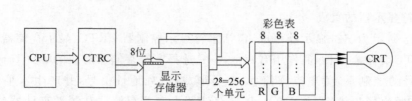

图 8-19　组合型像素格式图型显示

（3）彩色表功能

从显存中读出的像素值不直接送 CRT 亮度信号，而是去查一张彩色表（color table 或 video_lookup table），从表中读出的 R、G、B 三个分量值内容才去控制 CRT 的亮度。

彩色表的功能：①扩大了彩色范围，如从 8 位的 256 色扩大到 24 位的 16M 色。②彩色表是 RAM，可以由 CPU 直接改写，当写入彩色表的内容变化而显存内容不变时，则屏幕上显示色也相应变化（显示内容不变）。利用彩色表还可以实现高速清屏和简单的动画功能。

4）CRT 显示器的主要技术指标

（1）显像管形状

显像管的外形主要有球面、平面直角、纯平等。目前，主要以纯平为主。

（2）显像管尺寸

以显示区对角线长度来标称，有 14、15、17、19、21 英寸等。

（3）点距

通俗地讲就是两个像素点之间的距离。点距越小越好。

（4）分辨率

表示屏幕上可以显示的像素点的多少，用水平显示的像素个数×水平扫描线数（列×行）表示，如 1024×768。

（5）垂直刷新率

也称场频，是指每秒电子枪从上到下的扫描次数。标准规定 85Hz 以上为无闪烁。

（6）水平刷新率

又称行频，是指每秒电子枪从左到右扫描水平线数。以 KHz 为单位。

（7）带宽

指每秒电子枪扫描过的总像素点数。等于水平分辨率×垂直分辨率×场频。

（8）电子辐射标准

有 MPRⅡ 和 TCO 标准。MPRⅡ 是由瑞典技术委员会议制定的电磁场辐射规范。MPRⅡ 也包括了推荐的设计标准。这些标准面向普通工作环境设计，其目的是将显示器周围的电磁辐射降低到一个合理程度。TCO 是瑞典专业雇员联盟就电子设备制定的安全及环保标准。而针对显示器的发展到今天已经有 TCO92、TCO95、TCO99 等几个标准，它们一个比一个对显示设备的要求严格。而 TCO99 标准则更是规定了显示器的制造材料要符合安全及环保标准。随着时间的发展原有的 TCO99 标准已经难以适应新的 LCD、PDP 显示器了。于是 TCO 联盟开始制定最新的 TCO03 标准，对显示器的制造、生产、辐射、亮度等提出了更高的要求。在显示器行业,TCO 是公认的标准认证之一。

4. 液晶显示器

液晶在物理学上是指某种物质的过渡状态,这种状态在外形上看是流动的半液体、半固体,即所谓的晶体,这种能在某个温度区域内保持固态和液态中间状态的物质就叫做液晶体。

液晶在磁场、电场热能等作用下可以改变其光学特性。作为显示器所关心的主要是电压、电流改变时的光学效应,就是在电压、电流作用下,其液晶分子的形态和排列的形式。

目前市场上广为流行的液晶显示器根据其分子的形态和排列的形式分成两种,一种是扭曲向列式(Twist Nematic,TN),包括超扭曲向列(Super Twist Nematic,STN)。另一种是源阵列薄膜场效应管器件型(Thin Film Transistor,TFT)液晶显示器。液晶显示器的工作原理就是在电场的作用下改变液晶晶体的排列,使得液晶透光和不透光,达到在屏幕上显示图像的目的。

1) TN(STN)模式的工作原理

图 8-20 所示为 TN 模式的结构。它是在两个玻璃基片之间填上液晶,且在上、下极板间连续扭转 90°排列,即扭曲排列。不加电的情况下,液晶使入射的偏振偏转 90°,正好与下侧的偏振片光轴正交,形成不透光状态。在电场的作用下,液晶分子按照电场方向排列,不再扭曲 90°,光的偏振方向不变,所以呈透明状态。单纯的 TN 液晶显示器本身只有明暗两种情况(黑白模式),为了显示彩色图形,在单色 TN 液晶显示器加上一个彩色滤光片(Color Filter),并将单色显示矩阵的一个像素分成三个像素,分别通过彩色滤光片显示红、绿、蓝三基色,再将三基色根据不同的比例调和就可以显示出全彩模式的色彩。

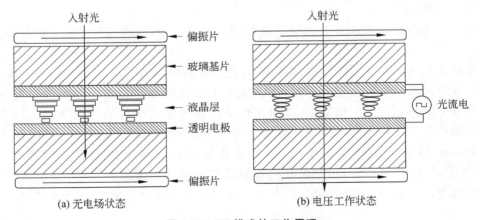

图 8-20　TN 模式的工作原理

液晶显示器本身是非发光器件,所以不能在暗处使用。解决方法是利用背光源,光从背面均匀照射,通过调节背光源的光强,可以得到满意的使用效果。

TN 的优点是功耗较小,缺点是随着屏幕的加大,屏幕对比度比较差,并且视角小(小于 30°)。目前,主要在手持式设备中(如手机、MP3、低档数码相机显示屏等)大量使用。

2) 薄膜场效应管 TFT 液晶显示原理

TFT 型的液晶显示器主要构成包括荧光管、导光板、偏光板、滤光板、玻璃基片、液晶材料、薄膜式晶体管等。首先利用背光源，也就是荧光灯管投射出光源，这些光源先经过导光板再经过一个偏光板然后经过液晶，通过调节液晶分子的排列方式改变穿透液晶的光线角度来达到显示的目的。

　　有源阵列薄膜场效应管 TFT 液晶显示器是一种真彩显，显示屏上每个像素后面都有 4 个（1 个单色，3 个 RGB 彩色）相互独立的薄膜晶体管驱动像素发出彩色光，显示时，实际上控制的是每一个晶体管的亮度来组成明暗不同的亮度和颜色。显示器在亮度、对比度，色度和响应速度等方面已接近 CRT。

　　由于在光源设计上，TFT 显示采用的是"背投式"照射方式，光的照射方向是自下而上的，是有源的，功耗比 TN 式的高。目前笔记本计算机和台式机的液晶显示器大都采用 TFT 模式的液晶显示器。

　　3）液晶显示器的特点

　　（1）显示质量高

　　液晶显示器每一个点在收到信号后就一直保持那种色彩和亮度，恒定发光，不像 CRT 那样要不断刷新，所以显示时屏幕无闪烁，对眼睛伤害小。

　　（2）液晶显示器没有辐射

　　没有高压线圈和高频调制信号，液晶显示器没有电磁辐射。

　　（3）功耗小

　　液晶本身不发光，靠调制外界光达到显示目的（被动显示）。

　　（4）体积小

　　不需要给电子加速的电子枪，显示器可以做得很薄，具有平板显示器之称。

　　（5）应用范围广

　　由于功耗小和体积小，不仅用做计算机的显示器，还可以作为各种电子设备的显示终端。

　　随着液晶显示器技术的发展，阻碍液晶显示器的应用的关键问题也得到了很好的解决。如液晶显示器的价格，随着技术的成熟成品率的提高和制造规模的加大，已接近同尺寸 CRT 的价格。"拖尾"现象和视角窄的现象也已很好地得到解决。但是，液晶显示器仍然存在亮度不足问题。另一个问题就显示器的显示分辨率不可随意调整，否则显示的图像可能非常模糊，这是因为液晶显示器每个像素点后面都有 4 个（1 个单色，3 个 RGB 彩色）相互独立的薄膜晶体管驱动像素发出彩色光，这个比例是在制造时就固定好的，调整显示分辨率将会造成每个像素点下的 GRB 比例失调，色彩模糊。

习　题　8

一、选择题

1. CRT 显示器上构成图像的最小单元称为_____。

　　A. 元素　　　　　　B. 亮点　　　　　　C. 单位　　　　　　D. 像素

2. 外围设备的定时方式分为同步定时与_____两种方式。

　　A. 异步应答　　　　　B. 异步　　　　　C. 应答　　　　　D. 控制

二、填空题

1. 目前市面上流行的鼠标器有两种：_____和_____。

2. 在计算机硬件系统中不是主机的设备都属于_____,外部设备也叫做外围设备。

3. 常用的几种输入设备有_____等。

4. 触摸屏系统分成_____和_____。

5. 触摸屏根据其采用的技术,分为_____、_____、_____、_____和_____五类。

6. 按所显示的信息内容分类,显示设备可分为_____、_____和_____三大类。

7. CRT 是一个_____器件,由_____、_____和_____构成。

8. 平板显示器(FPD)一般是_____显示器件,有_____、_____、_____、_____等。

9. LCD 的应用领域主要有_____、_____和_____三类。

10. _____叫图形。_____叫图像。

11. _____叫分辨率。_____叫灰度级。

12. _____叫刷新。

13. _____叫随机扫描。_____叫光栅扫描。

14. 光栅扫描显示器的特点是_____。

15. _____叫击打式打印机,_____叫非击打式打印机。

16. 针式打印机由_____、_____、_____和_____四部分组成。

17. 激光印字过程分_____、_____、_____、_____、_____和_____六个步骤。

18. 产生墨滴的机构,可采用不同的技术,流行的有_____和_____热电式。

19. 汉字输出有_____、_____两种形式。

三、简答题

1. 简述打印机的发展趋势。

2. 简述普通显示器和显示终端的区别。

3. 某显示器的分辨率为 1024×768,24 位真彩,试计算为达到这一显示,需要多少字节的显示缓冲区?

第 9 章

chapter 9

输入 输出 系统

输入输出组织是用来控制外设与内存或 CPU 之间进行数据交换的机构。它是计算机系统中重要的软、硬件结合的子系统。通常把 I/O 设备及其接口电路、控制部件、通道或 I/O 处理器以及 I/O 软件统称为输入输出系统,其要解决的问题是对各种形式的信息进行输入和输出控制。实现输入输出功能的关键是要解决以下一系列问题:

① 如何在 CPU、主存和外设之间建立一个高效的信息传输通道。

② 怎样将用户的 I/O 请求转换成对设备的控制命令。

③ 如何对外设进行编址。

④ 怎样使 CPU 方便地寻找到要访问的外设。

⑤ I/O 硬件和 I/O 软件如何协调完成主机和外设之间的数据传输等。

本章主要讨论以下问题:

(1) I/O 接口的功能、作用及分类。

(2) I/O 接口的编址方法。

(3) 常用的 I/O 数据传输控制方式(程序直接传输方式、中断方式、DMA 方式、通道方式和外围处理机方式)。

(4) 常用标准接口。

9.1   I/O 接口

接口可以看作是两个系统或两个部件之间的交界部分,它既可以是两种硬件设备之间的连接电路,也可以是两个软件之间的共同逻辑边界。把主机(系统总线)与外围设备或其他外部系统之间的接口逻辑,称为输入输出接口(简称 I/O 接口),接口在它所连接的两个部件之间起着转换器的作用。

9.1.1   I/O 接口的功能

I/O 接口一般位于系统总线与外围设备之间,系统总线一般是标准而通用的,它符合某种总线标准(如 ESIA 总线、PCI 总线等),并不局限于特定的设备。I/O 接口通常具有以下功能:

1．寻址

接口逻辑接收总线送来的寻址信息,经过译码,选择多台外部设备中的一台,或该设备中的某个有关的寄存器。

2．实现数据缓冲

在接口电路中,一般设置一组数据缓冲寄存器,以补偿各设备之间的速度差。

3．实现数据格式转换、电平变换等预处理

接口与总线之间一般采用并行数据传输,接口与外设之间有并行传输,也有串行传输,数据传输前必须先进行数据格式的转换。

另外,设备使用的信号电平与总线使用的信号电平有可能不同,必须进行电平转换。

4．实现控制逻辑

CPU 与 I/O 设备的通信控制是主机通过总线向接口传输命令信息的,接口要予以解释,并产生相应的操作命令发送给设备。接口连接的设备及接口本身的有关信息,也通过接口连接的总线传输给 CPU。当采用中断方式控制信息传输时,接口中应有相应的中断控制逻辑。当采用 DMA 方式控制信息传输,接口中应有相应的 DMA 控制逻辑。

5．检错

I/O 接口应有检错功能,并能将错误信息报告给 CPU。一类错误是设备中的电路故障,另一类错误是数据传输时数据位出错。传输中的错误经常用一些检验码进行检测,如奇偶校验、CRC 校验,保证数据无错传输。

6．与主机和设备通信

上述功能都必须通过 I/O 接口与主机或与设备之间的通信来完成。

9.1.2　I/O 接口的基本组成

不同的 I/O 接口在复杂性和控制外设的数量上差异很大,内部电路也不相同,但是,一般情况 I/O 接口应包含以下部分组成,公共部分可以用图 9-1 来表示。

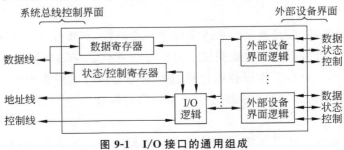

图 9-1　I/O 接口的通用组成

1. 各种寄存器集合

各种寄存器集合包括控制/状态寄存器 CSR、数据寄存器 DR、地址寄存器 ADR、输入数据缓冲寄存器 IDBR、输出数据缓冲寄存器 ODBR。

2. 各种控制电路

各种控制电路包括设备选择、设备地址译码电路、同步或异步控制电路、中断控制及 I/O 控制电路。

3. 数据格式转化电路

数据格式转化电路实现数据并-串或串-并的转换。

4. 主机与接口、接口与 I/O 设备两个方向的信号连接线

在系统侧，CPU 通过系统总线（数据线、地址线、控制线）与接口相连。接口内逻辑通过一组控制线与 CPU 相连，CPU 使用这些控制线发送命令给 I/O 接口，并将数据送到数据总线上，或到数据总线上读取数据。CPU 通过地址总线来确定所寻址的设备或设备中的某个寄存器。接口也通过控制线将接口或设备的状态返回给 CPU，CPU 根据状态信号来确定下一步的操作。

在设备侧，I/O 接口通过一组信号线（数据线、控制线、状态线）与设备连接，设备通过连线将数据或状态传输给接口中数据缓冲寄存器或状态寄存器，然后由接口经总线传输给主机或其他设备。主机传输给设备的数据或命令经接口传送给设备的数据缓冲寄存器或控制寄存器。

在设备与计算机系统之间，I/O 接口起着中间桥梁的作用。

9.1.3 接口的分类

I/O 接口可以根据不同的分类方式进行分类，通常有以下 4 种方式。

1. 按数据传输格式分

按数据传输格式，接口可以分为串为行接口和并行接口。

（1）串行接口

串行接口与输入输出设备之间采用串行方式传输数据，而接口与系统总线之间采用并行传输数据。因此接口要完成数据格式的串行与并行之间的变换，图 9-2 所示为串行接口。串行接口用于串行工作设备或计算机网络的远程终端设备与计算机的连接。特点是速度慢，传输距离远。如 RS-232、USB 都是串行接口。

（2）并行接口

并行接口与系统总线以及接口与外设之间都是以并行方式传输信息的。并行接口

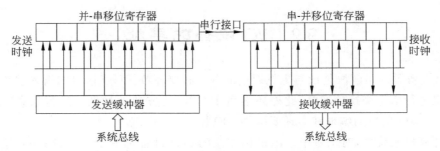

图 9-2 串行接口

用于并行工作设备,传输距离较短。图 9-3 所示为并行接口,如打印机接口。

2. 按总线数据传输的时序控制方式分

按总线数据传输的时序控制方式分,接口可分为同步控制方式和异步控制方式接口。

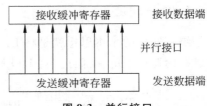

图 9-3 并行接口

(1) 同步接口

同步接口与同步总线相连,接口与系统总线之间的信息传输由统一的时序信号控制。

(2) 异步接口

异步接口与异步总线相连,接口与系统总线之间的信息传输采用异步应答的控制方式。

3. 按数据传输的控制方式分

按数据传输的控制方式分,接口可以分为中断接口和 DMA 接口。

(1) 中断接口

主机与外设之间的数据传输采用程序中断方式控制,这样的接口称为中断接口,也称为程序中断接口。接口中有相应的中断系统所需要的中断控制逻辑。

(2) DMA 接口

主机与高速外设之间的数据传输采用 DMA 方式控制,这样的接口称为 DMA 接口。接口中需要有相应的 DMA 控制逻辑。

4. 按接口使用的通用性分

按接口使用的通用性分,接口可以分为通用接口和专用接口。

(1) 通用接口

通用接口是按照某种标准设计的接口,可以供多种外设使用的接口。例如,RS-232接口、USB 接口、IEEE 1394 接口等。

(2) 专用接口

专用接口是专为某些外设设计的接口,例如,计算机与其控制的医疗设备之间的连接接口等。

9.2　I/O 设备的寻址

　　I/O 设备寻址是解决外设与主机通信的一个必要环节。I/O 接口的引入仅给出了外设与主机进行信息交换的通路,此外还必须让 CPU 能方便地找到要进行信息交换的设备,这就是 I/O 接口的编址和寻址要解决的问题。

　　在计算机系统中,对于每个与主机相连接的 I/O 设备都赋予一个设备码,这个设备码就是设备的地址,主机通过地址访问该 I/O 设备。通常设备的地址有统一编址和独立编址两种编址方法。

1. 统一编址

　　统一编址的基本思想就是将 I/O 设备地址和存储器单元地址统一编址,将 I/O 地址看成存储器地址的一部分。对 I/O 设备的访问与对存储器的访问一样,这样,系统无须设置专门的输入输出指令,只要用一般的访存指令就可以对 I/O 端口进行输入输出操作。因为这种方式是将 I/O 端口地址映射到主存空间的某个地址上,所以,又称为"存储器映射 I/O 方式"。Motorola 公司生产的处理器都采用这种方式。图 9-4 所示为主存与 I/O 设备统一编址。在总共 64K 地址空间中,低 32K(0000H～7FFFH)为主存空间,高 32K(8000H～FFFFH)

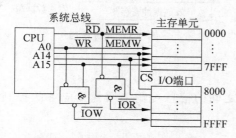

图 9-4　主存与 I/O 设备统一编址

为 I/O 地址空间。地址总线的高位 A15 用作地址译码器,A15＝0 时,$\overline{CS}$＝0,选择的是低 32K 地址空间,这时 CPU 的读($\overline{RD}$)操作和写($\overline{WR}$)操作是对主存进行的,即 $\overline{MEMR}$(存储器读有效信号)或 $\overline{MEMW}$(存储器写有效信号)有效。当 A15＝1 时,$\overline{CS}$＝1,选择的是高 32K 地址空间,这时 CPU 的读($\overline{RD}$)操作和写($\overline{WR}$)操作是对 I/O 端口进行的,即 $\overline{IOR}$(外设读有效信号)或 $\overline{IOW}$(外设写有效信号)有效。

2. 独立编址

　　将 I/O 地址与存储器地址分开,对 I/O 设备访问与存储器的访问采用不同的指令,访问 I/O 设备时,采用专门的输入输出指令。

　　例如,8086 CPU 采用的就是独立编址,其输入和输出指令格式为:

输入指令:IN 寄存器号,输入端口地址;　　　//将端口内容读到指定的寄存器
输出指令:OUT 输出端口地址,寄存器号;　　//将指定寄存器的内容送端口

　　端口号小于 256 可以直接使用端口号,端口号大于等于 256 时,端口地址必须放在 DX 寄存器中(相当于寄存器间接寻址)。

　　独立编址的 CPU 其外部设备的数量受到编址范围的限制,如 Intel 的奔腾处理器其

外设的地址空间为 2^{16}，当然，这么大的空间也足以满足系统的需要了。图 9-5 所示为主存与 I/O 设备独立编址。从图中可以看出，I/O 地址 00H～FFH 与主存的低 256 个地址单元的地址号是重叠的。同样的地址到底是对主存访问还是对外部设备访问由选择信号 $\overline{\text{MEMR}}$、$\overline{\text{MEMW}}$ 与 $\overline{\text{IOR}}$、$\overline{\text{IOW}}$ 来决定，同一时刻这 4 个信号只有一个有效，CPU 根据执行的不同指令来产生其中之一的控制信号。

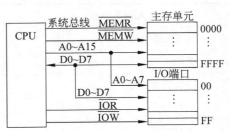

图 9-5　主存与 I/O 设备独立编址

　　按照数据传输的方式，输入输出设备可分为字设备（如键盘）和块设备（如硬盘）两种。通常块设备的数据直接和主存进行交换，CPU 中的寄存器通常只和字设备进行数据交换。I/O 指令也分两类：

　　寄存器 I/O 指令：在寄存器和 I/O 端口之间传输一个单数据项。

　　成组 I/O 指令：在存储器和 I/O 端口之间传输一串数据项。

　　采用统一编址时，访问 I/O 设备直接使用访存指令，不需要另外增加指令，可以简化 CPU 的设计，但 I/O 设备占内存空间，地址空间的选择要通过外部电路的地址译码器来完成，外部电路设计要复杂些。另外，同一条指令到底是访问内存还是访问 I/O 设备很难一眼看出，程序的可读性差。采用独立编址，在 CPU 中增加访 I/O 设备指令，在 CPU 的引脚上还要增加 $\overline{\text{IOR}}$、$\overline{\text{IOW}}$ 引脚，CPU 的设计要复杂一些，但是，程序的可读性比较好，访问内存还是访问 I/O 设备，在指令上一目了然。有些系统设计者愿意使用独立编址，有些喜欢统一编址（如在单片机系统中，采用统一编址可以简化控制器的设计，降低系统成本）。表 9-1 所示了 Intel 80x86 系列处理器的部分外设端口地址分配。

表 9-1　Intel 80x86 系列处理器的部分外设端口地址分配

输入输出设备	I/O 地址	占用地址数
DMA 控制器 1	000H～01FH	32
中断控制器 1	020H～03FH	32
定时器/计数器	040H～05FH	32
键盘控制器	060H～06FH	32
实时时钟，NMI 屏蔽寄存器	070H～07FH	16
DMA 页面寄存器	080H～09FH	32
中断控制器 2	0A0H～0BFH	32
DMA 控制器 2	0C0H～0DFH	32
硬盘控制器 2	170H～177H	8

输入输出设备	I/O 地址	占用地址数
硬盘控制器 1	1F0H～1F8H	9
游戏 I/O 口	200H～207H	8
并行打印口 2	278H～27FH	8
串行口 4	2E8H～2EFH	8
串行口 2	2F8H～2FFH	8
软盘控制器 2	370H～377H	8
并行打印口 1	378H～37FH	8
单色显示器/打印适配器	3B0H～3BFH	16
彩色/图形监视器适配器	3D0H～3DFH	16
串行口 3	3E8H～3EFH	8
软盘控制器 1	3F0H～3F7H	8
串行口 1	3F8H～3FFH	8

9.3　I/O 数据传输控制方式

有了数据通道，用户就可以使用指令编程实现主机与外设交换信息，由于执行数据传送指令需要花费 CPU 时间，特别是大数据量传送时，占用 CPU 时间更多，CPU 用来进行信息处理的时间就少，这就影响了系统的效率。设法缩短主机与外设交换信息的时间，对提高系统整体性能是至关重要的。主机与外设之间的信息交换控制，在不同的系统中有不同的方式，一般有以下 5 种：

1. 程序直接控制方式

程序直接控制（program direct control）方式是通过使用 I/O 指令所编写的程序来控制主机和外设之间的信息传输。具体方法是先由主机通过启动指令启动外设工作，启动后，主机用测试指令不断查询外设工作是否完成，一旦外设工作完成，就进行数据传输。这种方法控制简单，但主机和外设是串行工作的，主机大量时间消耗在等待外设准备数据的过程中。

2. 程序中断控制方式

在程序中断控制（program interrupt control）方式中，主机启动外设后，不再等待查询外设是否准备好而继续执行原来的程序，当外设工作完成后，便向 CPU 发出中断请求，CPU 接到中断请求后，在响应条件满足时，CPU 响应外设的中断请求，并执行中断服务程序完成外设与主机之间的一次信息传输，完成后主机又继续执行原来的程序。程序中断传输方式实现了 CPU 和外设之间并行工作，而且可以使多台外设同时工作，CPU 的效率大大提高。但是由于中断增加了 CPU 的开销，一般适合速度要求不太高的设备与主机之间传输信息，对于高速设备，采用中断方式将会造成数据丢失。

3. 直接存储器存取方式

直接存储器存取（Direct Memory Access，DMA）方式是在外设和主机之间另外再开辟一条数据通道，当高速设备的数据传输准备好后，由专门的 DMA 控制器来代替 CPU 实现数据传输控制。CPU 在整个传输过程中只在传输开始和传输结束进行一些必要的处理，在中间传输过程中无须 CPU 的干预。一般用在主存和辅存之间的数据传输。

4. I/O 通道控制方式

在 I/O 通道控制（I/O channel control）方式中，通道控制器能独立地执行用通道命令编写的输入输出控制程序，产生相应的控制信号，送给由它管辖的设备控制器，继而完成复杂的输入输出过程。所谓"通道"不是一般概念的 I/O 通路，它是一个专门的名称，是一种通用性和综合性都较强的输入输出方式，它代表了现代计算机组织向功能分布式方向发展的初始发展阶段。I/O 通道具有自己的指令系统，并能实现指令所控制的操作，但它仅仅是面向外围设备的控制和数据的传输，其指令系统也仅仅是几条简单的与 I/O 有关的命令。

5. 外围处理机方式

外围处理机（Peripheral Processor Unit，PPU）又称为输入输出处理机。它除完成 I/O 通道所要完成的 I/O 控制外，还可以完成码制转换、格式处理、数据块的检错纠错操作，它的功能比 I/O 通道控制器更强，外围处理机结构更接近一般处理机，甚至是一台小型通用计算机。外围处理机基本独立于主机工作。

9.4　程序直接控制的数据传输方式

程序直接控制的数据传输方式是主机与外设之间进行数据交换的最简单、最基本的控制方式，是 CPU 直接利用 I/O 指令编程实现数据的输入输出。

如果有关的操作时间已知，可以直接执行输入输出指令。如从某设备的缓冲区中读取数据或向缓冲区中输入数据，即无条件传输方式或同步传输方式。

如果有关的操作时间未知或不定，往往采用查询、等待和传输的方式，也称条件传输方式或异步传输方式。CPU 启动外设后，主机不断通过 I/O 指令查询设备状态是否准备好，是否完成一次操作，若尚未准备好或未完成，CPU 将继续查询、等待，直到设备准备好或完成一次操作为止，CPU 通过 I/O 指令进行 I/O 数据传输。在外围设备工作期间，CPU 只执行与 I/O 有关的操作，即查询、等待传输，所以这种方式又称为程序查询方式。图 9-6 所示为程序查询方式流程图。在有多个外设的情况下，除了 CPU 与外设不能并行工作外，外设的优先级也是事先规定好的。图 9-7 所示为多个外设情况下程序查询方式的流程图。程序查询方式虽然比较简单，但大量的 CPU 时间都浪费掉了，效率很低。

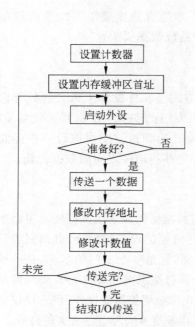

图 9-6　程序查询方式流程图

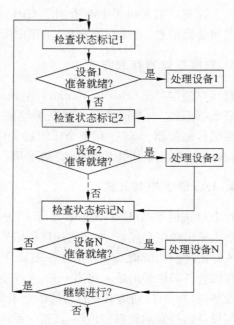

图 9-7　多个设备查询流程图

9.5　程序中断控制数据传输

9.5.1　中断的基本概念

1. 中断问题的提出

CPU 的速度比外部设备的速度快得多,在程序查询工作方式下,CPU 的大部分时间都是处在等待外部设备工作而不能干其他的事,这样 CPU 大部分的时间都被白白地浪费掉了。如果能够在 CPU 启动外部设备后,在外部设备还没有准备好时,CPU 可以继续进行原来的工作,当外部设备准备好后通知 CPU,然后 CPU 来执行与外部设备的数据传输,这种工作方式称为中断方式。采用中断方式不仅实现了外部设备与 CPU 并行工作,提高了 CPU 的利用率,而且还可以实现一个 CPU 同时控制多台外部设备,实现多台外设并行工作。图 9-8 所示为中断方式下 CPU 与外设并行工作的时序与程序查询方式下的时序比较。

2. 中断的定义

所谓中断是指 CPU 在执行程序过程中,如果因出现某种随机事件而收到中断请求,暂时中断现行程序的执行,而转去执行一段中断服务程序,并在执行完中断服务程序后自动地返回到原来的程序继续执行的过程。

这就好像你(相当于 CPU)在家看书(相当于 CPU 执行程序),突然电话铃响了(相当于因某种随机事件发生而收到中断请求),这时你就会停止看书并做好标记把书放好(暂

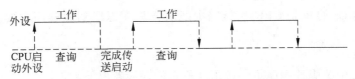

(a) 程序查询方式下的外设与CPU串行工作示意图

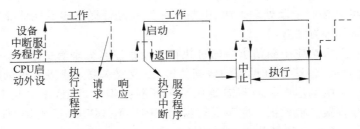

(b) 程序中断方式下的外设与CPU并行工作示意图

图 9-8 外设与 CPU 的工作时序

时中断现行程序的执行),然后去接电话(转去执行一段中断服务程序),接完电话后又继续看书(执行完中断服务程序后自动地返回到原来的程序继续执行的过程)。

3. 中断过程

中断过程如下:

① 中断请求:首先中断源发出中断请求。

② 中断响应:在满足中断条件下,CPU 响应中断。

③ 现场保存:为了使中断任务完成后能返回到断点处继续执行原程序,必须保存好断点地址、程序状态字等信息。

④ 中断屏蔽:在保存现场信息(主要是指主程序执行时的中间变量与相关寄存器中的内容)过程中必须先屏蔽中断,保存完现场信息后再开中断(这一过程不是必需的)。

⑤ 中断处理:执行中断处理程序完成中断任务。

⑥ 现场恢复:恢复原来现场信息(也要进行中断屏蔽),使原程序可以继续正确执行(这一过程不是必需的)。

⑦ 中断返回:执行完中断后返回断点继续执行原程序。

当然,上述过程随计算机结构不同而存在一定的差异,也不是每一步都需要。以上过程是由计算机的中断系统实现的。所谓中断系统是指计算机中实现中断功能的软、硬件总称。在 CPU 一侧配置了中断机构,在设备一侧配置了中断控制接口,在软件上设计相应的中断服务程序。

4. 中断源、断点、中断入口和中断类型

1) 中断源

中断源是引起中断事件及发出中断请求的来源。

2) 断点

断点是被中断打断点的 CPU 正在运行程序地址(严格地讲应该为正在执行指令的

下一条指令的地址，也就是 CPU 执行完中断服务程序返回到原程序中要执行的第一条指令的入口地址）。

3）中断入口

中断入口是中断服务程序第一条指令所在的存储器单元地址。

4）中断类型

中断类型可以按照中断处理方法、中断源种类或是否提供向量地址等进行分类。

（1）按中断处理方法分类

程序中断：主机响应中断请求后通过执行一段程序来处理有关事项，称程序中断（简称中断）。它适合中、慢速 I/O 设备的数据传输，以及要求复杂事务处理的场合。

简单中断：主机响应中断后不需要执行中断服务程序，而是让出几个主存周期，使 I/O 设备和主存直接交换数据。它不需要借用 CPU，不破坏 CPU 现场，所以不需要保护现场，一般用于高速 I/O 设备与主机的数据传输。

（2）按中断源分类

强迫中断：它是随机产生的中断，现行程序事先未知，当中断出现后由中断系统强行中止现行程序。产生强迫中断的中断源有以下四方面：

- 内中断：硬件故障或程序故障引起的中断。由于故障源来自处理机内部，所以称内部中断。

- 外中断：由系统配置的外部设备引起的中断。由于中断源来自 CPU 以外，所以称外中断。

- 程序中断：正在执行的程序引起的中断。如现行程序要求系统分配新的硬件资源（如打印机），必须向系统提出中断请求。

- 处理机之间中断：在计算机网络范围内，由处理机之间数据信息的传输所引起的中断。

自愿中断（程序自中断）：它不是随机产生的中断，而是事先在程序某处设置断点，并借用中断方式保护现场，引出一段服务程序，例如，BIOS 中断。

（3）按中断源是否提供向量地址分类

向量中断：CPU 响应中断后，由中断机构自动地提供中断服务程序的入口地址，不必经过处理程序来查询中断源的中断服务程序的入口地址，称为向量中断。中断过程是由一个程序切换到另一个程序的过程，在程序切换时，需要保护好旧的 PC 和 PSW，更换新的 PC 和 PSW。新的 PC 即中断服务程序的入口地址，新的 PSW 是中断服务程序的程序状态字，在向量中断中，称 PC 和 PSW 为中断向量，并在内存中开辟一个区域用来存放各中断源的中断向量，存放中断向量的首地址称为向量地址。向量中断过程中，CPU 响应中断后由中断机构自动地将向量地址通知处理机，由向量地址指明中断向量位置并实现向量切换。

非向量中断：非向量中断是不能直接提供中断服务程序的入口地址，CPU 响应中断后，通过执行一段软件查询程序最后找到服务程序入口地址，然后再转入相应的中断服务程序。

5. 多重中断与单级中断

（1）单级中断

在执行中断服务程序过程中，如果只能为本次中断服务，不允许其他中断打断该服务程序,只有在中断服务程序完成后才能响应新的中断请求,这种情况称单级中断。在单级中断中,所有的中断的优先级是相同的。图 9-9 所示为单级中断执行示意图。

(2) 多重中断

多重中断也称为中断嵌套。在一次中断服务程序执行过程中,允许优先级高的中断源中断优先级低的中断服务程序,在保存断点和现场后,转去响应优先级更高的中断请求,并执行新的中断服务程序。图 9-10 所示为多重中断执行示意图。

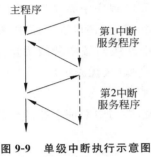

图 9-9　单级中断执行示意图　　　　　　　　　　图 9-10　多重中断执行示意图

6. 中断功能

(1) 可以使 CPU 与 I/O 设备并行工作,大大提高了 CPU 的工作效率。

采用中断方式,当 CPU 启动外设后,可以继续执行自己的程序,不用等待外部设备的工作,并且可以同时启动多个外设,实现 CPU 与外设、外设与外设之间的并行工作。

(2) 利用中断来处理故障,提高了机器的可靠性。

当系统中有故障时可以通过中断来处理。如程序执行非法操作,除法运算出现分母为零的情况,以及硬件故障,都可以通过中断来处理,避免系统崩溃。

(3) 利用中断可以进行实时处理。

利用中断可以使外部事件得到及时处理。

(4) 利用中断可以方便地进行人机对话。

如键盘、鼠标等都是采用中断方式与主机进行通信的。

(5) 可以实现多道程序的并发运行。

在多进程、多线程环境下,利用中断完成进程(线程)的调度。

9.5.2　中断结构

中断结构是指处理机与设备、设备与设备之间,在中断系统中互相连接的关系。主要解决中断申请、中断屏蔽、中断判优等问题。

1. 中断请求的提出

中断申请:由中断源向处理机发出的中断请求,称为中断申请。中断源发出中断请求的条件是外设工作已经完成,外设已经具备了与主机交换数据的所有条件,这时就可以向主机发出中断申请信号,等待主机响应。

2. 中断请求的传输和中断优先级排队

当外设提出中断请求时,CPU 是否会响应,当两个以上设备提出中断申请时 CPU 首先响应哪个设备的请求?这就是中断优先级和优先级排队要解决的问题。

1) 设置优先级

设置优先级的原则是按中断事件的轻重缓急确定优先级。首先是故障引起的中断优先级最高,其次是简单中断,最后是 I/O 程序中断。I/O 程序中断又划分为高速外设优先于低速外设;输入设备优先于输出设备。当中断源很多时,还可以采用主、次优先级的方法,把所有的中断按不同的类别分成若干级(称为中断级),按中断级确定主优先级次序,然后在同一优先级内再确定各个中断源的优先级高低(次优先级)。

2) 排队判优

中断系统的排队判优方法与中断系统硬件结构有关,即与中断请求线的传输方法有关。常用的方法有:

(1) 单线请求软件查询判优

在单线请求的机器中,所有的中断请求通过 OC 门连到一根公用的中断请求线上 IRQ(Interrupt Request)。在中断服务程序的最前面安排一段中断源查询,CPU 接到中断请求信号后,通过软件查询的方法来识别中断源。查询将花大量的 CPU 时间。图 9-11 所示为单线请求结构图,图 9-12 所示为单线请求软件查询流程图。

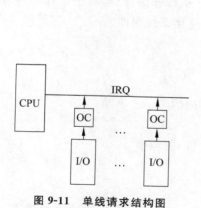

图 9-11　单线请求结构图

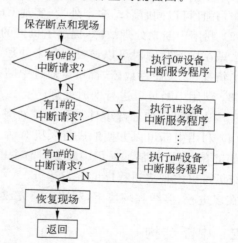

图 9-12　单线请求软件查询流程图

(2) 单线请求菊花链判优

在单线请求菊花链判优机器结构中,所有的中断请求通过 OC 门连到一根公用的中断请求线上 IRQ,设备的优先级判优,通过硬件排队来完成。用硬接线逻辑将设备串联在中断响应线 INACK(Interrupt Acknowledge)上,优先级越高的越靠近 CPU,这样的一条链称为菊花链。CPU 发回的中断响应信号沿菊花链往后传,直到被发出中断请求的设备截获,设备就将自己的设备码或设备地址送 CPU,CPU 根据地址码转中断服务程序。缺点是设备的优先级是固定的,设备的故障不能隔离,高优先级的设备发生故障将影响低优先级设备的中断响应。图 9-13 所示为单线请求菊花链判优。

（3）多线请求判优

在多线请求判优机器结构中,每一个设备分配一个优先级,每一个设备都通过一根中断请求线 IRQ 和中断响应线 INACK 与 CPU 相连。在 CPU 内置判优逻辑电路,当多个中断源申请中断时,判优逻辑选出优先级最高的设备,并形成中断向量送 CPU,CPU 立即为优先级高的设备服务。图 9-14 所示为多线请求判优。

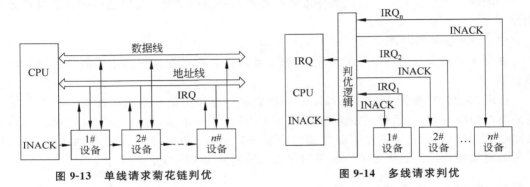

图 9-13　单线请求菊花链判优　　　图 9-14　多线请求判优

（4）多线请求菊花链判优

多线请求菊花链判优是当系统中设备较多时,可以采用分组方法实现判优。将主优先相同的设备分在同一组。组间采用多线判优,组内采用菊花链判优。图 9-15 所示为多线请求菊花链判优。

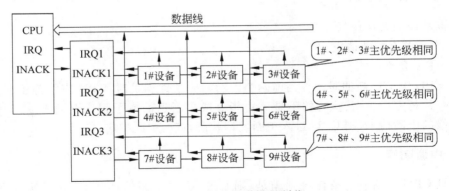

图 9-15　多线请求菊花链判优

3. 中断控制器

为了实现排队判优,在系统中必须设置中断判优逻辑电路,有的系统直接将中断判优电路设置在 CPU 中(如单片机系统),有的系统单独设置中断控制器(如 PC/XT 机系统中的 8259 中断控制器。为了减少主板面积,目前 PC 系统的中断控制器都集成在主板的芯片组的 ICH 中)。中断控制器中除了中断排队判优逻辑外,通常还包括:

（1）中断请求寄存器 IRR

中断请求寄存器中的每一位对应一个（外部设备）中断源，该位为 1 表示所对应的中断源发出中断请求，该位为 0 表示所对应的中断源未发出中断请求。

（2）中断屏蔽寄存器 IMR

中断屏蔽寄存器中的每一位也对应一个中断源，CPU 可以通过指令设置中断屏蔽寄存器中每一位的内容，设置该位为 1 表示不允许该位所对应中断源申请中断，设置该位为 0 表示允许该位所对应中断源申请中断。

（3）中断优先级寄存器 IPR

中断优先级寄存器中保存的是中断源的中断优先级码，CPU 可以通过指令来设置或修改。

（4）中断服务寄存器 ISR

保存正在被服务的中断源的优先级编码，是硬件根据正在执行的中断服务程序自动设置的。

中断判优逻辑根据 IRR、IMR、IPR、ISR 中的内容从申请中断的中断源中找出优先级最高的中断源，然后通过中断请求线 IR 向 CPU 发中断请求，然后 CPU 向中断控制器发出中断允许信号后，中断控制器直接将中断允许信号发给中断优先级高的中断设备，然后通过硬件将正在被服务的中断源的优先级编码置于 ISR 中。

9.5.3　中断响应及响应的条件

I/O 设备提出中断请求后，CPU 中止现行程序的执行，转去为某个设备服务的过程称为中断响应。中断响应必须满足一定的条件。

1. 中断响应的条件

中断响应的条件包括：

① 中断源有中断请求。

② CPU 允许中断。

③ CPU 响应中断的时间。当前两个中断响应条件满足时，CPU 应等待正在执行的一条指令执行完毕，并且执行的不是停止指令或中断返回或子程序返回指令，又没有更高优先级的中断请求，则 CPU 进入中断周期状态，进行中断响应。

2. 中断响应

一旦 CPU 中断响应条件得到满足，则 CPU 进入中断周期状态，并开始响应中断。响应中断必须解决以下问题：

（1）保护断点：主要保存程序计数器 PC 和程序状态字 PSW 寄存器的内容。

（2）中断请求设备的识别：确定哪个设备优先得到处理。

（3）提高响应的速度。

3. 中断响应方案

中断响应所采用的方案与中断结构有关。

（1）单线请求中断查询的响应

在单线请求的中断结构中，CPU 进入中断周期状态时，由 CPU 执行一条中断隐指令（要求速度快，所以由硬件在中断响应时完成，不在程序中出现），中断隐指令主要完成以下 3 个操作。

① 关闭中断允许触发器：CPU 响应中断后首先应保护旧现场，不让处理机响应新的中断请求，否则会破坏原现场，无法恢复运行环境。

② 保护断点地址：将断点地址（PC）送堆栈保护，以便执行完中断服务程序后可以返回到断点处继续执行原来的程序。

③ 执行转移操作：将中断查询程序的入口地址置 PC。

CPU 响应中断后，下一步执行查询程序，识别出首先服务的中断对象。查询程序安排在中断服务程序的最前面，为公共服务程序。图 9-16 所示为程序查询判优。

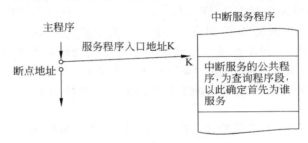

图 9-16　程序查询判优

（2）单线请求菊花链响应

在该方案中，执行完中断隐指令后，进入中断服务程序，中断服务程序首先执行一条中断查询指令 INTA，通过硬件连接来查出优先级最高的设备，CPU 根据该设备的地址码转向此设备的中断服务程序。

上述两种方案需要执行查询程序才能确定中断服务程序的入口地址，速度比较慢，所以，Intel 80x 系列 CPU 通常采用向量中断方式来获得中断程序的入口地址。

9.5.4　向量中断

1. 向量中断的概念

在多线请求的中断机构中，为了提高 CPU 的速度，均采用向量中断的方法。在硬件线路上，由串行排队判优改为并行判优。在向量中断中，每一个中断源都给出一个中断向量和向量地址。当 CPU 响应中断后，由中断机构自动地将向量地址通知 CPU，由向量地址指明向量的位置并实现向量的切换，自动获得中断源的中断服务程序的入口地址，不必经过处理程序查询中断服务程序的入口地址，这种响应称为向量中断响应。

2. 几个基本名称解释

中断向量：在向量中断方式中，将中断服务程序的入口地址和服务程序的状态字（有的机器不包括状态字，如 IBM PC）称为中断向量（Interrupt Vector，IV）。

中断向量表：将各个中断程序的中断向量集中存放在一张一维表格中，这张表就称为中断向量表（也称中断入口地址表），通常将中断向量表存放在内存的一段连续存储区中。图 9-17 所示为中断向量表。例如，IBM PC 系统有 256 个中断源，每一个中断源的服务程序入口地址由两部分组成：16 位段基址 CS 和 16 位偏移量 IP，占 4 个字节。因此，系统将主存最低端的 1K 字节空间（0000H～03FFH）存放中断向量表，保存 256 个中断向量，即服务程序的入口地址。中断向量号是系统为每一个中断源安排的序号，从 0＃～255＃。

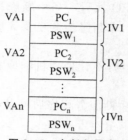

图 9-17　中断向量表

向量地址：中断向量所在的存储器单元地址称为向量地址（Vector Address，VA），也称中断指针，它指向每个中断向量的首地址。图 9-17 中，VA1、VA2、VAn 分别是向量 IV1、IV2、IVn 的向量地址。图 9-18 和图 9-19 展示了 IBM PC 中断向量表结构、中断类型号、向量地址和中断向量表的关系。

在 IBM PC 系统中，向量地址与中断类型号有固定的对应关系，即向量地址＝中断类型号×4。CPU 在响应中断后，采用硬件将中断类型号×4 获得向量地址，然后根据向量地址从内存中取出中断向量，即中断服务程序的入口地址送 PC，在下个机器周期执行中断服务程序。

在向量中断方式下，中断服务程序的入口地址查找完全由硬件自动完成，大大节省了 CPU 时间。

中类型号	向量地址	中断向量表
0＃	00000H	0＃入口
1＃	00004H	1＃入口
2＃	00008H	2＃入口
…	…	…
255	003FCH	255＃入口

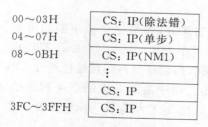

图 9-18　IBM PC 中断向量表

图 9-19　IBM PC 中断类型号

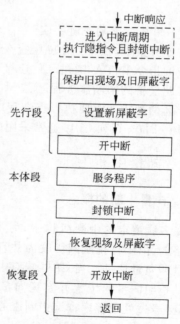

图 9-20　中断服务程序流程

9.5.5　中断服务处理

CPU 在中断响应后转入中断服务程序，进入中断服务处理。典型的中断服务程序应包括三个程序段：先行段、服务段和恢复段。图 9-20 所示为中断服务程序流程。

1. 先行段的主要功能

① 判断引起中断的设备（非向量中断方式，向量中不需要这一步）。
② 关中断保护现场及屏蔽字（保护被中断程序执行的中间结果）。
③ 开中断保护完旧现场和屏蔽字并建立新屏蔽字后，打开中断，此后可以响应更高级的中断（假如允许）。

2. 中断服务程序本体（服务段）

执行中断服务程序，完成本次中断应该完成的任务。

3. 恢复段的主要功能

① 关中断，防止恢复现场过程被别的中断打扰而丢失信息。
② 恢复本次中断现场和屏蔽字，为返回中断做准备。
③ 清中断请求，表示本次中断处理完毕。
④ 打开中断，允许新的中断进行。
⑤ 返回被中断的程序，从断点处继续主程序。

中断方式虽然可以实现 CPU 与外设并行工作，但对于只需要进行大量数据传输而不需要进行复杂事务处理的情况，如果仍然采用中断方式，在进行中断切换时将会造成大量 CPU 时间的浪费，这就引入了直接存储器访问方式。

9.6 DMA 直接存储器访问

高速大容量的存储器与主存储器之间交换信息时，若采用程序直接传输方式或程序中断传输方式会遇到以下问题：

1. 主机的效率低

采用程序直接传输时，主机与外设不能并行工作，而且每传输一个字要执行若干条指令，主机的效率低。

2. 增加 CPU 的额外负担

采用中断控制传输数据时，由于要保护断点地址和恢复断点，增加 CPU 的额外负担。特别是高速设备，CPU 不断地处于中断和返回过程中，容易造成数据丢失。

9.6.1 直接存储器访问 DMA

DMA 数据传输方式是在高速 I/O 设备与主存储器之间由硬件直接提供数据传输通道（DMA 通道），高速外设按照连接地址直接访问主存储器，进行成块数据传输。图 9-21

所示为 DMA 数据传输通道结构。

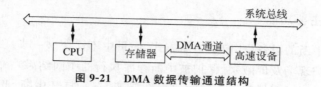

图 9-21　DMA 数据传输通道结构

数据传输是在 DMA 控制器的控制下进行的，由 DMA 控制器给出当前正在传输的数据字节的主存地址，并统计传输数据的个数，以确定一组数据的传输是否已结束。在主存中开辟一连续地址的专用缓冲区，用来提供或接收传输的数据。在数据传输开始前和结束后，通过程序或中断方式对缓冲器和 DMA 控制器进行预处理和后处理。

9.6.2　DMA 的特点

DMA 方式与前两种 I/O 控制方式相比有以下基本特点：

① DMA 控制器建立了外设和内存之间直接交换数据的通道，大大减轻了总线的负担。

② 数据传输过程是由 DMA 控制器来控制实现的。DMA 控制器能像 CPU 一样访问内存。在 DMA 数据传输过程中，CPU 可以继续执行原来的程序，直接程序控制方式和中断控制方式的数据传输都是由 CPU 执行程序完成的。

③ 主存需要开辟专用缓冲区，及时供给数据或接收数据。DMA 传送数据开始前需由主程序为 DMA 传送做准备，使 DMA 初始化，传送结束后，再通过中断方式进行结束处理。

④ 为了解决 CPU 和 DMA 同时访问内存发生的冲突，DMA 传送常采用周期挪用，周期挪用是在 CPU 执行指令周期中冻结一个存储周期，被 DMA 挪用，进行一次数据读写操作。CPU 只是让出一个存储周期，不需要保护现场。

9.6.3　DMA 三种工作方式

1. CPU 暂停方式

主机响应 DMA 请求后让出存储总线，直到一组数据传输完毕后，DMA 控制器才把总线控制权还给 CPU。图 9-22 所示为 CPU 暂停方式。

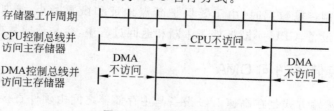

图 9-22　CPU 暂停方式

2. CPU 周期窃取方式

DMA 控制器与主存储器之间传输一个数据,占用(窃取)一个 CPU 周期,即 CPU 暂停工作一个周期,然后继续执行程序。图 9-23 所示为 CPU 周期窃取方式。

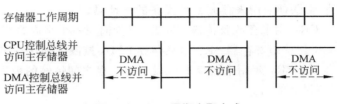

图 9-23　CPU 周期窃取方式

3. 直接访问存储器工作方式

这是标准的 DMA 工作方式,如传输数据时 CPU 正好不占用存储总线,则对 CPU 没有影响。如果 CPU 和 DMA 同时访问存储总线,则 DMA 的优先级高于 CPU,DMA 优先使用存储总线。图 9-24 所示为直接访问存储器工作方式。

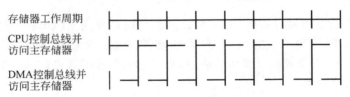

图 9-24　直接访问存储器工作方式

9.6.4　DMA 控制器的组成

DMA 传输是在 DMA 控制器与 CPU 共同控制下完成的,DMA 控制器接受 CPU 的初始化命令,然后由 DMA 控制器完成具体的操作。图 9-25 所示为 DMA 控制器组成框图,DMA 控制器主要包括以下部分。

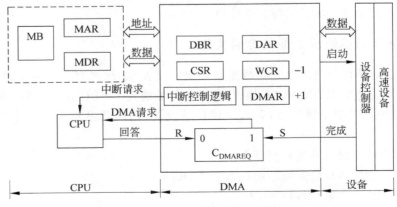

图 9-25　DMA 控制器组成框图

1. 寄存器组

DMA 地址寄存器 DMAR：用来提供存储器数据区的地址，该寄存器具有自动加 1 的功能。

外设地址寄存器 DAR：用来存放 I/O 设备的地址码。

字数计数器 WCR：用来存放要传输的字数，每传输完一个字内容自动减 1。

控制寄存器 CR 与状态寄存器 SR：用来存放 DMA 控制字和状态字。

数据缓冲寄存器 DBR：是用来暂存 I/O 设备与主存之间传输的数据，与主机之间并行传输，并具有字节拼装能力。

2. 中断控制逻辑

DMA 通道由 CPU 准备和启动，一旦启动后，数据传输过程完全有 DMA 控制器实现，当 DMA 传输结束后，由 DMA 接口中的中断控制逻辑向 CPU 发中断请求，要求处理机结束 DMA 处理工作。

3. DMA 请求触发器 C_{DMAREQ}

在批量交换数据传输过程中，每一次数据的交换都要向 CPU 发一次 DMA 请求，接口中设置 DMA 触发器 C_{DMAREQ}。一次周期挪用结束，在 CPU 侧，DMA 控制器清除 C_{DMAREQ}；在设备侧，当设备读写操作完成后，则以完成信号回答接口，使 C_{DMAREQ} 置为 1，表示下次 DMA 请求开始。

4. 传输线

传输线是 DMA 接口与主机和 DMA 接口与 I/O 设备两个方向的数据线、地址线和控制信号线。

9.6.5　DMA 操作过程

DMA 的数据传输过程可分为 DMA 传输前的预处理（CPU 用主程序为 DMA 传输做准备）、数据传输及传输后处理三个阶段。

1. DMA 传输前的预处理（由软件实现）

为了实现外围设备与内存之间数据直接成批交换，必须把有关数据来源、去向和传输数据总量等信息事先通知 DMA 接口，所以在传输前先由 CPU 用测试指令测试设备状态，以判断是否可以调用该设备，若可以调用该设备，则用几条输入输出指令实现以下功能：

① 设备地址送设备地址寄存器 DAR。

② 主存数据区首地址送地址寄存器 DMAR。

③ 传输字数送字数计数器 WCR。

④ 数据传送方向送控制寄存器 CR。

⑤ 启动设备。

在完成这些工作之后,CPU 继续执行原程序,DMA 接口被启动后,便代替 CPU 管理 I/O 设备进行数据传输,CPU 与高速设备重叠运行。

2. DMA 的数据传输(由硬件实现)

下面以数据输入操作为例,介绍 DMA 的数据传输过程。

① 主机启动设备后,从 I/O 设备存储介质上读入一个字到 DMA 数据缓冲寄存器的 DBR 中,此时设备控制器以"完成"信号置为 $C_{DMAREQ}=1$,表明设备已完成一个数据传输工作,并向 CPU 发出 DMA 请求,申请存储周期。

② CPU 响应 DMA 请求并在 CPU 的一个存储周期结束后,DMA 控制器立即占用下一个存储周期(DMA 周期)进行写操作,此时 CPU 现场冻结。当 DMA 周期结束后开始热启动 CPU 继续进行工作。在 DMA 周期中,CPU 把存储器的控制权移交给 DMA 接口,DMA 接口与主存储器直接沟通,并执行以下三个操作:

- 将存储器数据区首地址(DMAR 中内容)送 MAR。
- 将数据缓冲寄存器数据(DBR 中内容)送 MDR。
- 发送写存储器命令。

当 DMA 周期结束以后清除信号送 DMA 接口。

③ 清除信号在 DMA 接口中执行以下三个操作:

- WCR 的内容减 1 送 WCR。
- DMAR 加 1 指向存储器数据区的下一个地址。
- 将 C_{DMAREQ} 置 0 以表示本次 DMA 结束。

④ 高速设备只需要启动一次,以后连续不断读出数据,即循环上述①、②、③过程,完成所要传输的全部字符。

数据全部读出并交换完毕后,即 WCR=0,DMA 接口发 DMA 中断请求。中断请求条件是全部字数交换完毕并且系统允许中断。

3. DMA 的结束处理

当计数器 WCR 的计数值为 0 时,发出 DMA 结束信号送接口控制,产生 DMA 中断请求信号给 CPU,CPU 响应中断后,则停止原程序的执行,转去执行中断服务程序,做 DMA 结束处理工作。如对输入主存数据检验,测试在传输过程中是否发生错误等。

4. 中断方式与 DMA 方式的区别

① 中断方式是通过程序切换的,即通过 CPU 执行一段中断服务程序来交换数据的,DMA 仅挪用一个存储周期,在执行数据传输过程中不需要 CPU 参与,完全由 DMA 控制器来完成。

② 中断方式只能在一条指令结束后 CPU 才能响应中断,而在 DMA 方式中,CPU 可以在指令周期中任何一个周期结束时响应 DMA 请求。图 9-26 所示为 DMA 响应与中断响应的时机,中断只能在一个指令周期结束进行,而 DMA 在任何一个机器周期结束

都可以进行，DMA 传输不需要保存 CPU 的现场。

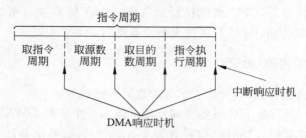

图 9-26　中断与 DMA 的不同插入点

③ DMA 方式使 CPU 与 DMA 并行性比与中断方式高。在 DMA 方式中，CPU 对 DMA 控制器初始化后，数据传输完全由 DMA 控制器完成。中断方式是通过 CPU 执行中断服务程序来完成的，只是在外设准备数据时 CPU 不再等待。

④ DMA 方式的优先权比中断方式高。

⑤ DMA 方式只适合数据传输控制，而中断方式具有对异常或复杂事务处理的能力。

9.7　通道和 I/O 处理器方式

在大型计算机系统中，外围设备数量、种类较多，为了在处理 I/O 请求时进一步减少中断处理次数和对处理器的占用时间，通常把对外设的管理和控制工作从 CPU 中分离出来，使 I/O 控制器更具智能化，这种 I/O 控制器称为通道控制器。通道控制器可以独立地执行一系列的 I/O 操作，这些 I/O 操作序列通常被称为 I/O 通道程序，通道程序可以存储在 I/O 处理器自己的存储器中，也可以存放在共享的主存中，由 I/O 处理器从主存中取出执行。

9.7.1　通道的基本概念

通道（channel，简称 CH）是一个专门的控制器。通道方式与 DMA 方式的区别在于，DMA 方式是通过 DMA 控制器控制外设与主存之间直接实现 I/O 数据传输的，而通道方式通过执行通道程序进行 I/O 操作管理的。对 CPU 而言，通道比 DMA 具有更强的独立处理能力，通道控制器有自己专用的指令，不仅可以控制数据传输，还可以进行一些简单的事务处理。DMA 控制器通常只控制一台或多台同类设备，而通道可以控制多台不同类型的设备。

在具有通道控制器的系统中，通常采用主机—通道—设备控制器—外设四级结构。图 9-27 所示为通道控制结构。系统中可有多个通道，每个通道可以接多个设备控制器，一个设备控制器可以管理多个设备。

1. CPU 对通道的控制

CPU 对通道的控制通过以下两种途径进行。

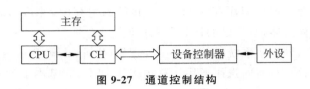

图 9-27　通道控制结构

（1）执行 I/O 指令

当需要进行 I/O 操作时,CPU 按约定的格式准备好命令和数据,编制好通道程序,然后通过执行 I/O 指令(如 START I/O、TEST I/O、HALT I/O 等)来启动通道。通道被启动后,从主存指定单元取出通道程序执行。I/O 指令是一种特权指令,在用户程序中不能使用。I/O 指令应给出通道开始工作所需要的全部参数,如通道执行何种操作,在哪个通道和设备上进行操作等。CPU 启动通道后,通道和外部设备将独立工作。

（2）处理来自通道的中断请求

当通道和外设发生异常或结束处理时,通常采用"中断"方式向处理器报告。

2. 通道控制的功能

通道是介于主机和设备之间的机构,它一方面接受 CPU 的控制,向 CPU 发出相应的中断请求信号,另一方面它要负责对设备控制器进行管理。它的基本功能是:

① 接受 CPU 的 I/O 指令,按 CPU 的要求与指定的外设通信。

② 从内存中读取通道程序,对通道指令进行译码,向设备控制器和设备发送各种控制命令。

③ 组织外设和内存间的数据传输,并根据要求提供中间缓存。

④ 从外设得到设备的状态信息,并与通道本身的状态信息一起保存下来,根据要求将状态信息送内存固定单元,供 CPU 测试。

⑤ 将外设的中断请求和通道本身的中断请求按序并及时报告给 CPU。

3. 设备控制器的功能

设备控制器类似于 I/O 设备的接口,它接受通道命令,并向设备发出控制信号,是通道对外设实现传输控制的执行机构。一个设备控制器可以控制多个同类设备。它的具体任务包括:

① 接受通道送来的通道命令,控制外设完成所要求的操作。

② 向通道反映外设的状态。

③ 将多种外设的不同信号转换为通道能够识别的标准信号。

9.7.2　输入输出处理机

输入输出处理机方式是通道方式的进一步发展,有两种输入输出处理机系统结构。一种是通道结构的输入输出处理机,通常称为 I/O 处理机(I/O Processor,IOP)。它与通道的主要区别是:通道只有有限的、面向外设控制和数据传输的指令,而 IOP 有自己专用的指令系统,不仅可以进行外设控制和数据传输,而且还可以进行算术运算、逻辑运算、字节变换、测试等。通道程序存于和 CPU 共用的主存中，并可访问系统的内存。而 IOP 有自己独立的存储器，有自己的运算器和控制器。

另一种输入输出处理机系统结构是外围处理器（Peripheral Processor Unit，PPU）方式，在大型计算机系统中，有时选用通用计算机担任 PPU，它基本上独立于主 CPU 工作，也有自己的指令系统，可进行算术/逻辑运算、主存读写和与外设交换信息。

9.8　常用标准接口举例

为了使计算机成为真正的控制中心，使各种不同外部设备都可以与计算机相连，通常设计一些标准接口，构成标准的应用接口环境，这些环境不依赖于计算机，它们允许制造商设计与标准接口兼容的设备。标准接口常用的形式是板卡，板卡插在一个特殊的计算机扩展总线上，并为用户提供一个标准界面。目前，PC 系统中，常用的标准接口都已集成在主板上。

1. 并行接口

凡是能输出并行数据的接口都称为并行接口。早期的打印机都是使用并行接口的，所以并行接口又称打印机接口。并行接口标准采用 36 针 D 型插头座，主要信号功能如表 9-2 所示。

表 9-2　并行接口各针信号含义

针	信　号	来　源	说　　明
1	DATA STROBE	计算机	选通数据给打印机缓冲器
2-9	DATA(1-8)	计算机	8 位数据线
10	ACKNOWLEDGE	打印机	确认数据传送
11	BUSY	打印机	打印机不能取数据
12	PAPER-OUT	打印机	无纸
13	SELECT	打印机	打印机连接
14	SIGNAL-GROUND	—	信号接地
17	CHASSIS-GROUND	—	底盘接地
19-30	Paired with 1-11	计算机	用于抗干扰
31	INITIALIZE	计算机	预置打印机
32	FAULT	打印机	打印机出错

2. RS-232 串行接口

凡是能输出串行数据的接口都称串行接口，其特点是计算机与设备之间每次只能传输一位二进制数，一个字节要分 8 次才能传输完。EIA-RS-232C 是由美国电子工业联合会推荐的串行接口标准(Electronic Industrial Associate Recommended Standard-232C)。通常有 25 针和 9 针两种 D 型插头座。在串行通信中有同步技术和异步技术之分,同步技术包括一个同步时钟信号来实现计算机与外设之间收发完全同步。异步通信没有同步时钟,数据的头是靠起始和停止位来确定的。图 9-28 所示为异步串行通信数据格式。

图 9-28 异步串行通信数据格式

串行通信有三种基本的传输方式:单工方式、准双工方式和全双工方式。单工方式是数据只允许一个方向传输(广播式)。准双工方式是允许两个方向传输数据,但任一时刻只允许一个方向传输数据,数据线可以采用分时复用。全双工方式是在任何时刻都允许两个方向传输,既可以发送数据也可以接受数据,发送与接收采用两个通道。

早期的鼠标都是采用串行接口的鼠标。

串行接口和并行接口由于插座(头)的尺寸大,传输速度慢,在 PC 系统中已逐步被 USB 接口和 IEEE 1394 接口取代,笔记本计算机已经不再将并行接口和串行接口作为标准接口配置了。

3. USB 接口

通用串行总线接口(Universal Serial Bus,USB)是一种应用在 PC 领域的新型接口。早在 1995 年,就已经有 PC 带有 USB 接口了,但由于缺乏软件及硬件设备的支持,这些 PC 的 USB 接口都闲置未用。1998 年后,随着微软在 Windows 98 中内置了对 USB 接口的支持模块,加上 USB 设备的日渐增多,USB 接口才逐步走进了实用阶段。目前,随着大量支持 USB 设备的个人计算机的普及,USB 接口已成为 PC 的标准接口。在主机(host)端,最新推出的 PC 几乎 100% 支持 USB;而在外设(device)端,使用 USB 接口的设备也与日俱增,例如数码相机、扫描仪、游戏杆、移动硬盘、图像设备、打印机、键盘、鼠标等。USB 设备之所以会被大量应用,主要具有以下优点:

① 支持热插拔和即插即用。用户在使用 USB 接口的外设时,不需要重复"关机-将电缆接上-再开机"这样的动作,而是在 PC 开机时,直接将 USB 接口设备插上使用。

② 携带方便。USB 设备大多以"小、轻、薄"见长,对用户来说,同样 20G 的硬盘,USB 硬盘比 IDE 硬盘要轻一半的重量,在想要随身携带大量数据时,当然 USB 硬盘会是首选了。

③ 标准统一。常见的 IDE 接口的硬盘、PS/2 接口的鼠标和键盘、并口的打印机和扫描仪,都需要各自不同的接口,可是有了 USB 之后,这些应用外设统统可以用同样的标准 USB 接口与 PC 连接,这时就有了 USB 接口硬盘、USB 接口鼠标、USB 接口打印机等。USB 接口采用标准的 4 针插头(座),体积小。

④ 可以连接多个设备。在 PC 上往往具有多个 USB 接口,可以同时连接几个设备,如果接上一个有 4 个端口的 USB Hub,就可以再连上 4 个 USB 设备。(注:最高可以通过级联扩展连接 127 个设备)

⑤ 速度快。USB 接口有两种标准，USB 1.1 标准的传输速率为 12Mb/s，而 USB 2.0 标准传输速率 480Mb/s。现在生产的主板都采用 USB 2.0 标准。另外 USB 2.0 与 USB 1.1 可以互相兼容，也就是说，USB 2.0 设备可以工作在 USB 1.1 接口上，反之 USB 1.0 设备也可以工作在 USB 2.0 接口上。当然，USB 1.1 设备的速度不会因为安装在 USB 2.0 接口上而有任何提高，同样安装在 USB 1.1 接口上的 USB 2.0 设备的速度也会被限制在 12Mb/s 以下。USB 2.0 和 USB 1.1 使用的连接电缆及端口均相同。

⑥ 具有供电功能。标准的 USB Hub 可以直接向连接在接口上的 USB 设备提供 5V、500mA 电流电源，这样小型 USB 设备就无须另外提供电源，减少了设备的体积，降低了设备的成本。

4. IEEE 1394 接口

1394 卡的全称是 IEEE 1394 Interface Card，它是 IEEE 标准化组织制定的一项具有视频数据传输速度的串行接口标准。它支持外接设备热插拔，同时可为外设提供电源，省去了外设自带的电源，支持同步数据传输。IEEE 1394 接口最初由苹果公司开发，据说早期是为了取代并不普及的 SCSI 接口而设计的，英文取名为 FireWare，后来中文大家称其为火线。IEEE 1394 的主要特点如下：

① 数字接口。数据能够以数字形式传输，不需要数模转换，从而降低了设备的复杂性，保证了信号的质量。

② 支持热插拔和即插即用。即系统在全速工作时，IEEE 1394 设备也可以插入或拔除，增添一个 1394 器件，就像将电源线插入其电气插座中一样容易，即插即用。

③ 速度快。IEEE 1394 标准定义了三种传输速率：98.304 Mb/s、196.608 Mb/s、392.216 Mb/s。因为这三种速率分别在 100 Mb/s、200 Mb/s、400 Mb/s 附近，所以标准中也称为 S100、S200、S400。这个速度完全可以用来传输未经压缩的动态画面信号。而 IEEE 1394.b 标准正在研讨支持 800 Mb/s 和 1600 Mb/s 的传输速率。

④ 接口设备对等（peer-to-peer）。不分主从设备，都是主导者和服务者。其中有足够的智能用于连接，不需要附加控制功能。不通过计算机而在两台摄像机之间可以直接传输数据，也可以让多台计算机共享一台摄像机。

⑤ 物理体积小，制造成本低，易于安装。

⑥ 非专利性。使用 IEEE 1394 串行总线不存在专利问题。

5. 小型计算机系统接口

小型计算机系统接口（Small Computer System Interface，SCSI）是一个并行的系统级接口。其设计思想来源于 IBM 大型机系统的 I/O 通道结构，目的是使 CPU 摆脱对各种设备的繁杂控制。它可以混接各种磁盘、光盘、磁带机、打印机、扫描仪、条码阅读器以及通信设备。最早应用于 Macintosh 和 Sun 平台上，后来发展到工作站、网络服务器和 Pentium 系统中，并成为美国国家标准局（American National Standards Institute，ANSI）的标准。SCSI 有如下性能特点：

① SCSI 接口总线由 8 根数据线、1 根奇偶校验线、9 根控制线组成。使用 50 芯电

缆,规定了两种电气条件:单端驱动,电缆长 6m;差分驱动,电缆最长 25m。

② 总线时钟频率为 5MHz,异步方式数据传输率是 2.5MB/s,同步方式数据传输率是 5MB/s。

③ SCSI 接口总线以菊花链形式连接,最多可连接 8 台设备。在 Pentium 中通常是由一个主适配器 HBA 与最多 7 台外围设备相接,HBA 也算作一个 SCSI 设备,由 HBA 经系统总线(如 PCI)与 CPU 连,图 9-29 所示为 SCSI 配置结构图。

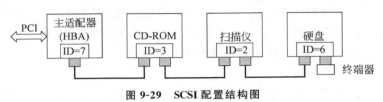

图 9-29　SCSI 配置结构图

④ 每个 SCSI 设备有自己的唯一设备号 ID(=0~7)。ID=7 的设备具有最高优先权,ID=0 设备优先权最低。SCSI 采用分布式总线仲裁策略,在仲裁阶段,竞争的设备以自己的设备号驱动数据线中相应的位线(如 ID=7 的设备驱动 DB_7 线),并与数据线上的值进行比较,因此仲裁逻辑比较简单。

⑤ SCSI 设备之间是一种对等关系,而不是主从关系。SCSI 设备分为启动设备(发命令的设备)和目标设备(接受并响应命令的设备)。但启动设备和目标设备是依当时总线运行状态来划分的,而不是预先规定的。

SCSI 是系统级接口,是处于主适配器和智能设备控制器之间的并行 I/O 接口。一块主适配器可以接 7 台具有 SCSI 接口的设备,这些设备可以是类型完全不同的设备,主适配器却只占主机的一个槽口。这对于缓解计算机挂接外设的数量和类型越来越多、主机槽口日益紧张的状况很有吸引力。

目前,SCSI 已有 SCSI-1、SCSI-2 和 SCSI-3 标准。SCSI-2 扩充了 SCSI 的命令集,通过提高时钟速率和数据线宽度,最高数据传输率可达 40MB/s,采用 68 芯电缆,且对电缆采用有源终端器。SCSI-3 标准允许 SCSI 总线上连接的设备由 8 提高到 16,可支持 16 位数据传输,最高数据传输率可达 80MB/s。

6. 未来接口标准之争

对于串口、并口与 IEEE 1394 和 USB 接口的比较而言,它们早就是过时的标准了,所以这里就着重将现在应用最广泛的 USB 和 IEEE 1394 的进行对比。

(1) 两者的主要区别在于各自面向的应用上

USB 2.0 主要用于 PC 外设的连接,而 IEEE 1394 主要定位在声音/视频领域,用于制造消费类电子设备,如数字 VCR、DVD 和数字电视等。未来,USB 2.0 和 IEEE 1394 在许多消费类系统上应当可以共同存在。

(2) USB 接口基本已成为事实上的 PC 标准接口

所有的 PC 主板都集成了 2~8 个 USB 2.0 标准的接口,与 PC 连接的 USB 外设也越来越多。Windows 2000/XP 以及更高版本的操作系统已经完全支持 USB 2.0 设备,由于得到 Intel 和微软的全面支持，USB 接口基本已成为事实上的 PC 标准接口。由于具有 IEEE 1394 接口的设备不分主、从设备，具有设备对等的优点，在影音消费类电器领域，已成为一种事实上的连接标准。PC 如果想同这种电器连接，本身必须符合 IEEE 1394 标准。

(3) 速度方面

USB 2.0 传输速度为每秒 480Mb/s，比起 IEEE 1394 还快，而 USB 2.0 的第 2 版将达到 800Mb/s 的速度（最高理想值 1600Mb/s），将超过 IEEE 1394 的最高传输速度。此外 USB 2.0 兼容目前所有的 USB 1.1，单位造价比 IEEE 1394 便宜，所以以 Intel、COMPAQ、HP 为首的国际计算机厂商都支持 USB 2.0。

(4) 大公司的支持方面

IEEE 1394 接口规范是由苹果的 FireWare 接口发展而成为通用的国际标准的，而 PC 业界的龙头老大 Intel 公司当然不会允许苹果公司制定的标准来抢 PC 市场，虽说没办法公开反对但肯定不会支持得太好，所以 Intel 公司的芯片组发布了多款却一直对 IEEE 1394 的支持遮遮掩掩，IEEE 1394 设备到今天还没有发展壮大多少有些和 Intel 的支持有关。虽然如此，但不敢妄下结论评判未来哪个接口标准会是主流，只能说未来的外设接口应该是 USB 2.0、IEEE 1394 并立（不排除还有新的标准出现，如 SATA2），最终谁将成为主流还有待厂商和用户的支持。

习　题　9

一、选择题

1. 主机、外设不能并行工作的方式是_____。
   A. 中断方式　　　　B. DMA 方式　　　　C. 通道方式　　　　D. 程序查询方式
2. 在关中断状态，不可响应的中断是_____。
   A. 硬件中断　　　　B. 可屏蔽中断　　　　C. 软件中断　　　　D. 不可屏蔽中断
3. 中断系统是由_____实现的。
   A. 仅用软件　　　　B. 仅用硬件　　　　C. 软、硬件结合　　　D. 以上都不对
4. DMA 方式数据的传送是以_____为单位进行的。
   A. 字　　　　　　　B. 位　　　　　　　C. 字节　　　　　　D. 数据块
5. 中断向量地址是_____。
   A. 中断服务程序入口地址的指示器　　　B. 子程序入口地址
   C. 中断返回地址　　　　　　　　　　　D. 中断服务程序的入口地址
6. 根据连线的数量，总线可分为串行总线和_____总线。
   A. 并行　　　　　　B. 多　　　　　　　C. 控制　　　　　　D. 地址
7. 禁止中断的功能可以由_____来完成。
   A. 中断允许触发器　　　　　　　　　　B. 中断触发器
   C. 中断屏蔽触发器　　　　　　　　　　D. 中断禁止触发器

8. 下面不属于内部中断的是_____。
   　A. 除数为 0　　　　　　　　　　B. 非法指令
   　C. 非法数据格式　　　　　　　　D. 非法地址

9. DMA 方式是在_____。
   　A. CPU 与主存　　　　　　　　　B. 外设与外设
   　C. 主存与外围设备　　　　　　　D. CPU 内部

10. 实现输入输出数据传送的方式分为三种：直接存储器访问（DMA）方式、_____方
    式和通道方式。
    　A. 程序控制　　　　B. 测试　　　　　C. 检测　　　　　D. 位控

11. CPU 响应中断时，最先完成的两个步骤是_____和保护现场信息。
    　A. 开中断　　　　　B. 恢复现场　　　　C. 关中断　　　　D. 不可屏蔽中断

二、填空题

1. 主机与外设通过_____进行信息交换。

2. I/O 接口是_____的中间部分。

3. 通常主机与外设之间传递的信息有_____、_____和_____三类。

4. 在一个 I/O 接口中，可能有_____、_____和_____端口。

5. 按 I/O 接口传输数据信息的格式分为_____和_____两类。

6. CPU 对 I/O 的编址方式有_____和_____两种。

7. Intel 8086/8088 可对_____个 I/O 端口进行编址。

8. 直接 I/O 端口寻址方式端口的地址由一个_____二进制数直接指定。

9. 寄存器间接 I/O 端口寻址方式，端口的地址由_____指定。

10. 常用的 I/O 控制方式有_____、_____、_____、_____和_____方式
    五种。

11. 程序直接控制方式中又分_____和条件传输方式两种。

12. MOV AL，34H；34H 是_____。IN AL，34H；34H 是_____。

13. _____用来暂存主机传输到外设或外设传输到主机的数据信息。

14. _____是指计算机在正常执行程序的过程中，由于种种原因，使 CPU 暂时停止当
    前程序的执行，而转去处理临时发生的事件，处理完毕后，再返回继续执行被暂停的
    程序的过程。

15. 中断技术的主要应用_____、_____和提供程序调试的方法。

16. _____是指提出中断申请的部件或事件。

17. 根据中断源的位置，可将中断分为_____和_____两类。发生在主机内部的中
    断请求称为_____。凡是由主机外部事件或部件引起的中断称为_____。

18. 按中断请求是否可预期分，中断可分为_____中断和_____中断两种。

19. 按中断请求能否被屏蔽，中断可分为_____和_____两类。

20. CPU 停止执行现行程序，转向处理中断请求的过程称为_____。

21. 中断向量就是中断服务子程序的_____。

22. 确定中断源的方法大致有_____、_____、_____和_____四种。

23. 当 CPU 响应中断时，如果硬件直接产生的一个固定址即向量地址，由向量地址指出每个中断源的中断服务程序入口，这种方法通常称为_____。

24. 独立请求方式中每个中断源有自己的中断请求线，在优先级（权）高的中断源提出中断申请时，该信号用硬件封锁了优先级_____的中断请求。

25. _____适用于低速和中速设备。

26. IBM PC 中，256 个中断服务子程序入口地址以表格的形式按中断类型号的次序存放在以 00000H 为起始地址的 1K RAM 存储区中，这个表格就是_____。

27. 在 PC 中每个中断服务程序入口地址的四个字节的内容是_____与_____两部分。

28. 直接存储器存取控制方式的基本工作原理是_____。

29. DMA 控制器的功能是_____。

30. DMA 控制器与 CPU 分时使用主存的控制方式有_____、_____和_____三种。

31. DMA 传输操作分_____、_____和_____三个阶段。

32. 通道是_____。通道结构的进一步发展，出现了_____和_____两种计算机 I/O 系统结构。

33. 通道的功能是_____。

34. CPU 通过_____以及_____对通道进行管理。

三、解答题

1. 比较程序直接控制方式、程序中断控制方式、直接存储器存取控制方式（或 DMA 方式）的特点。

2. 为什么在保留现场和恢复现场的过程中，CPU 必须关中断？

3. 试述 USB 接口的主要特点。

4. 某外设通过 RS-232 串行口与主机相连，采用异步通信方式。若传输速率 1200 波特，1 位起始位、2 未终止位、1 位奇偶位、8 位数据位。传输一个字节需要时间为多少？

参 考 文 献

[1] 唐朔飞. 计算机组成原理. 第 2 版. 北京：高等教育出版社, 2008

[2] 袁春风. 计算机组成与系统结构. 北京：清华大学出版社, 2010

[3] 张晨曦, 王志英, 沈立, 刘依. 计算机系统结构教程. 北京：清华大学出版社, 2009

[4] 张丽, 李晓明. 计算机系统平台. 北京：清华大学出版社, 2009

[5] 徐炜民, 严允中. 计算机系统结构. 北京：电子工业出版社, 2005

[6] 幸云辉, 杨旭东. 计算机组成原理实用教程. 北京：清华大学出版社, 2004

[7] 宋红, 李庆义, 郭静. 计算机组成原理. 北京：中国铁道出版社, 2004

[8] 王健, 朱怡健, 朱敏. 计算机组成原理. 南京：东南大学出版社, 2004

[9] 白中英. 计算机组成原理. 北京：科学出版社, 2003

[10] 俸远祯, 阎慧娟, 罗克露. 计算机组成原理. 北京：电子工业出版社, 2003

[11] 杨全胜, 胡友彬. 现代微机原理与接口技术. 北京：电子工业出版社, 2002

[12] 张新荣, 刘锋, 杨洁, 张钢. 计算机组成原理教程. 北京：希望电子出版社, 2002

[13] 李文兵. 计算机组成原理. 北京：清华大学出版社, 2002

[14] 马桂祥. 计算机组成原理. 西安：西安交通大学出版社, 2000

[15] 王诚. 计算机组成原理. 北京：清华大学出版社, 2000

[16] 李亚民. 计算机组成与系统结构. 北京：清华大学出版社, 2000

[17] 王爱民. 计算机组成与结构. 北京：清华大学出版社, 1994

[18] Andrew S. Tanenbaum. Structured Computer Organization 4th Ed. Prentice Hall, Inc. 1990

高等院校信息技术规划教材

系 列 书 目

书　名	书　号	作　者
数字电路逻辑设计	978-7-302-12235-7	朱正伟　等
计算机网络基础	978-7-302-12236-4	符彦惟　等
微机接口与应用	978-7-302-12234-0	王正洪　等
XML 应用教程(第 2 版)	978-7-302-14886-9	吴　洁
算法与数据结构	978-7-302-11865-7	宁正元　等
算法与数据结构习题精解和实验指导	978-7-302-14803-6	宁正元　等
工业组态软件实用技术	978-7-302-11500-7	龚运新　等
MATLAB 语言及其在电子信息工程中的应用	978-7-302-10347-9	王洪元
微型计算机组装与系统维护	978-7-302-09826-3	厉荣卫　等
嵌入式系统设计原理及应用	978-7-302-09638-2	符意德
C++ 语言程序设计	978-7-302-09636-8	袁启昌　等
计算机信息技术教程	978-7-302-09961-1	唐　全　等
计算机信息技术实验教程	978-7-302-12416-0	唐　全　等
Visual Basic 程序设计	978-7-302-13602-6	白康生　等
单片机 C 语言开发技术	978-7-302-13508-1	龚运新
ATMEL 新型 AT89S52 系列单片机及其应用	978-7-302-09460-8	孙育才
计算机信息技术基础	978-7-302-10761-3	沈孟涛
计算机信息技术基础实验	978-7-302-13889-1	沈孟涛　著
C 语言程序设计	978-7-302-11103-0	徐连信
C 语言程序设计习题解答与实验指导	978-7-302-11102-3	徐连信　等
计算机组成原理实用教程	978-7-302-13509-8	王万生
微机原理与汇编语言实用教程	978-7-302-13417-6	方立友
微机组装与维护用教程	978-7-302-13550-0	徐世宏
计算机网络技术及应用	978-7-302-14612-4	沈鑫剡　等
微型计算机原理与接口技术	978-7-302-14195-2	孙力娟　等
基于 MATLAB 的计算机图形与动画技术	978-7-302-14954-5	于万波
基于 MATLAB 的信号与系统实验指导	978-7-302-15251-4	甘俊英　等
信号与系统学习指导和习题解析	978-7-302-15191-3	甘俊英　等
计算机与网络安全实用技术	978-7-302-15174-6	杨云江　等
Visual Basic 程序设计学习和实验指导	978-7-302-15948-3	白康生　等
Photoshop 图像处理实用教程	978-7-302-15762-5	袁启昌　等
数据库与 SQL Server 2005 教程	978-7-302-15841-7	钱雪忠　著